光电科学与工程专业规划教材

光电成像导论

林祖伦　王小菊　编著

国防工业出版社
·北京·

内 容 简 介

本教材详细介绍了光电成像的基本理论,各种光电成像器件的原理、结构、性能及应用。主要内容包括:光电子发射的理论基础;各类光电成像器件(真空微光成像器件及其信噪比、固体成像器件和红外成像器件等);光电成像系统(微光成像系统、红外成像系统、医学成像系统、激光成像系统)。

本教材可作为光电探测与传感技术、光学工程、信息显示与光电技术、物理电子技术、电子科学与技术及其他相关专业的基础课教材,也可供从事相关行业的科研人员和工程技术人员参考。

图书在版编目(CIP)数据

光电成像导论/林祖伦,王小菊编著. —北京:国防工业出版社,2016.1
光电科学与工程专业规划教材
ISBN 978-7-118-10242-0

Ⅰ.①光… Ⅱ.①林… ②王… Ⅲ.①光电效应—成象原理—高等学校—教材 Ⅳ.①O435.2②O482.7

中国版本图书馆 CIP 数据核字(2015)第 259714 号

※

国防工业出版社出版发行
(北京市海淀区紫竹院南路 23 号 邮政编码 100048)
北京奥鑫印刷厂印刷
新华书店经售

*

开本 787×1092 1/16 **印张** 11¼ **字数** 255 千字
2016 年 1 月第 1 版第 1 次印刷 **印数** 1—3000 册 **定价** 36.00 元

国防书店:(010)88540777 发行邮购:(010)88540776
发行传真:(010)88540755 发行业务:(010)88540717

前　　言

光电成像技术是适应信息社会需要而迅速发展的新兴分支学科，是目前光电技术发展的最高阶段。它主要研究如何实现和优化目标图像信息的接收、转换、处理、存储和显示，可以扩展人眼对微弱光图像的探测能力和对不可见辐射（红外、紫外、X 射线、亚毫米波等）图像的接收能力，可以将超高速现象记录下来。正是由于光电成像技术的这些作用，各类光电成像系统才应运而生。

从 20 世纪 30 年代至今，光电成像技术的发展历程已走过近 90 年，与人类活动息息相关。光电成像技术已渗透到军事、工业、公安、医疗、日常生活等各个领域。例如：用于日常生活的个人成像系统；用于夜视的微光成像系统；用于监视的机载、飞船载以及星载光电成像系统；用于夜视的飞机和直升机红外成像导航系统、红外成像搜索跟踪系统和红外成像导弹制导系统；用于公共安全的微光和红外监视系统；用于工业探伤的 X 射线成像系统；用于医学检测的 X 射线成像系统等。

随着相关学科的进步和发展，光电成像技术领域正不断地涌现出新思想、新技术、新器件。具体体现为：大幅度延伸成像波长响应范围，朝着更短波长和中远红外快速发展；大幅度提高器件的灵敏度，以实现更低环境照度下的清晰成像、延伸探测距离；减小器件体积和功耗，扩展各种成像系统的应用范围。

为了使光电探测与传感技术、光学工程、信息显示与光电技术、物理电子技术、电子科学与技术及其他相关专业的师生以及研究人员进一步理解和掌握光电成像系统的相关理论和应用，我们编写了本书。

全书共分 7 章。第 1 章是光电发射体的半导体物理基础；第 2 章是光电成像器件；第 3 章是真空光电成像器件的信噪比；第 4 章是光电微光成像；第 5 章是红外成像系统；第 6 章是激光成像；第 7 章是医学成像。林祖伦负责第 1~4 章的编写；王小菊负责第 5~7 章的编写。

本书编写过程中得到电子科技大学的大力支持和帮助，在此表示衷心的感谢。由于编者水平有限，书中难免还存在一些缺点与错误之处，殷切希望广大读者批评指正。

作者

2015 年 8 月

目　　录

第1章　光电发射体的半导体物理基础

在光电成像器件中，承担光电发射的主体是光电阴极，光电阴极主要分为纯金属光电阴极和半导体光电阴极。在现代光电发射体中，具有广泛应用价值的主要是半导体光电阴极。半导体光电阴极的光电效应及理论模型是在量子理论、固体物理和半导体理论基础上发展起来的。

本章主要介绍光电发射体中的载流子运动、复合规律，半导体表面附近的能带弯曲，光电发射的基本概念和光电阴极的量子产额，以及光电发射体的热电子发射理论。

1.1　载流子复合动力学

1.1.1　非平衡载流子的注入与复合

处于热平衡状态的半导体，在一定温度下，载流子浓度是一定的。这种处于热平衡状态下的载流子浓度，称为平衡载流子浓度。用 n_0 和 p_0 分别表示平衡电子浓度和空穴浓度，在非简并情况下，它们的乘积满足下式

$$n_0p_0 = N_VN_C\exp\left(-\frac{E_g}{kT}\right) = n_i^2 \tag{1-1}$$

式中：N_C、N_V 分别为导带和价带的有效状态密度；E_g 为禁带宽度；k 为玻耳兹曼常数；T 为温度；n_i 为本征载流子浓度。

半导体的热平衡状态是相对的。如果对半导体施加外界作用，破坏了热平衡的条件，这就迫使它处于与热平衡状态相偏离的状态，称为非平衡状态。处于非平衡状态的半导体，其载流子浓度也不再是 n_0 和 p_0，可以比它们多出一部分。比平衡状态多出来的这部分载流子称为非平衡载流子，有时也称为过剩载流子。大多数半导体都是工作于非平衡条件下。假如在一定温度下，当没有光照时，一块半导体中电子和空穴浓度分别为 n_0 和 p_0，假设是 n 型半导体，则 $n_0 \gg p_0$，其能带图如图 1－1 所示。当用适当波长的光照射该半导体时，只要光子的能量大于该半导体的禁带宽度，那么光子就能把价带电子激发到导带上去，产生电子－空穴对，使导带比平衡时多出一部分电子 Δn，价带比平衡时多出一部分空穴 Δp，它们被形象地表示在图 1－1的方框中。Δn 和 Δp 就是非平衡载

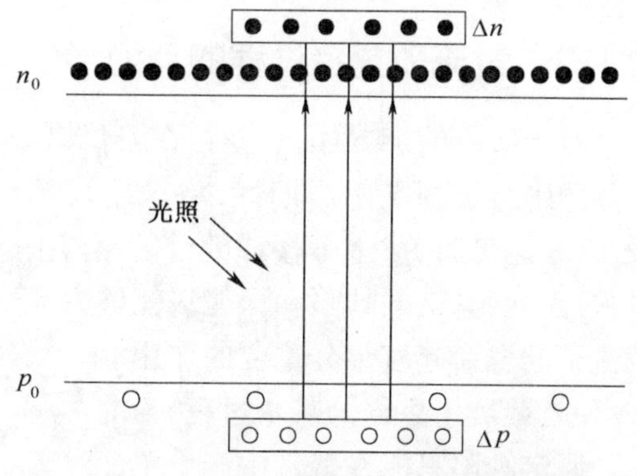

图 1－1　光照产生非平衡载流子示意图

流子浓度。这时把非平衡电子称为非平衡多数载流子，而把非平衡空穴称为非平衡少数载流子。对 p 型材料则相反。

用光照使得半导体内部产生非平衡载流子的方法，称为非平衡载流子的光注入。光注入时

$$\Delta n = \Delta p \tag{1-2}$$

在一般情况下，注入的非平衡载流子浓度比多数载流子浓度低得多。对 p 型材料，$\Delta n \ll p_0$，$\Delta p \ll p_0$，满足这个条件的注入称为小注入。例如 Zn 掺杂的 p 型 GaAs 中，Zn 杂质的浓度为 $N_A = 5\times10^{18}/\text{cm}^3$，其局部能级距价带顶 0.024eV。当 $T = 300\text{K}$，$E_g = 1.4\text{eV}$，导带态密度 $N_C = 4.7\times10^{17}/\text{cm}^3$，价带态密度 $N_V = 7\times10^{18}/\text{cm}^3$，则平衡条件下满足

$$p_{p0}n_{p0} = n_i^2 = N_V N_C \exp(-E_g/kT) = 8\times10^{13}/\text{cm}^6$$

式中：p_{p0} 为 p 型半导体的多数载流子浓度；n_{p0} 为 p 型半导体的少数载流子浓度。因为杂质能级 E_A 紧靠价带顶 E_V，即 $E_A \approx E_V$，所以杂质几乎全部电离，于是 $p_{p0} = N_A$，因此

$$n_{p0} = \frac{n_i^2}{p_{p0}} = \frac{8\times10^{13}}{5\times10^{18}} = 1.6\times10^{-5}/\text{cm}^3$$

也就是说，掺有杂质 Zn 的 GaAs 半导体，其导带中不存在自由电子，而存在大量的空穴。电中性条件是靠电离受主和空穴相等来实现的。

应用这个例子，我们很容易理解“注入水平”的物理意义，如图 1-2 所示。

当一束光照射在掺有杂质 Zn 的 p 型 GaAs 上，则在其中会产生电子空穴对。在低注入条件下，假定产生的电子和空穴载流子数为 $\Delta p = \Delta n = 10^8/\text{cm}^3$，则多数载流子为

$$p_p = p_{p0} + \Delta p = 5\times10^{18} + 10^8 = 5\times10^{18}/\text{cm}^3$$

少数载流子为

$$n_p = n_{p0} + \Delta n = 1.6\times10^{-5} + 10^8 = 10^8/\text{cm}^3$$

由此可见，在低注入条件下，掺有杂质 Zn 的 p 型 GaAs 半导体中，多数载流子浓度保持不变，而少数载流子浓度发生了很大变化。

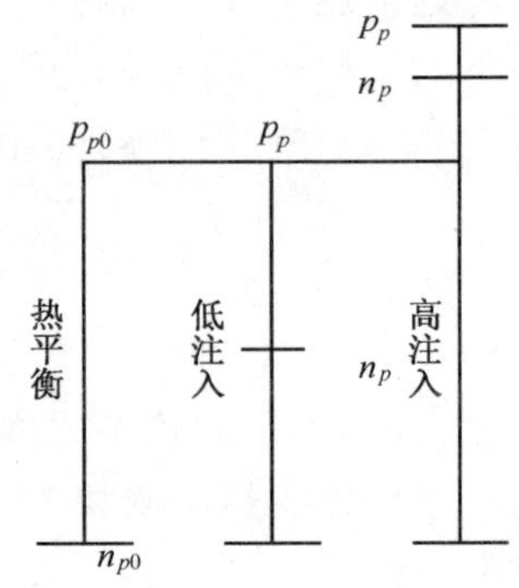

图 1-2　载流子的注入水平

1.1.2　载流子复合过程的动力学

对于实际的半导体，总是存在着位错、层错和某些深能级杂质等缺陷。这些缺陷破坏了晶体中势场的准确周期性，将产生局部（深）能级或禁带中的能带。对于电子输运来说，这些能带起着“上下楼梯的台阶”作用。由于输送的概率取决于初始和最后能级的能量差，因此，晶格的缺陷和深能级能够大大增加电子输运的概率，所以，半导体的缺陷对于载流子的寿命起着十分重要的作用。

一、载流子复合的基本过程

假定缺陷只能在禁带中产生单能级 E_t，这些缺陷称为复合中心。载流子的复合有四个基本过程，如图 1-3 所示。过程(a)：复合中心 E_t 从导带中俘获一个电子；过程(b)：复

合中心 E_t 发射一个电子到导带;过程(c):复合中心 E_t 从价带中俘获一个空穴(也可认为是一个电子从复合中心输运到价带);过程(d):一个空穴从复合中心发射到价带。显然,总复合必须包括两个过程:①一个电子从导带中消失(过程(a));②一个空穴从价带中消失(过程(c))。

以上四个过程的几率分别为:①电子的俘获几率 r_a;②电子的发射几率 r_b;③空穴复合几率 r_c;④空穴发射几率 r_d。下面分别给出四个过程的几率表达式。

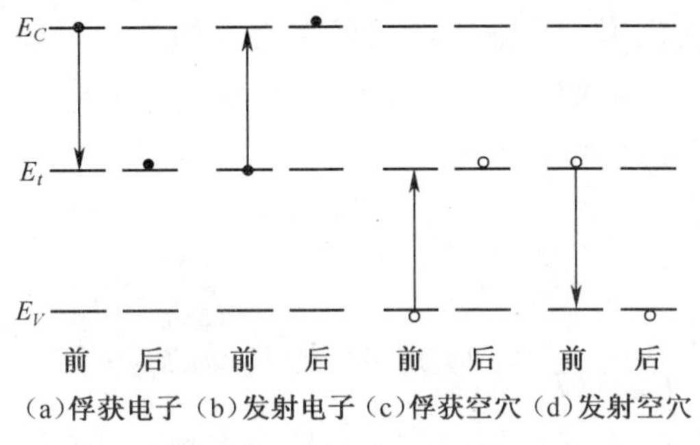

图 1-3 载流子复合的四个基本过程

1. 电子的俘获几率 r_a

在半导体中,电子的俘获几率 r_a 与导带中电子浓度 n 成正比,电子浓度越高,r_a 越大;同时,电子的俘获几率与复合中心浓度和电子不占据复合中心的概率成正比。因此可以得到

$$r_a = cnN_t(1-f) \tag{1-3}$$

式中:n 为导带中的电子浓度;c 为比例常数;N_t 为复合中心的浓度;f 为电子占据复合中心的概率;$(1-f)$ 为电子不占据复合中心的概率;$N_t(1-f)$ 为电子不占据复合中心的总数。显然,电子占据复合中心越少,俘获的电子越多,其原因是,如果一个复合中心已被一个电子占据,那么这个复合中心就不能俘获另一个电子。

c 与载流子平均速度 V_{th} 和俘获截面 σ_n 成正比,即

$$c \propto V_{th}\sigma_n \tag{1-4}$$

式中:σ_n 为电子俘获截面,它表示电子要距复合中心多少尺度才能被俘获的量度,σ_n 具有原子量级的大小,约 10^{-15}cm^2;V_{th} 为扩散长度与载流子寿命的比值。所以

$$r_a = V_{th}\sigma_n nN_t(1-f) \tag{1-5}$$

2. 电子的发射几率 r_b

r_b 是从复合中心发射电子到导带的几率。r_b 与电子占据复合中心的浓度 $N_t f$ 成正比,即

$$r_b = e_n N_t f \tag{1-6}$$

式中:e_n 为电子的发射概率;$N_t f$ 为电子占据复合中心的总数。

3. 空穴复合几率 r_c

因为只有已被电子占据的复合中心能级才能俘获空穴,因此复合中心能俘获空穴的几率应与 N_t 以及价带中的空穴浓度 p 成正比。所以有

$$r_c = V_{th}\sigma_p pN_t f \tag{1-7}$$

式中:p 为价带中的空穴浓度;σ_p 为空穴的俘获截面,它表示空穴要距复合中心多少尺度

才能被俘获的量度，σ_p 具有原子量级的大小，约 10^{-15}cm^2。

4. 空穴发射几率 r_d

r_d 与未被电子占据的复合中心能级密度 $N_t(1-f)$ 成正比，即

$$r_d = e_p N_t(1-f) \tag{1-8}$$

式中：e_p 为空穴发射概率。

以上四个表达式的应用范围是非平衡条件和热平衡条件。

为了计算 e_n 和 e_p，我们考虑在热平衡条件下无光照的半导体。要保证电子和空穴的热平衡浓度，电子复合中心输送到导带的几率必须与从导带中发射到复合中心的几率相等，即电子俘获率与电子发射率相等，得

$$e_n = V_{th}\sigma_n n \frac{1-f}{f} \tag{1-9}$$

式中：$f=f(E)=\dfrac{1}{1+\exp(E-E_F)/kT}$，当 $T>0\text{K}$ 时，$E-E_F \gg kT$。

同时，在热平衡条件下，费米分布与玻耳兹曼分布相同，因此

$$n = n_i \exp\left(\frac{E_F - E_i}{kT}\right) \tag{1-10}$$

式中：E_i 为本征费米能级。

所以

$$\begin{aligned} e_n &= V_{th}\sigma_n n_i \exp\left(\frac{E_F - E_i}{kT}\right) \frac{1 - 1/\left[1 + \exp\left(\dfrac{E_t - E_F}{kT}\right)\right]}{1/\left[1 + \exp\left(\dfrac{E_t - E_F}{kT}\right)\right]} \\ &= V_{th}\sigma_n n_i \exp\left(\frac{E_t - E_i}{kT}\right) \end{aligned} \tag{1-11}$$

类似地，空穴从价带发射到复合中心的几率等于从复合中心发射到价带的几率，因此有

$$\begin{aligned} e_p &= \frac{V_{th}\sigma_p p N_t f}{N_t(1-f)} = V_{th}\sigma_p p \frac{f}{1-f} \\ &= V_{th}\sigma_p n_i \exp\left(\frac{E_i - E_t}{kT}\right) \end{aligned} \tag{1-12}$$

对于非平衡、热稳定条件下的半导体，假定半导体中的载流子浓度是均匀的，在任何地方都没有扩散，即满足

$$\frac{\partial^2 n}{\partial x^2} = 0 \tag{1-13}$$

在稳定条件下，载流子的变化率等于载流子的产生率减去载流子的净俘获率。因为电子的净俘获率等于电子的俘获率减去电子发射率，即等于 $r_a - r_b$，所以对于电子来说，满足的条件为

$$\frac{\mathrm{d}n}{\mathrm{d}t} = G_L - (r_a - r_b) = 0 \tag{1-14}$$

式中：G_L 为电子的产生率。

而空穴的净俘获率等于空穴的俘获率减去空穴的发射率，即等于 $r_c - r_d$，所以对于空穴来说，满足条件

$$\frac{\mathrm{d}p}{\mathrm{d}t} = G_L - (r_c - r_d) = 0 \tag{1-15}$$

在稳定条件下，电子浓度的变化率等于空穴浓度的变化率，即$\frac{\mathrm{d}n}{\mathrm{d}t}=\frac{\mathrm{d}p}{\mathrm{d}t}$，$r_a - r_b = r_c - r_d$，分别代入 r_a、r_b、r_c、r_d 的表达式，得

$$\begin{aligned} & nV_{th}\sigma_n N_t(1-f) - V_{th}\sigma_n N_t f n_i \exp\left(\frac{E_t - E_i}{kT}\right) \\ & = V_{th}\sigma_p p N_t f - V_{th}\sigma_p N_t(1-f) n_i \exp\left(\frac{E_i - E_t}{kT}\right) \end{aligned} \tag{1-16}$$

于是

$$f = \frac{n\sigma_n + \sigma_p n_i \exp[(E_i - E_t)/kT)]}{\sigma_n\{n + n_i \exp[(E_t - E_i)/kT]\} + \sigma_p\{p + n_i \exp[(E_i - E_t)/kT]\}} \tag{1-17}$$

式(1－17)表示了在非平衡条件下，电子占据 E_t 能级的几率函数。它显然与平衡条件下半导体的费米函数不同，引起这种不同的原因有两个：

第一，这种条件下的电子浓度和空穴浓度都发生了变化，此时的电子浓度为 $n=N_C\exp[-(E_C-E_F)/kT]$，空穴浓度为 $p=N_V\exp[(E_V-E_F)/kT]$。

第二，费米能级 E_F 本身在非平衡情况下是没有意义的。E_F 的概念只在平衡条件下有效。在非平衡条件下，电子与空穴的浓度与注入水平有关，因而使电子占据 E_t 能级的几率函数 f 也与注入水平有关。

于是，在非平衡条件下，净复合率 V 为

$$\begin{aligned} V &= r_a - r_b = r_c - r_d \\ &= V_{th}\sigma_n n N_t(1-f) - V_{th}\sigma_n N_t f n_i \exp[(E_t - E_i)/kT] \end{aligned} \tag{1-18}$$

将式(1－17)代入式(1－18)，得

$$V = \frac{\sigma_n\sigma_p V_{th} N_t (pn - n_i^2)}{\sigma_n\{n + n_i\exp[(E_t - E_i)/kT]\} + \sigma_p\{p + n_i\exp[(E_i - E_t)/kT]\}} \tag{1-19}$$

下面对式(1－19)的物理意义进行讨论。

(1) 当电子的俘获截面与空穴的俘获截面相等时，即 $\sigma_n = \sigma_p = \sigma$ 时，得到

$$V = \sigma V_{th} N_t \frac{pn - n_i^2}{p + n + 2n_i\cosh[(E_t - E_i)/kT]} \tag{1-20}$$

(2) 当复合中心能级处于半导体禁带中央时，即 $E_t = E_i$ 时，式(1－20)中的 $\cosh[(E_t - E_i)/kT] = 1$。此时 V 取得最大值，即

$$V_{\max} = \sigma V_{th} N_t \frac{pn - n_i^2}{p + n + 2n_i} \tag{1-21}$$

也就是说，当复合中心处于禁带中央附近时，净复合率最大，这种复合中心是最有效

的。而当 E_t 靠近 E_C 时，净复合率 V 很小(例如浅施主能级)。这是因为复合中心俘获一个电子后，要再俘获一个空穴，才能完成整个复合过程。但由于 E_t 很接近导带，在它还未来得及俘获空穴之前，又可能把俘获的电子发射到导带中去，从而阻止了复合的快速进行。而当 E_t 靠近 E_V 时，净复合率 V 下降(例如浅受主能级)，这与浅施主的情况类似。因此，可以得出这样的结论：只有当复合中心处于禁带中心时，净复合率最大。即复合中心提供一些能级，要使这些能级复合最有效，它应平分 E_g。

二、载流子的寿命

在低注入条件下，p 型半导体满足：

$$p \gg n$$

$$n_i^2 = p_p n_p = p n_p$$

式中：p_p 为 p 型半导体的空穴浓度；n_p 为 p 型半导体的电子浓度。

若 $E_t - E_i$ 很小，则 $p \gg n_i \exp[(E_i - E_t)/kT]$。于是，由式(1－19)，得净复合率 V 为

$$V = \sigma_n V_{th} N_t (n - n_{p0}) \tag{1-22}$$

式中：n_{p0} 为 p 型半导体平衡状态下的电子浓度。

一般低注入情况下，p 型半导体中的电子浓度等于平衡状态下的电子浓度与所产生的电子浓度之和，即 $n = n_{p0} + \Delta n$；p 型半导体中的空穴浓度等于平衡状态下的空穴浓度与所产生的空穴浓度之和，即 $p = p_{p0} + \Delta p$，这里 p_{p0} 是 p 型半导体平衡状态下的空穴浓度。

因为，$n \propto (n - n_{P0})$，所以在平衡状态下，即 $\Delta n = \Delta p$ 的情况下：

p 型半导体的净复合率为

$$V = \frac{\Delta n}{\tau} = \frac{n - n_{p0}}{\tau_n} \tag{1-23}$$

n 型半导体的净复合率为

$$V = \frac{\Delta p}{\tau} = \frac{p - p_{p0}}{\tau_p} \tag{1-24}$$

于是，p 型半导体电子的寿命为

$$\tau_n = 1/\sigma_n V_{th} N_t \tag{1-25}$$

类似地，n 型半导体空穴的寿命为

$$\tau_p = 1/\sigma_p V_{th} N_t \tag{1-26}$$

由于 p 型半导体中电子和 n 型半导体中的空穴都是少数载流子，因此 τ_n 和 τ_p 都是少数载流子的寿命。

由式(1－25)和式(1－26)可见，少数载流子的寿命与多数载流子的浓度有关。因为 p 型半导体中有大量的空穴，因此，一旦某个电子被一个复合中心俘获，接着一个空穴立即被这个复合中心俘获，也就是说，复合中心受到俘获少数载流子的限制。

三、表面复合

当半导体经过切割、抛磨等加工和安装在不同晶格常数的基底上，这种经过表面加工和安装后的半导体，其表面具有比体内大得多的复合中心，这就导致了表面具有较低的载流子浓度。由于表面和体内存在着浓度差，载流子将通过扩散运动从体内流向表面，以补偿表面载流子的不足，使表面保持一定的载流子浓度，这个表面浓度低于体内浓度。

下面分析表面复合的具体情况。

1. 不考虑空间电荷情况下的表面复合速度

显然，表面复合可以看是成体内复合的特殊情况。

（1）p 型半导体的表面复合率 V_s

$$V_s=\sigma_n V_{th} N_t X_1[n_p(0)-n_{p0}] \tag{1-27}$$

式中：V_s 为表面复合率；X_1 为高复合区域的厚度；$n_p(0)$ 为表面电子浓度。同时，$V_s=s_0[n_p(0)-n_{p0}]$，s_0 为表面复合速度。所以

$$s_0=\sigma_n V_{th} N_t X_1=\sigma_n V_{th} N_{st} \tag{1-28}$$

式中：N_{st}为表面复合中心密度。

（2）类似地，n 型半导体的表面复合速度

$$s_0=\sigma_p V_{th} N_{st} \tag{1-29}$$

2. 真实表面的复合

真实表面的复合过程更为复杂。例如，当表面存在正离子时，半导体体内的电子将被正离子吸引，而半导体体内的空穴将被正离子排斥。这时的表面载流子分布将不同于无表面电荷时的分布，不可能形成电中性条件区域。这时，表面复合率为

$$V_s=\frac{\sigma_n\sigma_p V_{th} N_{st}(p_s n_s-n_i^2)}{\sigma_n\{n_s+n_i\exp[(E_t-E_i)/kT]\}+\sigma_p\{p_s+n_i\exp[(E_i-E_t)/kT]\}} \tag{1-30}$$

式中：n_s 为表面附近的电子浓度；p_s 为表面附近的空穴浓度。必须注意，对于 p 型半导体，因为 $n_s \ll N_A$，不能使用低注入条件下的式(1-22)。

若 E_t 处于禁带中央，即 $E_t=E_g/2$，$\sigma_n=\sigma_p=\sigma$，这时

$$\begin{aligned} V_s&=\sigma V_{th} N_{st}\frac{p_s n_s-n_i^2}{p_s+n_s+2n_i} \\ &=s_0\frac{p_s n_s-n_i^2}{p_s+n_s+2n_i} \end{aligned} \tag{1-31}$$

在处理半导体表面空间电荷区的问题时，采用如下关系式：

$$p_s n_s=p_p(w)n_p(w) \tag{1-32}$$

式中：$p_p(w)$ 为 p 型半导体空间电荷区的多数载流子浓度；$n_p(w)$ 为 p 型半导体空间电荷区的少数载流子浓度；w 为空间电荷区的宽度。

下面，我们来分别讨论 p 型半导体的浅受主和 n 型半导体的浅施主情况。

（1）p 型半导体的浅受主

$$p_p(w)=N_A=p_{p0} \tag{1-33}$$

于是

$$\begin{aligned} V_s&=s_0\frac{p_s n_s-n_i^2}{p_s+n_s+2n_i}=s_0\frac{p_p(w)n_p(w)-p_{po}n_{p0}}{p_s+n_s+2n_i} \\ &=s_0\frac{N_A}{p_s+n_s+2n_i}[n_p(w)-n_{p0}] \end{aligned} \tag{1-34}$$

将上式与 $V_s=s_p(n_p-n_{p0})$ 相比较，得

$$s_p=s_0\frac{N_A}{p_s+n_s+2n_i} \tag{1-35}$$

式中：N_A 为受主浓度。

（2）类似地，对于 n 型半导体的浅施主，得

$$s_n = s_0 \frac{N_D}{p_s + n_s + 2n_i} \tag{1-36}$$

式中：N_D 为施主浓度。

由此，可以得出结论：半导体的表面复合速度正比于杂质浓度和表面复合中心密度 N_{st}。

1.1.3 载流子复合-生成中心的来源

载流子复合-生成中心的主要来源有三种：①来源于晶体的结晶过程；②产生于某些深能级杂质；③受到高能粒子辐射。下面对这三种情况分别进行讨论。

一、来源于晶体的结晶过程

在晶体生长过程中，如果结晶条件没有严格的控制，那么复合-生成中心将大大增加，导致生长的半导体不能使用。

以气相外延生长为例来说明这个问题，图 1-4 表示了气相外延生长原理。假定：N_g 是远离生长表面的蒸汽浓度；N_s 是生长表面的蒸汽浓度；F_1 是指向生长表面方向的流密度，它表示单位面积单位时间流向生长表面的蒸汽分子数。所以有

$$F_1 = h_g(N_g - N_s) \tag{1-37}$$

式中：h_g 为气体质量传输系数，单位是 cm/s。

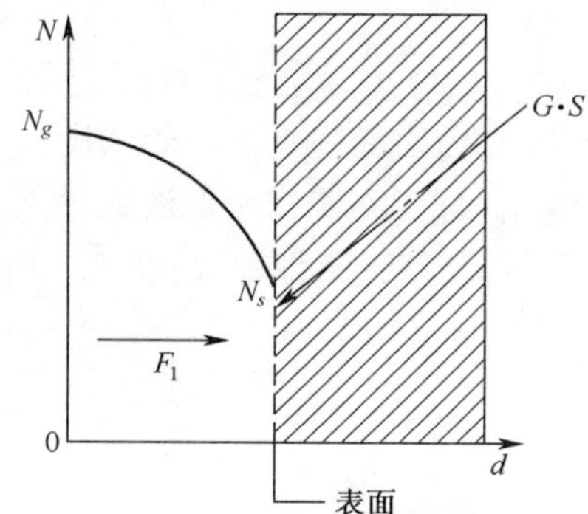

图 1-4 气相外延生长原理图

气体分子流到达生长表面，在一定的条件下，会与生长表面发生化学反应。显然，在生长表面消失的流密度 F_2 为

$$F_2 = K_s N_s \tag{1-38}$$

式中：K_s 为化学反应速度常数，它是温度的函数。

在稳定条件下，$F_1 = F_2 = F$，即

$$h_g(N_g - N_s) = K_s N_s \tag{1-39}$$

所以有

$$N_s = \frac{h_g N_g}{h_g + K_s} \tag{1-40}$$

由式（1-40）可见，当 $h_g \ll K_s$ 时，$N_s = 0$，表明当气体质量传输系数远远小于化学反应速度常数时，生长表面的气体浓度为零。也就是说，流到生长表面的分子立刻通过化学反应全部沉积在生长表面，此时的生长速度受到气体质量传输的限制。称这种情况为气体传输控制或气体质量传输限制的外延生长。

若 $h_g \gg K_s$，则 $N_s = N_g$，表明当气体质量传输系数远远大于化学反应速度常数时，生长条件受到化学反应速度的限制。称这种情况为表面反应限制或表面反应控制的外延生长。

由此可知，外延生长的速度 V 为

$$
\begin{cases}
V=\dfrac{F}{N}=\dfrac{K_sN_s}{N}=\dfrac{K_sh_g}{h_g+K_s}\cdot\dfrac{N_g}{N} \\
V=\dfrac{K_sh_g}{h_g+K_s}\cdot\dfrac{C_T}{N}\cdot Y
\end{cases}
\tag{1-41}
$$

式中：N 为生长分子在晶体中的浓度（即材料生长密度）；Y 为克分子数，$Y=N_g/C_T$（C_T 是单位体积内各种蒸汽分子的总数）。由式（1－41）可知，表面生长速度正比于克分子数 Y。如果 Y 值太高，那么在生长分子还没有规则地排列之前，又会被沉积的分子所覆盖，使位错浓度很大。

为了改善结晶质量，在实际的外延生长中，Y 值的选择必须很低，应控制在 0.01～0.02 之间。也就是说，外延生长条件为：在气体质量传输限制下进行，即 $h_g \ll K_s$；基底温度足够高，以改善表面分子的流动性。

二、产生于某些深能级杂质

当浅施主能级杂质掺杂到半导体中（如 P、B、As 存在于 Si 中；Zn、Sb 存在于 GaAs 中），它们对载流子复合-生成中心贡献不大。但是，当某些深能级杂质掺杂于半导体时，这些杂质会严重破坏晶体的周期性势场，它们产生许多深能级，这些深能级对复合-生成中心的贡献很大。

表 1－1 给出了 Si 和 GaAs 中的某些深能级杂质所处的位置。

表 1－1　Si 和 GaAs 中的某些深能级杂质

元素	Au	Zn	Cu	Fe
在 Si 中与价带顶之间的能量距离/eV	0.58 0.35	0.55 0.31	0.52 0.37 0.24	0.57 0.4 0.22
元素	Cr	O	Fe	Cu
在 GaAs 中与价带顶之间的能量距离/eV	0.7	0.63	0.52 0.37	0.51 0.25 0.24 0.21

对于光电阴极来说，总希望载流子的寿命尽可能长，因此，应尽可能避免将深能级杂质引入半导体。

三、产生于辐射损坏

当半导体受到高能粒子的轰击，如受到高能电子、中子、质子、X 射线、γ 射线等辐射时，这些高能粒子能够把晶体中的原子从晶格的正常位置移走，形成一个空位和一个间隙原子，称为复杂的缺陷。这些缺陷的行为与半导体中的杂质和缺陷相类似。它们在 E_g 中起着受主、施主或复合中心的作用。

在高能电子轰击下，半导体将产生复合中心，轰击后的复合中心浓度为

$$
N_t'=N_t+AN_e \tag{1-42}
$$

式中：N_t 为轰击前复合中心的浓度；N_e 为轰击在半导体表面的电子浓度；A 为常数，它与电子轰击能量和轰击时间相关。

于是，载流子寿命 τ 为

$$\tau=\frac{1}{\sigma V_{th}N_t'}=\frac{1}{\sigma V_{th}(N_t+AN_e)}=\frac{\tau_0}{1+AN_e/N_t} \tag{1-43}$$

式中：$\tau_0=1/(\sigma V_{th}N_t)$，表示未经轰击的载流子寿命。

1.2 半导体表面附近的能带弯曲

如果杂质掺入到半导体中，或者半导体中存在缺陷，均会造成晶体的周期性势场遭到破坏。这些杂质和缺陷在禁带中产生深能级或能带，使晶体表面的周期性结构完全被切断。于是，在表面禁带中生成很高密度的能级，这些能级称为表面态。

一个理想的表面，其原子具有不连续的有规则的排列，但实际表面并非如此简单，经过加工的表面，总存在某些吸附物（如氧化层、吸附分子等）。我们感兴趣的是“清洁表面”。在超高真空条件下通过加热外延晶体表面，或用 Ar^+ 轰击外延表面，都能获得清洁表面。这些清洁表面具有很高的态密度（约 $10^{15}/cm^2$ 量级），这些态密度能够与半导体交换电子。交换前，表面具有电中性。因此，可采用类似于半导体中的费米能级来进行处理。

我们用 E_{FS}表示表面态的费米能级，其物理意义是：在绝对零度下，E_{FS}以下的每个能级都被电子填满，E_{FS}以上的每个能级都空着。这样，表面态可能是施主，也可能是受主。若表面态是施主，那么这个表面态既是电中性的，也可能在失去电子后带正电。表面态能级 E_t 失去一个电子的几率为

$$F_{SD}(E_t)=1-\frac{1}{1+\frac{1}{g_1}\exp\left(\frac{E_t-E_{FS}}{kT}\right)}=\frac{1}{1+\frac{1}{g_1}\exp\left(\frac{E_{FS}-E_t}{kT}\right)} \tag{1-44}$$

如果表面态是受主，表面既可能是电中性的，也可能得到一个电子而带负电。因此，电子占据表面态的几率为

$$F_{SA}(E_t)=\frac{1}{1+\frac{1}{g_2}\exp\left(\frac{E_t-E_{FS}}{kT}\right)} \tag{1-45}$$

式中：g_1、g_2 为统计常数。

表面电中性条件满足

$$\int_{E_V}^{E_C}N_S(F_{SD}-F_{SA})\mathrm{d}E_t=0 \tag{1-46}$$

式中：N_S 为表面态密度函数。

若能找到 N_S 的分布，就容易计算 E_{FS}，但至今尚未找到 N_S 的数学分布。

1973 年，Ranke 和 Jacobi 用俄歇谱仪和热解吸方法研究不同晶向的 GaAs 表面的束缚力，这项工作对于建立超高真空下的解吸条件很有意义。结果表明，GaAs(111)表面态的 E_{FS}具有一个固定值，这个值为 0.5eV。

已知 E_{FS}，我们便能计算半导体表面附近的能带弯曲量。

1.2.1 p型半导体表面附近的能带弯曲

对于p型半导体，因为其E_{FS}高于E_F，所以表面态的电子将流向半导体的受主，使表面带正电，而半导体表面附近带负电。这种流动迫使能带向下弯曲，使电子亲和势减小，如图1-5所示。

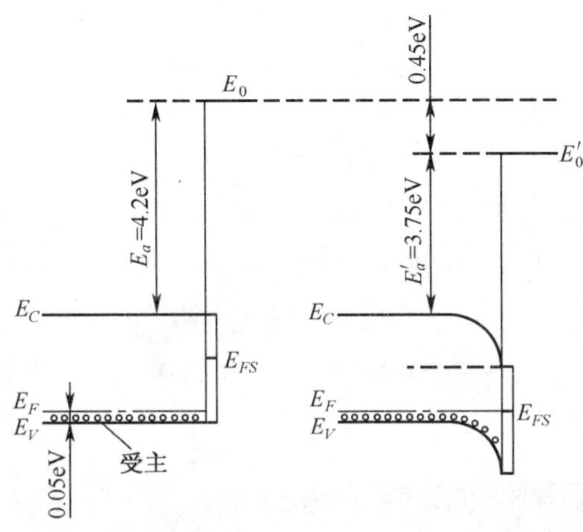

图1-5　表面态引起的p型GaAs能带弯曲示意图

电子亲和势的减小量为

$$\delta = E_a - E_a' = E_{FS} - E_F \tag{1-47}$$

例如：有一p型GaAs，掺杂Zn的浓度为N_A=1.33×10^{18}/cm^3，这些受主的电离能为E_A=0.024eV（相对于E_V），设导带中的电子浓度为n，N_A^-为电离受主浓度，则电中性条件为

$$n+N_A^-=p \tag{1-48}$$

在室温下，因为导带中无自由电子，所以$N_A^-=p$，即

$$\frac{N_A}{1+\frac{1}{g}\exp\left(\frac{E_A-E_F}{kT}\right)} = N_V\exp\left(\frac{E_V-E_F}{kT}\right) = N_V\exp\left(\frac{-E_F}{kT}\right) \tag{1-49}$$

式中：$g=4$；$N_V=7\times10^4/\text{cm}^3$。

用图解法可算出E_F值：在同一图中分别画出N_A^-与E_F的关系和p与E_F的关系，表1-2列出了N_A^-、E_F和p的计算值。由两条曲线的交点可确定GaAs的E_F，其E_F的值为0.05eV，如图1-6所示。

表1-2　E_F、N_A^-和p的计算值

E_F/eV	0	0.01	0.02	0.03	0.04	0.05	0.06
N_A^-/(×10^{18})	0.81	0.93	1.03	1.11	1.17	1.22	1.25
P/(×10^{18})	7	4.76 4.93	3.23 3.47	2.20 2.44	1.49 1.72	1.01	0.69

在表面态与GaAs半导体交换电子之前，GaAs具有的电子亲和势E_a为4.2eV，交换后由表面态引起GaAs的能带向下弯曲，电子亲和势下降0.45eV，E_a'=3.75eV。如图1-5

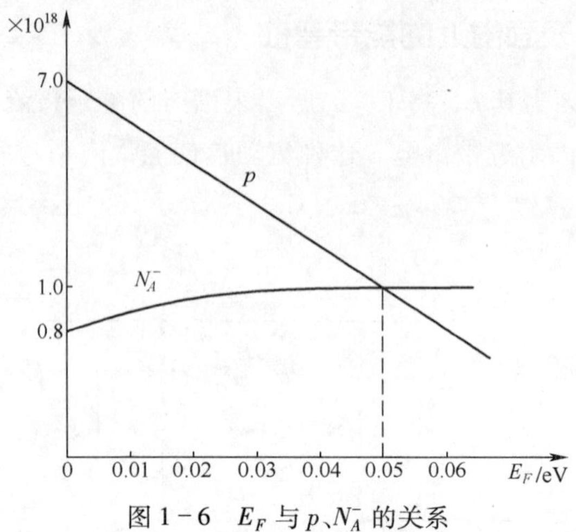

图 1-6　E_F 与 p、N_A^- 的关系

所示。由此可知,表面态引起 p 型半导体的能带向下弯曲,降低 E_a;对于重掺杂 p 型 GaAs,能带弯曲量为 0.45eV。

1.2.2　n 型半导体表面附近的能带弯曲

对于具有重掺杂和浅施主能级的 n 型半导体,因为其表面态是受主,E_F 高于 E_{FS},导致 n 型半导体体内的电子流向表面,E_F 上升,体内的电子将被耗尽,当达到动态平衡时,$E_F = E_{FS}$,能带向上弯曲,其有效电子亲和势变为

$$E_a' = E_a + (E_F - E_{FS}) \tag{1-50}$$

所以,对于 n 型 GaAs 半导体,能带弯曲量 δ 为

$$\delta = E_F - E_{FS} = 1.4 - 0.5 = 0.9(\mathrm{eV}) \tag{1-51}$$

图 1-7 表示了由表面态引起的 n 型半导体的能带弯曲。其物理意义是:由于 $E_F > E_{FS}$,施主电子将流向表面态,使表面带负电,半导体表面附近带正电,自建电场方向由体内指向表面,阻挡电子发射。因此,n 型半导体的表面态引起能带向上弯曲,电子亲和势增大。

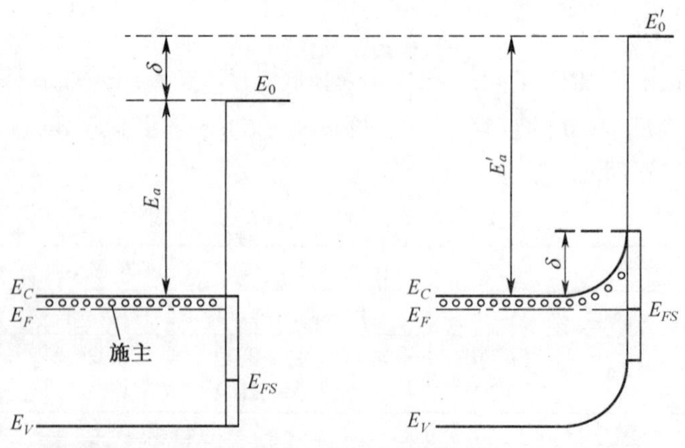

图 1-7　由表面态引起的 n 型半导体的能带弯曲示意图

1.2.3 Ⅲ-Ⅴ族半导体表面附近的能带弯曲

关于Ⅲ-Ⅴ族半导体表面附近的能带弯曲理论主要有三种假说:①异质结假说;②表面偶极子层假说;③双偶极子层假说。图1-8表示了这些主要假说的能带图,包括:(a)GaAs的能带图;(b)电离Cs层;(c)Cs-O层。

与晶体分子中的束缚电子相比,表面态具有对电子较弱的束缚力。这些弱束缚电子迁移至受主中心(杂质),输运进入晶格,在表面内侧附近产生负电荷,而表面缺少电子积累正电荷,形成一个由外指向内的附加电场,引起能带向下弯曲,真空能级 E_0 降低。这是活化Cs层前的表面情况,如图1-8(a)所示。

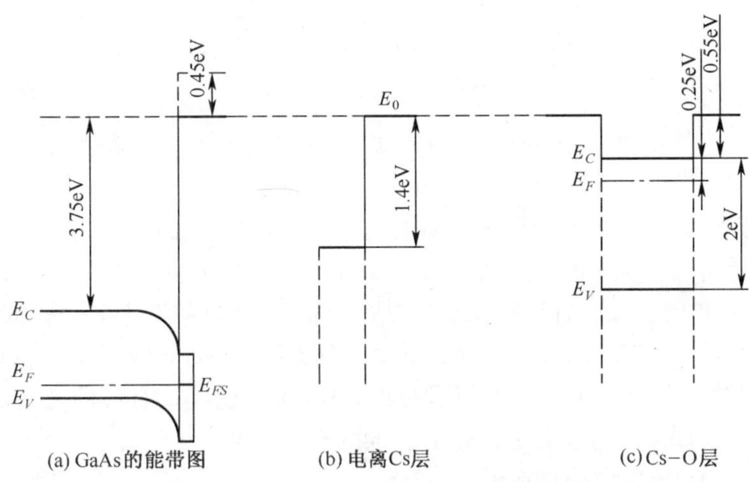

图1-8 Ⅲ-Ⅴ族半导体形成NEA的能带图

一、异质结假说

1969年,Sonnenbery提出该假说,后来Bell、Spicer、Uebbing和James对此做了进一步发展。

这种假说认为,GaAs与 Cs_2O 之间形成p-n异质结,GaAs是具有重掺杂的p型半导体,Cs_2O 层是具有重掺杂的n型半导体,Cs_2O 层的电子亲和势为 $E_a=0.55\text{eV}$。其要点如下:

(1) GaAs在吸附Cs和Cs-O以前,由于表面态的作用,E_0 降低了0.45eV。

(2) 当GaAs吸附Cs和交替吸附Cs-O后,因 Cs_2O 的 E_F 大大高于GaAs的 E_F,电子将从 Cs_2O 迁移至GaAs的受主,使 $E_{F(Cs_2O)}=E_{F(GaAs)}$,导致 E_0 降低了4.3eV。

(3) Cs_2O 在GaAs附近出现了严重的反型。换句话说,在GaAs附近,Cs_2O 由n型变成了p型,这就导致 Cs_2O 层的 E_V 与GaAs的 E_F 相等,即 $E_{V(Cs_2O)}=E_{F(GaAs)}$。

于是,其有效电子亲和势为

$$\begin{aligned}E_a&=E_0-E_{C(GaAs)}=E_0-E_F-[E_{C(GaAs)}-E_F]\\&=0.8-(1.4-0.05)=-0.55\text{eV}\end{aligned}\qquad(1-52)$$

这就实现了负电子亲和势,如图1-9所示。

(4) 当这种GaAs受光照时,热化电子被激发后进入导带,这些热化电子再向表面(发射面)运动而通过一定的距离,电子热化的时间约为 $10^{-12}\sim10^{-14}$ s,热化后电子的寿命很

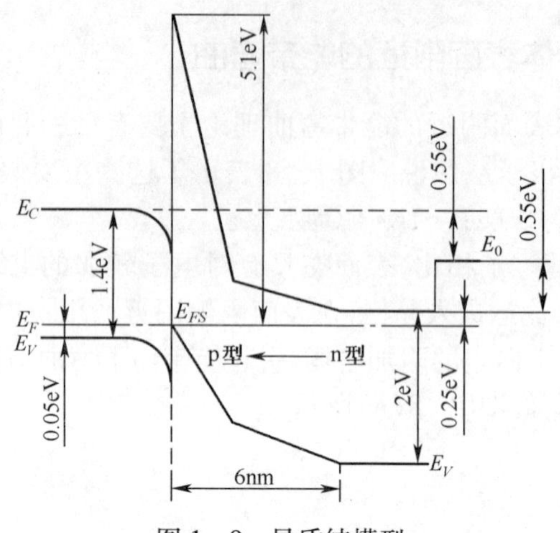

图 1-9　异质结模型

长，大约 10^{-9}s。这是负电子亲和势与正电子亲和势发射体的一个很重要的差别（PEA 的电子寿命约 10^{-12}s）。

异质结假说能够用于解释负电子亲和势的形成，但不能用来完整解释许多实验现象。

大量实验表明，当 Cs_2O 层的厚度为 6~10nm 时，半导体能够提供产生最大能带弯曲和形成负电子亲和势所需的最佳厚度。实际上，这样的厚度只需一个或部分单分子 Cs-O 层已经足够。1970 年，A. H. Sommer 等人采用定量化学分析法进行研究，结果表明，当 Cs-O 层等于 4~5 个 Cs 单原子层厚度时，GaAs 发射体具有最佳光电发射。但由于 Cs_2O 成分具有高的密度，它包含了氧化物形成的表面沉积，事实上是个单分子层，因此他们反驳 Cs_2O-GaAs 异质结的存在。

二、表面偶极子层假说

1971 年，Brown 等人提出了表面偶极子层假说。这个假说更清楚地说明了氧在其中的作用。这种假说的要点如下。

（1）当 Cs 吸附在 GaAs 表面时，Cs 将其价电子交给 GaAs 的表面态，因吸附 Cs 层的电离能只有 1.4eV，它比单个 Cs 原子的电离能低得多，于是 Cs 变成 Cs^+，GaAs 表面带负电，在正负电荷间形成偶极子，使 E_a 下降到零，如图 1-10 和图 1-11 所示。

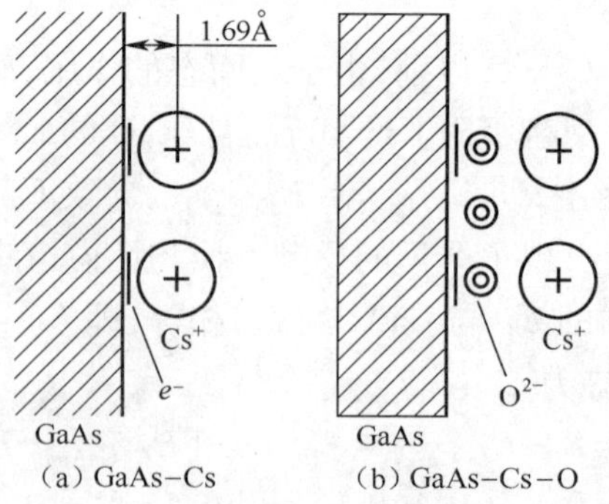

图 1-10　GaAs-Cs 和 GaAs-Cs-O 的表面偶极子层原理图

（2）引入氧后，氧并不与 Cs 反应形成 Cs_2O，而是氧原子填隙在 Cs 原子与 GaAs 表面，其作用就如在表面 Cs^+ 间加上了一道屏蔽，增加了偶极子效应，使 E_0 下降，形成 NEA。

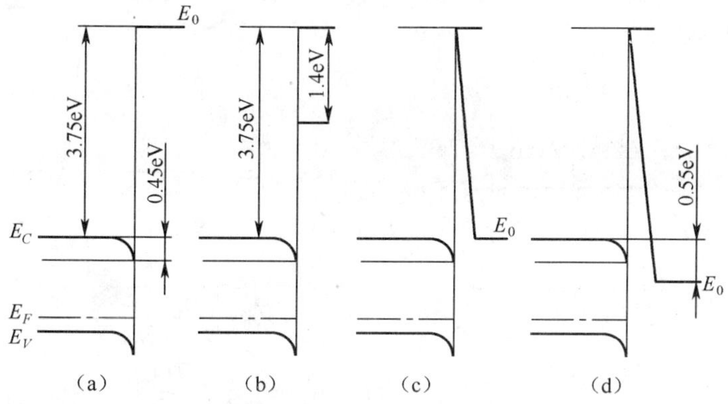

图 1-11　表面偶极子假说的 GaAs-Cs 和 GaAs-Cs-O 能带图

这个 Cs^+-O 距离不等于 Cs_2O 的厚度，其厚度 $a_0 = 0.2\text{nm}$。

那么，为什么表面偶极子层能使 E_a 下降呢？

假定有一个如图 1-10(a)所示偶极子层。由图可见，两带电表面的电场强度为

$$E = \frac{\sigma}{\varepsilon\varepsilon_0} \tag{1-53}$$

式中：σ 为面电荷密度，$\sigma = ne$；n 为电子或 Cs^+ 的面密度；e 为电子电荷；ε 为介电常数；ε_0 为真空介电常数。因此

$$V = \frac{n}{\varepsilon\varepsilon_0} el \tag{1-54}$$

式中：l 为两表面的距离。两表面的位能为

$$eV = \frac{en}{\varepsilon\varepsilon_0} el = \frac{en}{\varepsilon\varepsilon_0} P \tag{1-55}$$

式中：P 为偶极矩。

GaAs-Cs-O 的电子亲和势 E_a 等于 GaAs 的 E_a 减去表面偶极子层的位能，即

$$(E_a)_{\text{GaAs-Cs-O}} = (E_a)_{\text{GaAs}} - eV = (E_a)_{\text{GaAs}} - \left(\frac{en}{\varepsilon\varepsilon_0}\right) P \tag{1-56}$$

我们知道，Cs^+ 的半径 $R_{Cs^+} = 0.169\text{nm}$，考虑氧的存在使偶极矩增加，取 $l = 0.2\text{nm}$，$\varepsilon = 4$，$\varepsilon_0 = 8.854\times10^{-12}(\text{C}^2/\text{N}\cdot\text{m}^2)$，$n = 4.8\times10^{18}/\text{m}^2$。将以上参数代入式(1-56)，得

$$\begin{aligned}(E_a)_{\text{GaAs-Cs-O}} &= 3.75-(4.8\times10^{18}\times1.6\times10^{-19}\times2\times10^{-10})/(4\times8.854\times10^{-12})\\ &= 3.75-4.3=-0.55\text{eV}\end{aligned}$$

图 1-11 表示了表面偶极子假说的 GaAs-Cs-O 能带图。GaAs 的表面态使能带向下弯曲 0.45eV；GaAs 表面吸附 Cs 层后，Cs 将价电子交给 GaAs，表面形成了 Cs^+；表面形成偶极子层后，使 E_a 下降到零(此时 $E_0 = E_C$)；引入氧后，表面的偶极矩增大，使 E_a 下降为"负"。

三、双偶极子层假说

图 1-12 和图 1-13 分别表示了双偶极子层的原理图和能带图。这种假说要点如下：①GaAs 表面吸附 Cs 后，形成第一层偶极子层，使 E_a 下降到零；②交替沉积 Cs-O 后，形成第二层偶极子层，使 E_a 下降为"负"。

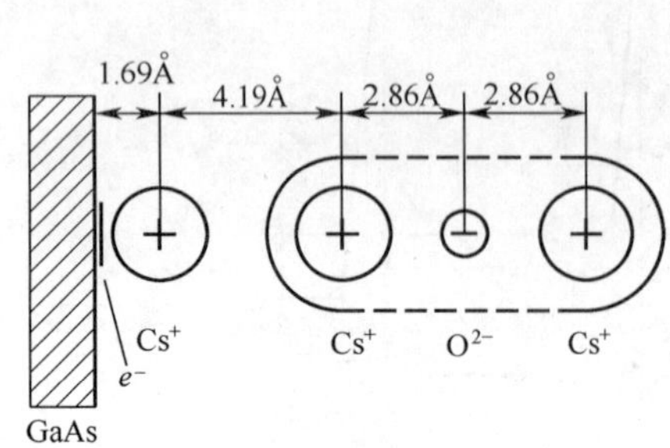

图 1-12　双偶极子层原理图

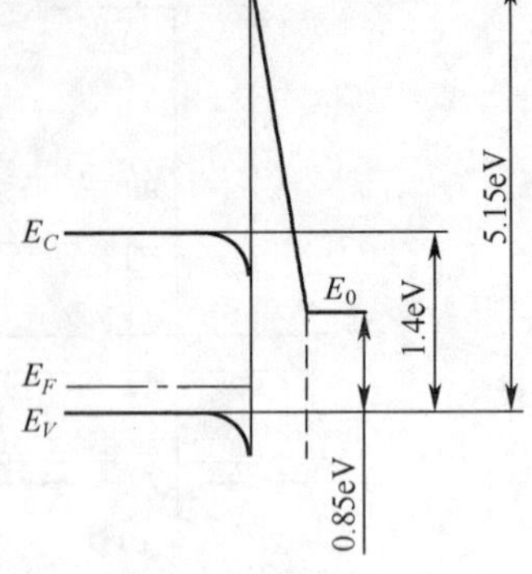

图 1-13　双偶极子层能带图

对于以上三种假说，尽管还存在理论上的分歧，但是目前公认的模型有：①GaAs 未吸附前，能带弯曲 0.45eV；②弯曲区 a_0 突起的高度是 5.15eV（以 $E_V=0$ 为参考点）。

以上讨论了以 GaAs 为代表的Ⅲ-Ⅴ族负电子亲和势光电发射体的理论模型。关于负电子亲和势的形成存在多种假说，但是目前还没有一个假说得到完全公认。然而，大量研究结果表明，负电子亲和势的存在是毫无疑义的。

1.2.4　获得负电子亲和势的必要条件

首先，我们对 PEA 光电发射体和 NEA 光电发射体的特性做简单比较。

对于 PEA 光电发射体，当光电子的动能低于 E_0 时，不能发射进入真空。因此，其光电子的逃逸深度是很短的，只有那些靠近发射表面所产生的光电子才具有较高的逸出几率，如图 1-14 所示。同时，这种逸出几率还取决于光电子的初始动能，其初始动能 E_K 等于光子能量 $h\nu-E_g$。可见，波长越长，$h\nu-E_g$ 越小，逸出几率越小。因此，正电子亲和势的光电发射体在长波区域不可能具有高的量子效率。

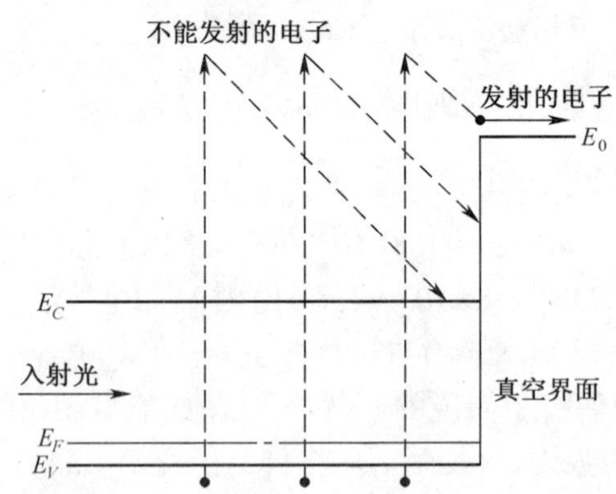

图 1-14　PEA 光电发射体的光电子发射原理图

对于 NEA 光电发射体，已被热化并到达导带底的光电子寿命很长，使得光电子发射概率很高。电子迁移的主要类型则从"热电子型"变为"冷电子"少数载流子扩散型。电子的逃逸深度不再受导带内的能量弛豫过程的限制。在运动过程中，即使某些电子可能暂时朝发射面的反方向运动，但当它们再次朝发射面方向运动时，由于电子的寿命很长，这些电子仍能发射进入真空。因此，所有初始动能大于或等于 E_g 能量（$E_K \geqslant E_g$）的电子都具有高的逸出几率，使得这种光电发射体具有高的量子产额和平坦量子产额响应曲线。

下面讨论形成负电子亲和势的必要条件。

按照异质结模型，对于Ⅲ-Ⅴ族半导体，有

$$\begin{aligned}(E_a)_{\text{Ⅲ-Ⅴ}} &= [(E_a)_{Cs_2O}+(E_C)_{Cs_2O}-E_F]-[(E_g)_{\text{Ⅲ-Ⅴ}}-E_F] \\ &= (E_a)_{Cs_2O}+(E_C)_{Cs_2O}-(E_g)_{\text{Ⅲ-Ⅴ}} \\ &= 0.55+0.25-(E_g)_{\text{Ⅲ-Ⅴ}} = 0.8-(E_g)_{\text{Ⅲ-Ⅴ}} \end{aligned} \tag{1-57}$$

由式（1-57）可知，只有当 $0.8-(E_g)_{\text{Ⅲ-Ⅴ}}<0$，即 $(E_g)_{\text{Ⅲ-Ⅴ}}>0.8\text{eV}$ 时，才能使 E_a 变成“负”。

因此，Ⅲ-Ⅴ族光电发射体的本征阈值波长可由下式求出：

$$h\nu = hc/\lambda_0 = (E_g)_{\min} \tag{1-58}$$

所以

$$\lambda_0 = \frac{hc}{(E_g)_{\min}} = \frac{4.14\times10^{-15}\times3\times10^{14}}{0.8} = \frac{1.24}{0.8} = 1.55(\mu\text{m})$$

上式表明，Ⅲ-Ⅴ族 NEA 光电发射体的阈值波长为 1.55μm。

要进一步延伸光电发射体的红外响应，可采用以下方法：

（1）采用窄禁带宽度的材料，并在发射表面施加强电场，使表面势垒变薄，只要电场足够强，就可以形成负电子亲和势。用这种方法实现的光电发射体称为辅助场发射光电阴极。这是因为当禁带宽度变窄后，λ_0 会随之增加。这种方法可以使 λ_0 达到 2.3μm。但是，由于禁带宽度变窄后，会造成光电发射体的暗电流大大增加，因此，应根据对光电发射体的实际要求来确定外加电场强度的大小。

（2）做成 p-n 异质结，但这种方法不可能获得高的量子效率，这是因为，电子在热化过程中要损失能量，如果 p-n 结较厚，电子就不能发射出表面，所以只有当 p-n 结很薄才能提高量子效率，但是，很薄的 p-n 结难以实现。

（3）采用其他半导体材料，比如用 Cs-O 激活单晶硅材料形成负电子亲和势。

1.3 光电发射的基本概念

1.3.1 光电发射中心与光电发射的三个基本过程

一、光电发射中心

在光电发射中，我们把提供电子发射的源泉称为光电发射中心。光电发射中心共分三类。

第一类称为本征光电发射，这种光电发射的原理是：价带中束缚电子吸收光子能量后，跃入导带，形成光电发射。光电发射中心是价带中的束缚电子。这类发射的特点是光吸收充分，量子效率很高。这类光电阴极主要有：常用于夜视器件的[Cs]Na_2KSb、K_2CsSb 光电阴极，用于夜视和耐高温摄像器件的 Na_2KSb 光电阴极，用于光电管倍增管的 Cs_3Sb 光电阴极，用于夜视器件的Ⅲ-Ⅴ族光电阴极。

第二类称为杂质光电发射，这种光电发射的原理是：发射体中的杂质吸收光子能量后产生光发射，光电发射中心是杂质。有效的杂质光电发射体是 n 型半导体的施主，较为典型的是 Ag－O－Cs 光电阴极。这类阴极光谱响应很宽，积分灵敏度较高，一般可达 30～60μA/lm。但是，由于半导体中的杂质浓度比本征原子低得多，光吸收较小，因此其量子效率低于 1%，而且由于发射中心是施主，因此暗电流发射较大。

第三类称为自由电子发射。这种光电发射的原理是：导带中的电子吸收光子能量后，跃入更高的能级形成发射，光电发射中心是自由电子。由于半导体导带内的自由电子极少，对于实用的光电发射体来说，它对光电发射无实质性的贡献。而金属内自由电子数多，所以金属的光电发射属于自由电子发射。

二、光电发射的三个基本过程

光电发射是一个十分复杂的过程，但可以简化为以下三个过程：①当光照射到光电发射体，发射中心吸收光子，产生的光电子跃迁到导带，光电子数目取决于光子的吸收量。②光电子向发射表面运动，在运动过程中因能量散射而损失掉部分能量，同时，部分光电子与空穴复合而消失。显然，该过程取决于各种能量散射机构和载流子寿命。③运动到发射面的电子，有一部分将克服表面势垒的阻挡发射到真空中。如果电子亲和势 E_a 为正，那么只有那些经能量损失后，其动能仍高于 E_0 的电子才能发射进入真空，而那些动能低于 E_0 的电子，只能贡献于光电导。在负电子亲和势情况下，表面势垒虽然比较高，但由于势垒很薄，仅为 10^{-1}nm 的数量级。因此，即使那些到达表面后已完全失去动能的电子，也有相当大的势垒穿透几率，形成光电发射。

1.3.2 金属与半导体光电发射的比较

金属的发射中心是自由电子，光电逸出功等于热逸出功，即 $\phi_{光}=\phi_{热}$。实用的纯金属材料的光电逸出功一般大于 4eV，相应的阈值波长 $\lambda_0<0.3\mu m$。因此，纯金属的光电阴极只能工作在紫外区。此外，金属表面对光的反射能力很强，其有效的光吸收较小。由于金属内部的自由电子很多，电子与电子的相互作用频繁，造成光电子的能量损失，使得在离发射表面较深处产生的光电子很难保持在较高的能量下运动到表面，只有那些离发射表面较近的光电子才能形成光发射，所以，其量子效率 $\eta<10^{-3}$ 电子/光子。

半导体的光电发射中心以本征发射为主，其光电逸出功比金属低得多，而且光电逸出功不等于热逸出功。图 1－15 和图 1－16 分别表示金属和半导体的逸出功的比较。我们知道，多碱光电阴极（[Cs]Na_2KSb）的 $\phi_{光}=1.2\sim1.55$eV；锑铯光电阴极（Cs_3Sb）的 $\phi_{光}=2.05$eV；Ⅲ－Ⅴ族半导体砷化镓光电阴极（GaAs－Cs）的 $\phi_{光}=1.4$eV。根据 $\lambda_0=hc/\phi_{光}=1.24/\phi_{光}(\mu m)$，可得半导体的阈值波长 $\lambda_0=1.03\sim0.6\mu m$。此外，半导体表面对光的反射

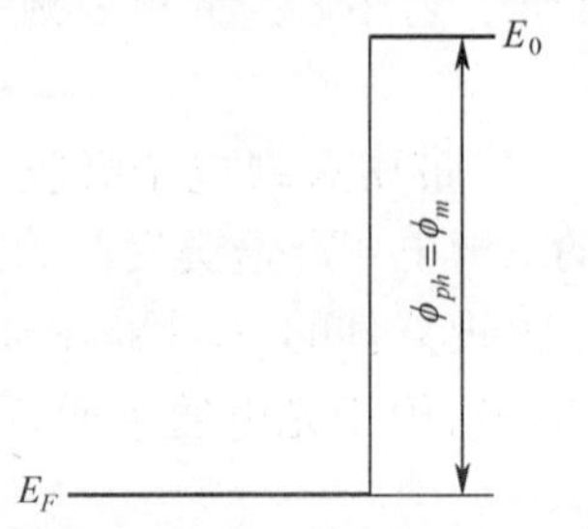

图 1－15　金属光电发射的逸出功

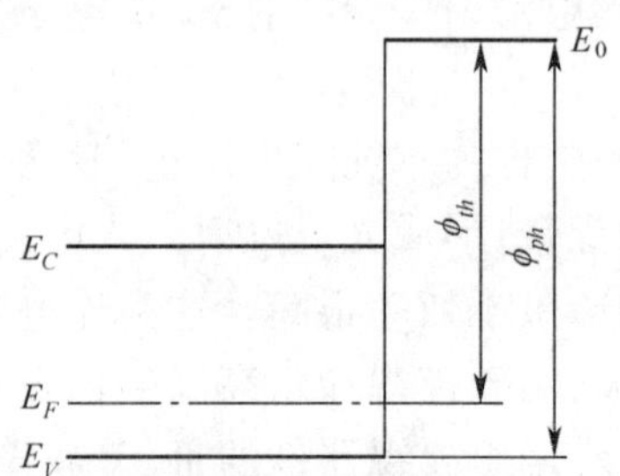

图 1－16　半导体的热逸出功和光电发射的逸出功

率很低，一般小于等于40%，有效的光吸收较大。由于半导体内的自由电子很少，电子与电子的相互作用小，所以，在体内较深处产生的光电子也能在保持高于真空能级的能量下，到达表面形成发射，其量子效率可以达到百分之几十。

1.3.3 光电阴极的光吸收

光照射到光电阴极上，除部分光被反射或透射外，其余的光均被阴极吸收，如图1-17所示。实验表明，在均匀物质中，光电薄膜吸收的光子数 $dI(x)$ 与照射在该薄层上的光子数 $I(x)$ 成正比，即

$$-dI(x)=\alpha_t(\lambda)I(x)\,dx \tag{1-59}$$

式中：负号表示光强沿 x 方向逐渐衰减；$\alpha_t(\lambda)$ 表示各种波长下光的吸收系数。式(1-59)可改写为

$$dI(x)/I(x)=-\alpha_t(\lambda)\,dx \tag{1-60}$$

对式(1-60)积分，有

$$\int_{I_0'}^{I(x)}\frac{1}{I(x)}dI(x)=-\int_0^x\alpha_t(\lambda)\,dx \tag{1-61}$$

解式(1-61)，得

$$I(x)=I_0'\exp[-\alpha_t(\lambda)x] \tag{1-62}$$

式中：I_0' 表示进入材料的有效光子数。由于 $I_0'=I_0(1-R)$，R 为反射系数，于是，光电阴极单位厚度内在 x 方向所吸收的光量子数为

$$I(x)=I_0(1-R)\alpha_t(\lambda)\exp[-\alpha_t(\lambda)x] \tag{1-63}$$

对 $I(x)$ 在 $0\sim t$ 厚度内积分，得到 t 厚度内吸收的光量子数为

$$\int_0^t I_0(1-R)\alpha_t(\lambda)\exp[-\alpha_t(\lambda)x]\,dx=I_0(1-R)\{1-\exp[-\alpha_t(\lambda)t]\} \tag{1-64}$$

图1-18给出了典型的光电阴极光吸收与波长的关系，共包括三个区域：$\lambda\leqslant\lambda_0$ 区域，α_t 随 λ 的增加而减小，属于本征光吸收；$\lambda_0\leqslant\lambda\leqslant\lambda_i$ 区域，α_t 随 λ 的增加而增加，属于杂质的光吸收；$\lambda>\lambda_i$ 区域，α_t 随 λ 的增加而减小，属于自由载流子光吸收。

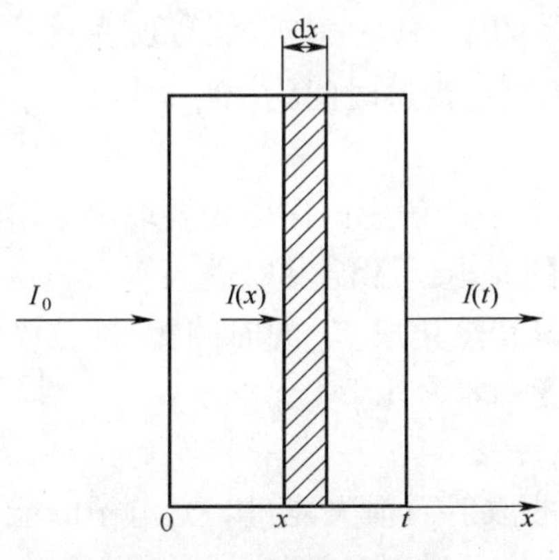

图1-17 光吸收原理图

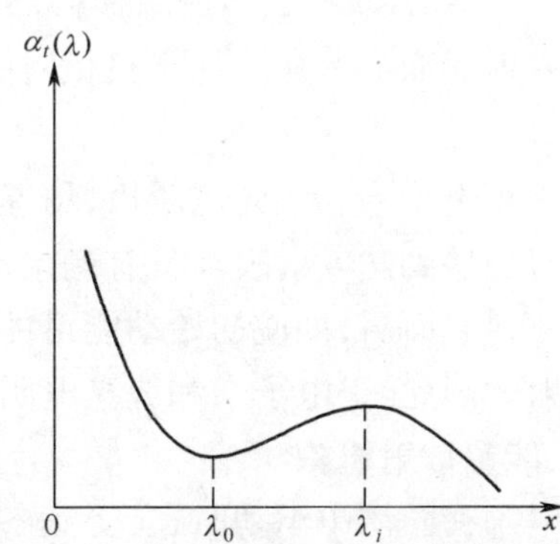

图1-18 光吸收与波长的关系

下面以具体的光电阴极为例来说明这个问题，图1-19、图1-20分别表示[Cs]Na_2KSb 和 GaAs 光电阴极的光吸收系数与波长的关系。可以看出，在 $\lambda=0.4\mu m$ 处，

$\alpha_{t([Cs]Na_2KSb)}=6\times10^5/cm$，$\alpha_{t(GaAs)}=6\times10^4/cm$；在 $\lambda=0.6\mu m$ 处，$\alpha_{t([Cs]Na_2KSb)}=1\times10^5/cm$，$\alpha_{t(GaAs)}=2\times10^4/cm$。可见，Ⅲ－Ⅴ族光电阴极比锑碱化合物的光吸收系数均低一个数量级，因此Ⅲ－Ⅴ族光电阴极比锑碱阴极的厚度厚得多。整个厚度的光吸收率为

$$\delta(\%)=\frac{I(t)}{I_0'}=\frac{I_0(1-R)\{1-\exp[-\alpha_t(\lambda)t]\}}{I_0(1-R)}=1-\exp[-\alpha_t(\lambda)t] \quad (1-65)$$

由式(1－65)，对于厚度为 100nm 的[Cs]Na_2KSb，$\delta_{(\lambda=0.4\mu m)}=99.75\%$，$\delta_{(\lambda=0.6\mu m)}=63\%$；对于厚度为 3μm 的 GaAs，$\delta_{(\lambda=0.4\mu m)}=100\%$，$\delta_{(\lambda=0.6\mu m)}=99.75\%$。由此可见，在短波区，100nm 厚的[Cs]$Na_2$KSb 与 3μm 厚的 GaAs 光吸收相当；但在长波区，GaAs 的光吸收比[Cs] Na_2KSb 大得多，所以有

$$t_{GaAs-Cs-O}\gg t_{[Cs]Na_2KSb}$$

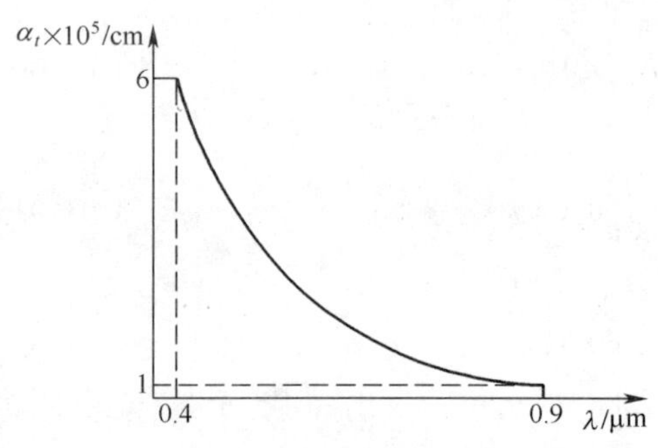

图 1－19 [Cs]Na_2KSb 的光吸收响应

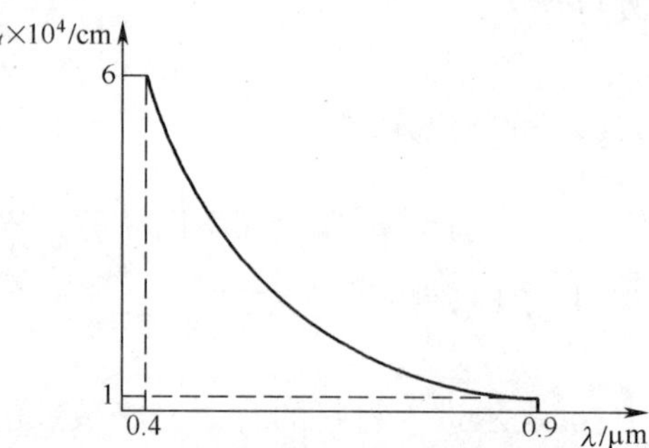

图 1－20 GaAs－Cs－O 的光吸收响应

1.3.4 光电子的逸出深度与能量散射机构

一、光电子的逸出深度

我们称光电子可以逸出表面的最大平均垂直距离为光电子的逸出深度。

对于负电子亲和势阴极，光电子的逸出深度为

$$L=L_T+L_n \quad (1-66)$$

式中：L_T 为热化长度，表示被激发的热电子到达导带的距离；L_n 为扩散长度，表示从导带处到达发射界面的距离。通常热化时间为 $10^{-14}\sim10^{-12}$s，扩散时间为 10^{-9}s，因此 $L_T\ll L_n$，故 $L=L_n$。

对于正电子亲和势光电阴极，情况比较复杂，其光电子的逸出深度主要取决于电子能量。只有那些到达发射表面具有剩余动能大于 E_0 的光电子才能发射进入真空。从受激点到达发射表面后，即使初始动能可能大于 E_0，但因其热化成 E_0 的时间短，部分电子也不能发射。因此，正电子亲和势光电阴极的逸出深度一般为几十个纳米。

二、能量散射机构

光电子在固体中运动时，会受到各种能量机构的散射而损失能量。光电子的能量散射主要有四种：①自由电子散射；②电离杂质散射；③声子散射；④对生成散射。下面分别简述四种能量散射的机理。

1. 与自由电子的弹性散射

光电子与其他自由电子的相互作用属于弹性散射。光电子受到这种散射后，将损失

能量和改变方向。在半导体中,因自由电子少,这种散射可以忽略,而在金属中,这种散射很强,光电子受到散射后损失了动能,逸出真空的几率减少。

2. 电离杂质散射

电离杂质散射也是弹性散射,这种散射使光电子改变方向和损失能量。在半导体中,由于电离杂质浓度很小,因此这种散射少,可以忽略。

3. 声子散射

声子散射是由晶格振动引起的,每次散射损失 $3kT/2$ 能量,平均自由程约为 10nm,而电子的动能 $E-E_0$ 约为几 kT,所以正电子亲和势光电阴极的逸出深度为几十纳米。

4. 对生成散射

当光电子与晶格发生碰撞,如果光电子的能量大于禁带宽度的能量,就有可能把受晶格束缚的电子从价带激发到导带中去,同时在价带中留下空穴。当发生这种散射时,光电子将失去 E_g 的动能。

对于负电子亲和势光电阴极,例如 GaAs,其禁带宽度 $E_g=1.4\text{eV}$,对生成能量 $E_{th}=4.2\text{eV}$,因其对生成散射发生在紫外区($\lambda<300\text{nm}$),即使发生对生成散射,光电子损失部分能量后剩余的动能也足以使其逸出表面,由对生成产生的电子也可能逸出。因此,在紫外区发生对生成散射时,其量子效率还可能增加。

对于正电子亲和势光电阴极,可分三种类型进行讨论。

第Ⅰ类材料:禁带宽度 E_g 较大,电子亲和势 E_a 较低,对生成能量 $E_{th}>2E_g$。由于对生成能量 E_{th} 大,即使产生对生成而损失能量,电子也能逸出,所以,这类材料的逸出深度大,量子效率(η)高,积分灵敏度(S)高,如表 1-3 所列。

表 1-3 第Ⅰ类材料

光电阴极类别	E_g/eV	E_a/eV	E_{th}/eV	$\eta_{峰}$	λ_0/nm	S/(μA/lm)
Rb_3Sb	1.0	1.2	3.0	0.1	580	25
Cs_3Sb(glass)	1.6	0.45	>3.6	0.15	580	25
Cs_3Sb(MnO)	1.6	<0.45	—	0.2	650	80
K_2CsSb	1.0	1.1	—	0.3	660	100
Na_2KSb	1.0	1.0	3	0.3	600	60~120
[Cs]Na_2KSb	1.0	0.2~0.55	3	0.3	870~1000	150~700

第Ⅱ类材料:禁带宽度 E_g 较小,电子亲和势 E_a 较高,对生成能量小于真空能级($E_{th}<E_0$)。光电子的逸出深度很小,量子效率很低。这类材料有 InSb、Cs_3Bi。表 1-4 给出了第Ⅱ类材料的 E_g、E_a、E_{th} 值。

表 1-4 第Ⅱ类材料

光电阴极类别	E_g/eV	E_a/eV	E_{th}/eV
InSb	0.18	4.4	0.4
Cs_3Bi	1.0	1.3	<2.3

第Ⅲ类材料:第Ⅲ类材料介于第Ⅰ类和第Ⅱ类之间,对生成能量 E_{th} 稍大于真空能级 E_0,量子效率 η 较低,如表 1-5 所列。

表 1-5　第Ⅲ类材料

	E_g/eV	E_a/eV	E_{th}/eV	$\eta_{峰}$	S/(μA/lm)
K_3Sb(六角形)	1.4	0.9	<3.7	0.07	12
K_3Sb(立方形)	1.1	1.6	<3.7	<0.07	2

图 1-21 表示了 PEA 的三类材料的禁带宽度 E_g、电子亲和势 E_a 和对生成能量 E_{th} 的关系。

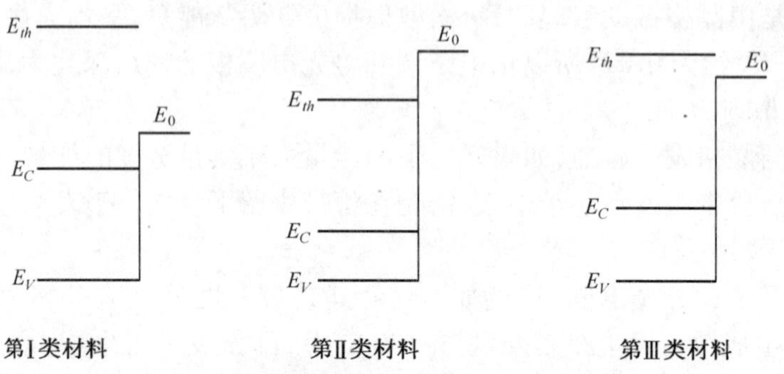

图 1-21　PEA 三类材料的 E_g、E_a 和 E_{th} 的关系

1.4　光电阴极的量子产额

因为光电阴极活化层的厚度可以与光电子的热化长度相比拟，我们假定所有的热化电子在进入空间电荷区之前都能到达导带底。令空间电荷区刚结束的地方为 x 坐标的“0”点，当电子进入空间电荷区时，电子进入低能陷阱，电子一旦到达了 $x=0$ 的地方，就不可能再返回。由于 $x=0$ 处与物体表面的间距远远小于电子的扩散长度，所以，电子在向表面运动的过程中，基本不会被复合，凡能到达 $x=0$ 处的电子，一定能到达表面，即

$$D_n \left.\frac{\mathrm{d}n}{\mathrm{d}x}\right|_{\text{发射表面}} = D_n \left.\frac{\mathrm{d}n}{\mathrm{d}x}\right|_{x=0}$$

式中：D_n 为电子的扩散系数。

设 P 为到达发射面的电子能逸出的概率，显然，有

$$P = \sum 在发射表面具有能量\ E\ 的电子概率 \times 具有能量\ E\ 的电子发射概率$$
$$= \sum P_n(A) \cdot T(E)$$

显然，单位时间从单位面积上发射的电子数为

$$N = D_n \cdot \left.\frac{\mathrm{d}n(x)}{\mathrm{d}x}\right|_{x=0} \cdot \sum P_m(A) \cdot T(E) \tag{1-67}$$

要求得量子产额 $Y=N/N_0$（N_0是入射光子数），必须分别求出 $D_n \cdot \left.\frac{\mathrm{d}n(x)}{\mathrm{d}x}\right|_{x=0}$，$P_m(A)$ 和 $T(E)$。

1.4.1　光电子的发射概率

一、正电子亲和势的光电子发射概率

如图 1-22 所示，正电子亲和势光电阴极的电子波函数可分为两个区域：Ⅰ区，Ⅱ区，

令导带底 $E_C=0$,可写出电子波函数的薛定谔方程为

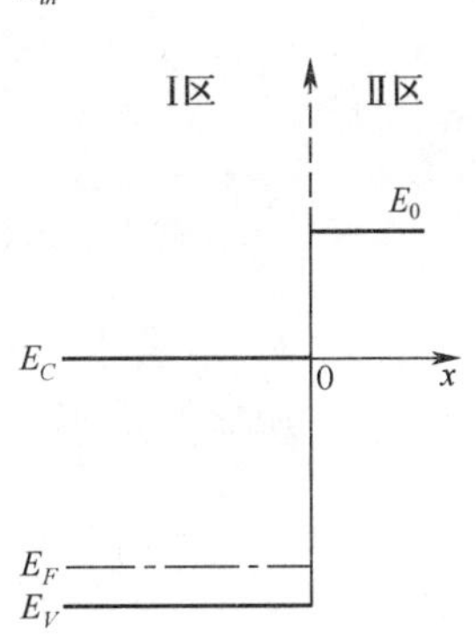

图 1-22 正电子亲和势光电阴极的电子波函数分析图

$$\frac{d^2\psi}{dx^2}+\frac{2m}{\hbar^2}[E-V(x)]\psi=0 \qquad (1-68)$$

式中:$V(x)$表示电位;$\hbar=\dfrac{h}{2\pi}$,h 为普朗克常数。

求解此方程,可得电子波函数的解。

在Ⅰ区($x\leqslant 0, V(x)=0$),电子波函数的解为

$$\psi_{\mathrm{I}}(x)=A_1\exp(\mathrm{i}k_1x)+B_1\exp(-\mathrm{i}k_1x) \qquad (1-69)$$

式中:$k_1^2=2mE/\hbar^2$。

在Ⅱ区($x>0, V(x)=V_a$)的解为

$$\psi_{\mathrm{II}}(x)=A_2\exp(\mathrm{i}k_2x) \qquad (1-70)$$

式中:$k_2^2=2m(E-E_a)/\hbar^2$。

根据波函数的单值性和连续性原理,有

$$\psi_{\mathrm{I}}(0)=\psi_{\mathrm{II}}(0),\psi'_{\mathrm{I}}(0)=\psi'_{\mathrm{II}}(0)$$

为了使计算简便,令 $A_1=1$,将上面的条件代入,得

$$\begin{cases}1+B_1=A_2\\ \mathrm{i}k_1-\mathrm{i}k_1B_1=\mathrm{i}k_2A_2\end{cases} \qquad (1-71)$$

所以有

$$\begin{cases}A_2=\dfrac{2k_1}{k_1+k_2}\\ B_1=A_2-1=\dfrac{k_1-k_2}{k_1+k_2}\end{cases} \qquad (1-72)$$

于是,波函数的流密度为

$$J=\frac{\mathrm{i}\hbar}{2m}[\psi\cdot\nabla\psi^*-\psi^*\cdot\nabla\psi] \qquad (1-73)$$

1. 求透射波的波函数 J_D

将 $\begin{cases}\psi_{\mathrm{II}}(x)=A_2\exp(\mathrm{i}k_2x)\\ \psi_{\mathrm{II}}(x)^*=A_2^*\exp(-\mathrm{i}k_2x)\end{cases}$ 代入式(1-73),可求出透射波的流密度为

$$J_D=\frac{\mathrm{i}\hbar}{2m}[A_2\exp(\mathrm{i}k_2x)\cdot A_2^*\exp(-\mathrm{i}k_2x)(-\mathrm{i}k_2)-A_2^*\exp(-\mathrm{i}k_2x)\cdot A_2\exp(\mathrm{i}k_2x)(\mathrm{i}k_2)]$$

$$=\frac{\hbar}{m}|A_2|^2\cdot k_2 \qquad (1-74)$$

2. 求入射波的波函数 J_{in}

由式(1-69)得

$$\begin{cases}\psi_{\mathrm{I}(in)}(x)=A_1\exp(\mathrm{i}k_1x)=\exp(\mathrm{i}k_1x)\\ \psi_{\mathrm{I}(in)}(x)^*=A_1^*\exp(\mathrm{i}k_1x)=\exp(-\mathrm{i}k_1x)\end{cases}$$

则

$$J_D=\frac{\mathrm{i}\hbar}{2m}[\exp(\mathrm{i}k_1x)\exp(-\mathrm{i}k_1x)(-\mathrm{i}k_1)-\exp(-\mathrm{i}k_1x)\exp(\mathrm{i}k_1x)(\mathrm{i}k_1)]$$

$$=\frac{i\hbar}{2m}\cdot(-ik_1-ik_1)=\frac{\hbar}{m}\cdot k_1 \tag{1-75}$$

得

$$T(E)=\frac{J_D}{J_{in}}=\frac{|A_2|^2\cdot k_2}{k_1}=\left|\frac{2k_1}{k_1+k_2}\right|^2\frac{k_2}{k_1} \tag{1-76}$$

下面对 $T(E)$ 表达式进行讨论。

（1）当 $E>E_a$，k_1，k_2 为实数，将 k_1，k_2 值代入，得

$$T(E)=\left|\frac{2k_1}{k_1+k_2}\right|^2\frac{k_2}{k_1}=\frac{4k_1k_2}{(k_1+k_2)^2}=\frac{4\sqrt{E(E-E_a)}}{(\sqrt{E}+\sqrt{E+E_a})^2} \tag{1-77}$$

例如，当 $E_a=0.3\text{eV}$ 时，$T(E)$ 和 E 的关系如图 1－23 所示。

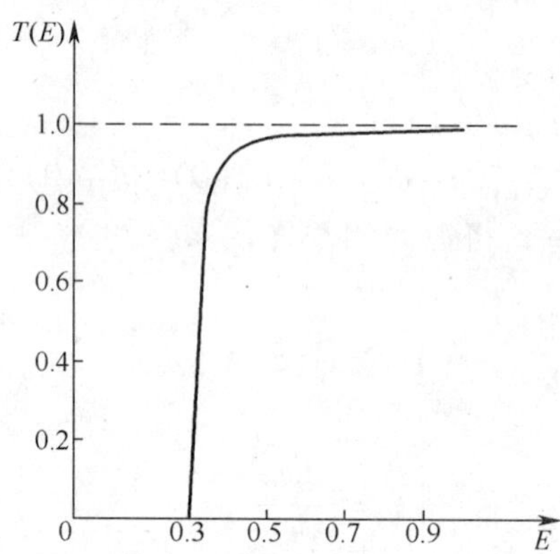

图 1－23　正电子亲和势光电阴极的发射几率与光电子能量的关系

（2）当 $E<E_a$，k_1 是实数，k_2 是虚数，$T(E)$ 为虚数，电子不能透过势垒，$T(E)\equiv 0$。

（3）当 $E=E_a$，k_1 是实数，$k_2=0$ 时，$T(E)=0$。

但是，因为光电阴极材料受温度影响，E_C 和 E_V 会发生变化，导致禁带宽度 E_g 变化，变化范围为 $\pm kT$，电子能量由 E 变为 E'，即 $E'=E\pm kT$。当 $T>0\text{K}$ 时，$T(E')=\frac{1}{2}\cdot T(E+kT)$，$T(E')>0$。例如，$T=300\text{K}$ 时，$kT=0.026\text{eV}$，$E+kT=0.3+0.026=0.326\text{eV}$，此时的光电子发射几率大于零。

二、负电子亲和势的光电子发射概率

如图 1－24 所示，电子波函数可分为三个区域：Ⅰ，Ⅱ，Ⅲ区。

根据量子力学原理，对于规则结构的连续波，由薛定谔方程定义一个电子的连续波方程为

$$\left[-\frac{h^2}{8\pi^2 m}\left(\frac{\partial^2}{\partial x^2}+\frac{\partial^2}{\partial y^2}+\frac{\partial^2}{\partial z^2}\right)+qU(x,y,z)\right]\psi(x,y,z)=E\cdot\psi(x,y,z) \tag{1-78}$$

式中：$U(x,y,z)$ 表示一个电子在其轨迹上受到碰撞的电势扰动；h 为普朗克常数；E 为材料表面所具有的电子能量；m 为电子质量。

求解这个方程，分别得到三个区域的波函数方程。

Ⅰ区：$\psi_{\mathrm{I}}(x)=a_1\exp(ik_1x)+b_1\exp(-ik_1x)$　　　$k_1^2=2mE/\hbar^2$

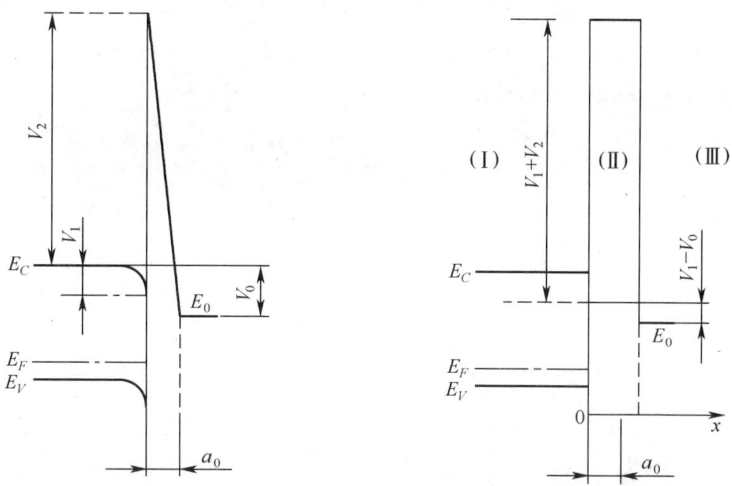

图 1-24　负电子亲和势光电阴极的电子波函数分析图

Ⅱ区：$\psi_{\text{Ⅱ}}(x)=a_2\exp(\mathrm{i}k_2x)+b_2\exp(-\mathrm{i}k_2x)$　　　$k_2^2=2m[E-q(V_1+V_2)]/\hbar^2$

Ⅲ区：$\psi_{\text{Ⅲ}}(x)=a_3\exp(\mathrm{i}k_3x)$　　　$k_3^2=2m[E-q(V_1-V_0)]/\hbar^2$

$E_{C\text{弯曲后}}=0$

根据波函数的单值性和连续性原理，有如下边界条件：

$$\psi_{\text{Ⅰ}}(0)=\psi_{\text{Ⅱ}}(0),\psi'_{\text{Ⅰ}}(0)=\psi'_{\text{Ⅱ}}(0)$$

$$\psi_{\text{Ⅱ}}(t)=\psi_{\text{Ⅲ}}(t),\psi'_{\text{Ⅱ}}(t)=\psi'_{\text{Ⅲ}}(t)$$

由电子波函数流密度表达式(1-73)，取 $a_1=1$，得

$$T(E)=\frac{J_D}{J_{in}}=\frac{(a_3)^2\cdot k_3}{(a_1)^2\cdot k_1}=|a_3|^2\frac{k_3}{k_1}$$

$$=\frac{4k_1k_3k_2^2}{(k_1k_2+k_2k_3)^2+(k_2^2+k_3^2)(k_2^2+k_1^2)\sinh^2(k_2a_0)} \tag{1-79}$$

式中：a_0 为 Cs-O 层(偶极子层)的厚度。

由式(1-79)可知：k_1 越大，即电子到达表面后剩余的动能越大，$T(E)$越大；k_3 越大，$k_3^2=2m[E-q(V_1-V_0)]/\hbar^2$，即 V_0 变大，电子亲和式 E_a 变得更负，光电子发射概率变大；Cs-O 层厚度 a_0 变小，光电子发射概率变大；k_2 变大，即(V_1+V_2)变小，光电子发射概率变大。

1.4.2　到达表面后的电子，具有剩余动能 E 的几率函数

我们假定：①到达空间电荷区边缘的电子都是冷电子，即这些电子只具有热动能 $3kT/2$；②空间电荷区很薄，其厚度约为活化层厚度的 1/1000，因此，空间电荷区的光吸收可忽略不计。在内部电场作用下，进入空间电荷区的电子被加速向发射表面运动，成为极化电子，并与声子相互作用，其平均自由程为 L_p，与声子每次碰撞将损失掉 ΔE_p 的能量，$\Delta E_p=3kT/2$。

令空间电荷区的厚度为 x_0，则

$$x_0=(2V_1\varepsilon\varepsilon_0/eN_A)^{1/2} \tag{1-80}$$

式中：N_A 为受主浓度；V_1 表示能带弯曲量；ε 为发射材料介电常数；ε_0 为真空介电常数；e 为电子电荷。则电子在空间电荷区中的平均碰撞次数为 $\nu_T=x_0/L_p$。

电子与晶格碰撞 m 次的概率为

$$P_m(A)=\frac{(\nu_T)^m}{m!}\exp(-\nu_T)=\frac{(x_0/L_p)^m}{m!}\exp\left(-\frac{x_0}{L_p}\right) \tag{1-81}$$

经 m 次碰撞后损失的能量为：$m\cdot\Delta E_p=m\cdot\frac{3kT}{2}$。

于是，发射表面电子的剩余动能为

$$E=\left(E_1+\frac{3kT}{2}\right)-m\cdot\frac{3kT}{2}=E_1-\frac{3}{2}(m-1)kT \tag{1-82}$$

式中：E_1 为光电子的初始能量。

电子的透出几率为

$$P=\sum_{m=0}^{\infty}P(A)\cdot T(E)=\sum_{m=0}^{\infty}\frac{(x_0/L_p)^m}{m!}\exp\left(-\frac{x_0}{L_p}\right)\cdot T\left[E_1-\frac{3(m-1)kT}{2}\right] \tag{1-83}$$

由此可知，欲使电子的透射几率 P 增加，必须使 x_0 减小，也就是说要使杂质浓度增加。

1.4.3 负电子亲和势光电阴极的量子产额

一、反射式负电子亲和势光电阴极的量子产额

图 1-25 表示反射式负电子亲和势光电阴极的原理结构和能带图。

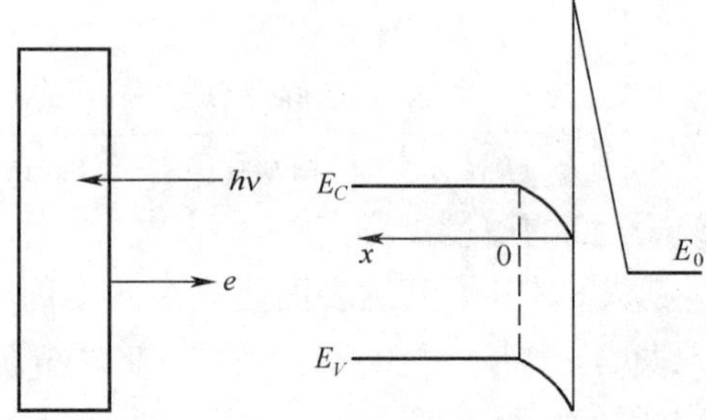

图 1-25 反射式负电子亲和势光电阴极的原理结构和能带图

1. 光电子的浓度分布

如图 1-25 所示，取横坐标原点在空间电荷区边缘，那么，在稳态下光电子浓度的微分方程-粒子输运方程为

$$D_n\frac{\mathrm{d}^2n}{\mathrm{d}x^2}+G_L-\frac{n(x)}{\tau_n}=0 \tag{1-84}$$

式中：$D_n\frac{\mathrm{d}^2n}{\mathrm{d}x^2}$表示在 x 处扩散的电子数；$\frac{n(x)}{\tau_n}$表示在 x 处复合掉的电子数；G_L 表示在 x 处产生的电子数，$G_L=I(x)\cdot\alpha_t=I_0(1-R)\alpha_t\exp(-\alpha_t x)$。

则
$$\frac{\mathrm{d}^2 n}{\mathrm{d}x^2}-\frac{n(x)}{D_n\tau_n}+I_0(1-R)\alpha_t\frac{1}{D_n}\exp(-\alpha_t x)=0 \tag{1-85}$$

求解式(1－85)，得电子浓度 $n(x)$：

$$n(x)=A\exp(x/L_n)+B\exp(-x/L_n)+C\exp(-\alpha_t x) \tag{1-86}$$

因为，$C\exp(-\alpha_t x)$是方程(1－85)的特解，代入方程(1－85)，得

$$C=\frac{\alpha_t I_0(1-R)}{(1/L_n^2-\alpha_t^2)D_n} \tag{1-87}$$

将边界条件 $n(\infty)=0$ 代入式(1－86)，得 $A=0$

$$n(x)=B\exp(-x/L_n)+\frac{\alpha_t I_0(1-R)}{(1/L_n^2-\alpha_t^2)D_n}\exp(-\alpha_t x) \tag{1-88}$$

将 $n(0)=0$ 代入式(1－88)，得

$$\begin{cases} B=\dfrac{-\alpha_t I_0(1-R)}{(1/L_n^2-\alpha_t^2)D_n} \\ n(x)=-\dfrac{\alpha_t I_0(1-R)}{(1/L_n^2-\alpha_t^2)D_n}\exp(-x/L_n)+\dfrac{\alpha_t I_0(1-R)}{(1/L_n^2-\alpha_t^2)D_n}\exp(-\alpha_t x) \\ \quad =\dfrac{\alpha_t I_0(1-R)L_n^2}{(1-\alpha_t^2 L_n^2)D_n}[\exp(-\alpha_t x)-\exp(-x/L_n)] \end{cases} \tag{1-89}$$

于是，发射到真空中的电子流密度为

$$J=P\cdot D_n\left.\frac{\mathrm{d}n(x)}{\mathrm{d}x}\right|_{x=0}=I_0P\frac{L_n\alpha_t(1-R)}{1+\alpha_t L_n} \tag{1-90}$$

2. 反射式负电子亲和势光电阴极的量子产额

$$Y=\frac{J}{I_0}=P\frac{L_n\alpha_t(1-R)}{1+\alpha_t L_n} \tag{1-91}$$

将式(1－83)中的 P 代入式(1－91)，得

$$Y=\frac{L_n\alpha_t(1-R)}{1+\alpha_t L_n}\sum_{m=0}^{\infty}\frac{(x_0/L_p)^m}{m!}\exp(-x_0/L_p)T\left[E_1-\frac{3}{2}(m-1)kT\right] \tag{1-92}$$

由式(1－91)，得

$$\frac{1}{Y}=\frac{1}{(1-R)P}\cdot\left(1+\frac{1}{\alpha_t L_n}\right) \tag{1-93}$$

由此可见，当 L_n 不变时，$1/Y\propto 1/\alpha_t$，曲线斜率 $K=\dfrac{1}{(1-R)P\cdot L_n}$，由此可确定 P 和 Y，如图 1－26 所示。

3. 透射式负电子亲和势光电阴极的量子产额

对于反射式光电阴极来说，光电阴极可以做得很厚，以至于另一方面的复合是不存在的。但对于透射式光电阴极来说，因为光的输入面与电子发射面是两个不同的表面，光电阴极不能做得太厚，光输入面的复合对量子产额将产生巨大的影响，如图 1－27 所示。

在稳态下，电子的输运方程为

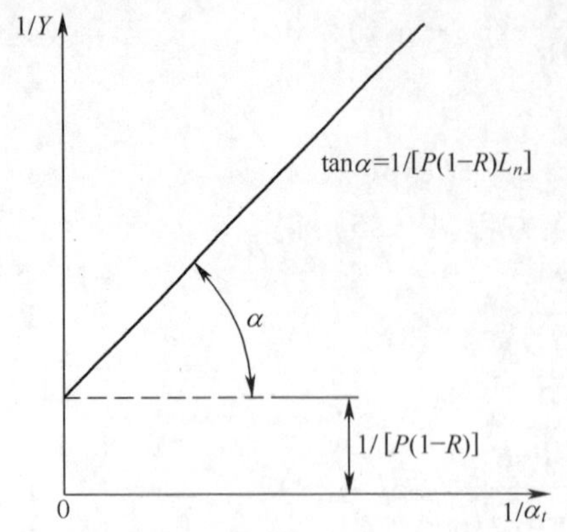

图 1-26　反射式负电子亲和势光电阴极的量子产额与光吸收系数的关系

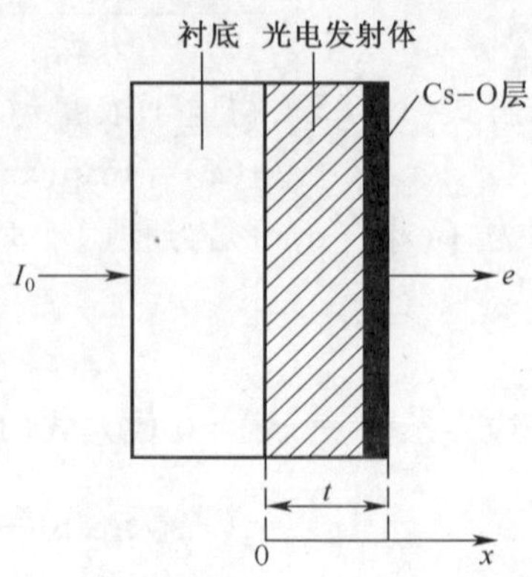

图 1-27　透射式负电子亲和势光电阴极示意图

$$D_n \frac{d^2 n(x)}{dx^2} - \frac{n(x)}{\tau_n} + \frac{(1-R)N\alpha_t}{A}\exp(-\alpha_t x) = 0 \tag{1-94}$$

式中：$D_n \frac{d^2 n(x)}{dx^2}$ 为电子在 x 处的扩散数；$\frac{n(x)}{\tau_n}$ 为电子在 x 处的复合数；$(1-R)(N/A)\alpha_t\exp(-\alpha_t x)$ 为电子在 x 处的产生数；D_n 为扩散系数；τ_n 为电子寿命；R 为光电阴极表面的反射率；N 为入射光子数；α_t 表示阴极材料的光吸收系数；A 表示光电阴极的有效受光面积。

式(1-94)的边界条件是：

（1）电场迅速吸收离发射面几纳米处的所有电子，这些电子中的大多数发射进入真空，整个厚度 t 中的电子浓度为

$$n(t) = 0 \tag{1-95}$$

（2）朝受光面扩散的电子以速度 S 复合，其流密度为

$$D_n \left.\frac{dn(x)}{dx}\right|_{x=0} = S \cdot N(x)\,|_{x=0} \tag{1-96}$$

（3）朝向发射面扩散的电子流密度为

$$I = -D_n \left.\frac{dn(x)}{dx}\right|_{x=t} \tag{1-97}$$

用 T_S 表示衬底的光透过率，P 表示电子的逸出几率，则量子产额为

$$Y = \frac{IPT_S}{I_D} = \frac{IPT_S A}{N}$$

即

$$Y = PT_S(1-R)\frac{\alpha_t L_n}{\alpha_t^2 L_n^2 - 1} \times \left\{ \frac{(\alpha_t D_n + S) - \exp(-\alpha_t t)\left(S \cdot \cosh\frac{t}{L_n} + \frac{D_n}{L_n} \cdot \sinh\frac{t}{L_n}\right)}{\left[(D_n/L_n)\cosh\frac{t}{L_n} + \sinh\frac{t}{L_n}\right]} - \alpha_t L_n \exp(-\alpha_t t) \right\} \tag{1-98}$$

1.4.4 正电子亲和势光电阴极的量子产额

一、反射式正电子亲和势光电阴极的量子产额

图 1-28 表示反射式正电子亲和势光电阴极的结构和光吸收原理。当用 $h\nu$ 的单色光照射在正电子亲和势光电阴极上时，受光激发的电子从价带输送到导带，这些电子可能产生于价带顶部 E_V 处，也可能产生于价带的深部能级，于是部分电子具有高于 E_0 的能量。

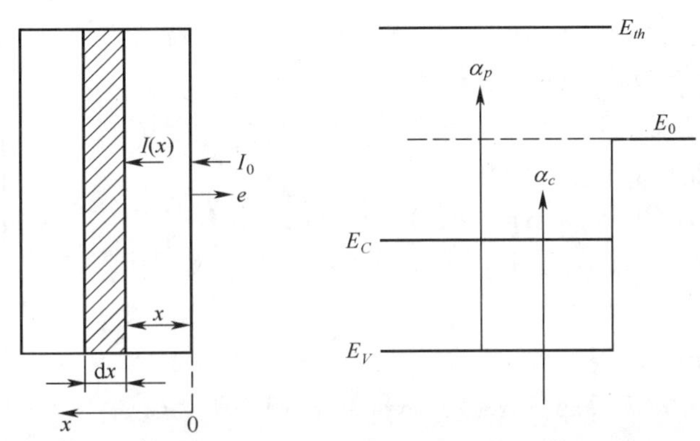

图 1-28 反射式正电子亲和势光电阴极结构和光吸收

令：$\alpha(h\nu)$ 为光总吸收系数；$\alpha_p(h\nu)$ 为电子能量满足 $E_0 \leqslant E \leqslant E_{th}$ 的光吸收系数；$\alpha_c(h\nu)$ 为电子能量低于 E_0 的光吸收系数。

显然，当 $E_c \leqslant h\nu \leqslant E_{th}$ 时，$\alpha_t(h\nu)=\alpha_p(h\nu)+\alpha_c(h\nu)$。

因为产生于 dx 内，$E>E_0$ 的电子数为

$$dn(x)=\alpha_p(h\nu)\cdot I(x)\,dx \tag{1-99}$$

产生于 dx 内对发射有贡献的电子数为

$$dn(x)=\alpha_p(h\nu)\cdot I(x)\cdot P(x)\cdot dx \tag{1-100}$$

式中：$P(x)$ 为电子逸出几率。

实验表明，$P(x)=T(E)\cdot\exp(-x/L)$。其中：L 表示光电子逸出深度。于是

$$dn(x)=\alpha_p(h\nu)\cdot(1-R)\cdot I_0\cdot\exp[-\alpha_t(h\nu)\cdot x]\cdot T(E)\cdot\exp(-x/L)\,dx \tag{1-101}$$

通过单位发射面积的电子数为

$$\begin{aligned} n &= \alpha_p(h\nu)(1-R)I_0T(E)\int_0^{\infty}\exp\{[-\alpha_t(h\nu)-1/L]x\}\,dx \\ &= \alpha_p(h\nu)(1-R)I_0T(E)\frac{1}{\alpha_t(h\nu)+1/L} \end{aligned} \tag{1-102}$$

$$Y=\frac{n}{I_0}=(1-R)T(E)\frac{\alpha_p(h\nu)}{\alpha_t(h\nu)+1/L} \tag{1-103}$$

由式(1-103)可以看出：

(1) 如果 $h\nu<E_0$，那么 $\alpha_p(h\nu)=0$，$Y=0$。也就是说，当 $h\nu<E_0$ 时，正电子亲和势光电阴极不能发射任何电子。

(2) 由于总的光吸收由两部分组成，当$E_0<h\nu<E_{th}$，因为$\alpha_c \ll \alpha_p$，即价带深部能级产生的电子透射率很低，因此$\alpha_p(h\nu)=\alpha_t(h\nu)$，于是

$$Y=(1-R)T(E)\frac{\alpha_t(h\nu)}{\alpha_t(h\nu)+1/L} \tag{1-104}$$

(3) 对于具有相同E_A+E_g值的两个光电阴极

$$Y=(1-R)T(E)\frac{\alpha_t(h\nu)\cdot L}{\alpha_t(h\nu)\cdot L+1} \tag{1-105}$$

用白光照射时，$E_0 \leqslant E \leqslant E_{th}$，$\alpha_p$区较宽的阴极具有较高的积分灵敏度$S$。

二、透射式正电子亲和势光电阴极的量子产额

图1-29为透射式正电子亲和势光电阴极原理图。由图可见，产生于dx内并能从表面发射的电子数为

$$\mathrm{d}n(x)=\alpha_p(1-R)I_0\exp(-\alpha_t x)\cdot P(x)\mathrm{d}x \tag{1-106}$$

式中：$P(x)=T(E)\exp[-(t-x)/L]$；R为表面反射率；t为光电阴极的厚度。

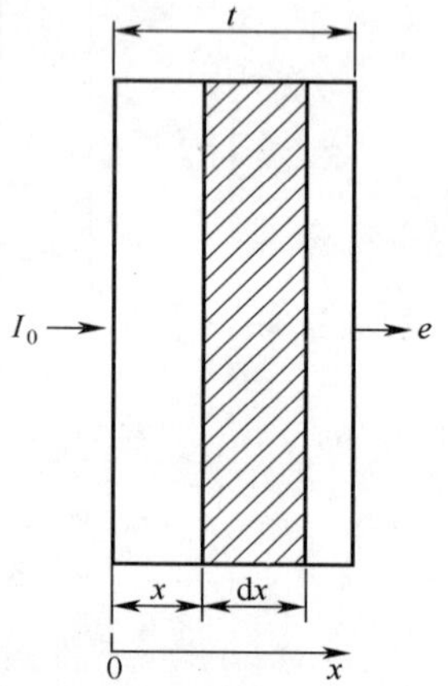

将$P(x)$代入d$n(x)$，得

$$\begin{aligned}\mathrm{d}n(x)&=\alpha_p(1-R)I_0T(E)\exp(-\alpha_t x)\cdot\exp[-(t-x)/L]\cdot\mathrm{d}x\\&=\alpha_p(1-R)I_0T(E)\exp(-t/L)\cdot\exp[-(\alpha_t-1/L)x]\cdot\mathrm{d}x\end{aligned} \tag{1-107}$$

图1-29 透射式正电子亲和势光电阴极原理图

通过单位发射面积的电子数为

$$\begin{aligned}n&=\alpha_p(1-R)I_0T(E)\exp(-t/L)\int_0^t\exp[-(\alpha_t-1/L)x]\mathrm{d}x\\&=\frac{\alpha_p(1-R)I_0T(E)}{\alpha_t-1/L}\exp(-t/L)\{[1-\exp[-(\alpha_t-1/L)t]\}\end{aligned} \tag{1-108}$$

于是

$$Y=\frac{n}{I_0}=\frac{\alpha_pL(1-R)T(E)}{\alpha_tL-1}\exp(-t/L)\{1-\exp[-(\alpha_t-1/L)t]\} \tag{1-109}$$

由式(1-109)可知，入射光的波长不同，光电阴极的量子产额不同，量子产额是光波长的函数；入射光波长一定时，透射式光电阴极存在最佳厚度，这个厚度具有最佳的量子产额。

下面求解光电阴极的最佳厚度t_{optimum}。令式(1-109)中dY/dt=0，得

$$\frac{\alpha_pL(1-R)T(E)}{\alpha_tL-1}\left[\alpha_t\exp(-\alpha_tL)-\frac{1}{L}\exp\left(\frac{-t}{L}\right)\right]=0$$

于是

$$t_{\mathrm{optimum}}=\frac{\alpha_tLL_n}{\alpha_t-1/L} \tag{1-110}$$

由式(1-110)可知，当$t<t_{\mathrm{optimum}}$时，光吸收不足，导致量子产额降低；当$t>t_{\mathrm{optimum}}$时，由于光电子在向表面运动过程中会损失能量，使逸出几率下降，量子产额降低。因此，为了增加长波长入射光的响应，必须准确控制光电阴极的厚度。

例如：[Cs]Na_2KSb的厚度分别为30nm、100nm、120nm时，其峰值响应波长分别为

400nm、530nm、600nm。根据微光成像系统对夜视器件的要求，λ_{600}用于 LLL－TV 前级像增强器；λ_{530}用于第二级和第三级像增强器，这是因为与 P_{20}荧光粉的峰值响应 528nm 所对应匹配。

1.4.5 正电子亲和势光电阴极与负电子亲和势光电阴极的比较

参数	[Cs]Na_2KSb(PEA)	GaAs－Cs－O(NEA)
α_t	6×10^5/cm ~0.5×10^5/cm	1×10^4/cm ~0.8×10^4/cm
L 的物理含义	逸出深度	电子扩散长度，不随 λ 变化
$\alpha_t L$	3~0.05	30~4
$\alpha_t L/(\alpha_t L+1)$	0.75~0.05	1~0.8
$Y(\lambda)$	$Y(\lambda)$具有强烈的选择性，峰值响应波长随着光电阴极的厚度改变而改变	$Y(\lambda)$在整个光谱范围内响应平坦，仅在阈值附近迅速减少

1.5 半导体光电发射体的热电子发射

在光电发射中，阴极的热电子发射对光电成像器件的性能具有重大的影响。深入了解与掌握光电阴极的热电子发射机理与特性，对光电阴极的设计、光电成像器件和光电成像系统的设计与研究具有重要的意义。本节系统讲述半导体光电发射体的热电子发射理论及热发射带来的冷却效应。

1.5.1 半导体光电发射体的热电子发射

按照索末菲金属自由电子模型，在金属中，价电子处于势阱的平坦底部，无外力施加于电子，价电子束缚于金属中，可在金属中自由运动，对这些价电子施加的力叫做表面势垒。

在半导体中，施加于电子的力与金属不同，电子受到晶格周期性势场的作用，处理这种周期性势场的方法是用有效质量 m^* 代替电子的惯性质量 m，通过这种处理，半导体中的电子可以认为是具有质量 m^* 的自由电子，这样可以在金属与半导体之间进行类比。

在单位时间内、单位面积上，从金属中发射的电子数为

$$(n_{\text{surface}})_{\text{metal}} = (4\pi mk^2/h^3)T^2\exp[-(W_a - E_F)/kT] = (2/h^3)2\pi mk^2T^2\exp[-(W_a - E_F)/kT]$$

式中：$2/h^3$ 表示单元体积的动量空间的量子态。

类似地，对于半导体，有

$$(n_{\text{surface}})_{\text{semi}} = (g/h^3)(2\pi m_-^* k^2)T^2\exp[-(W_a - E_F)/kT] \tag{1-111}$$

式中：m_-^* 表示导带底附近电子的有效质量；g 表示统计学中的权。对于 s 电子，$g=2$；对于 p 电子，$g=6$。

下面分别求解 n 型半导体和 p 型半导体的热电子发射电流密度。

一、n 型半导体的热电子发射

在 n 型半导体中，已知

$$n=p+N_D^+$$

当 $n\gg p$ 时

$$n=N_D^+=N_D\left\{1-\frac{1}{1+\exp[(E_D-E_F)/kT]}\right\}$$
$$=N_D\cdot\frac{\exp[(E_D-E_F)/kT]}{1+\exp[(E_D-E_F)/kT]}$$

在弱电离的条件下，$N_D^+\ll N_D$，$\exp[(E_D-E_F)/kT]\ll 1$，因此

$$n=N_D\exp[(E_D-E_F)/kT] \tag{1-112}$$

同时有

$$n=N_C\exp[-(E_C-E_F)/kT] \tag{1-113}$$

结合式(1-112)和式(1-113)，得

$$N_D\exp[(E_D-E_F)/kT]=N_C\exp[-(E_C-E_F)/kT]$$

因此

$$E_F=\frac{E_C+E_D}{2}+\frac{kT}{2}\ln\left(\frac{N_D}{N_C}\right) \tag{1-114}$$

将 E_F 代入式(1-111)，得

$$\begin{aligned}(n_{\text{surface}})_{\text{semi}}&=(g/h^3)2\pi m_-^* k^2T^2\exp[-(W_a-E_F)/kT]\\&=(g/h^3)2\pi m_-^* k^2T^2\exp[-(E_a+E_C-E_F)/kT]\\&=(g/h^3)2\pi m_-^* k^2T^2\exp[-(E_a+E_C)/kT]\cdot\exp\lfloor(E_C+E_D)/2kT+\ln\sqrt{N_D/N_C}\rfloor\\&=(g/h^3)2\pi m_-^* k^2T^2\sqrt{N_D/N_C}\exp\{[-E_a+(E_D-E_C)/2]/kT\}\end{aligned} \tag{1-115}$$

因为

$$N_C=g(2\pi m_-^* kT)^{3/2}/h^3$$

所以

$$(n_{\text{surface}})_{\text{semi}}=\frac{\sqrt{g}}{h^{3/2}}(2\pi m_-^*)^{1/4}k^{5/4}\sqrt{N_D}T^{5/4}\exp\left[-\left(E_a+\frac{\Delta E}{2}\right)/kT\right] \tag{1-116}$$

式中：ΔE 为电离能。

因此，n 型半导体的热发射电流密度为

$$\begin{aligned}j_0&=e\cdot(n_{\text{surface}})_{\text{semi}}\\&=\frac{e\sqrt{g}}{h^{3/2}}(2\pi m_-^*)^{1/4}k^{5/4}\sqrt{N_D}T^{5/4}\exp\left[-\left(E_a+\frac{\Delta E}{2}\right)/kT\right]\end{aligned} \tag{1-117}$$

二、p 型半导体的热电子发射

对于 p 型半导体，已知

$$p=n+N_A^-$$

当 $p\gg n$ 时

$$p=N_A^-=\frac{N_A}{1+\exp\left(\dfrac{E_A-E_F}{kT}\right)} \tag{1-118}$$

在弱电离的条件下

$$p=N_A\exp\left[-\left(\frac{E_A-E_F}{kT}\right)\right] \tag{1-119}$$

同时，我们知道

$$p=N_V\exp\left(\frac{E_V-E_F}{kT}\right) \tag{1-120}$$

因此 $$E_F=\frac{E_A+E_V}{2}-kT\ln\sqrt{\frac{N_A}{N_V}} \tag{1-121}$$

将式(1-121)代入式(1-111),得

$$\begin{aligned}(n_{\text{surface}})_{\text{semi}} &= (g/h^3)2\pi m_-^* k^2T^2\exp[-(E_a+E_V-E_F)/kT] \\ &= (g/h^3)2\pi m_-^* k^2T^2\sqrt{\frac{N_V}{N_A}}\exp\left[-\left(E_a+E_g-\frac{\Delta E}{2}\right)/kT\right]\end{aligned} \tag{1-122}$$

因此

$$\begin{aligned}j_0 &= e\cdot(n_{\text{surface}})_{\text{semi}} \\ &= \frac{g}{h^3}2\pi e m_-^* k^2T^2\sqrt{\frac{N_V}{N_A}}\exp\left[-\left(E_a+E_g-\frac{\Delta E}{2}\right)/kT\right]\end{aligned} \tag{1-123}$$

因为 $$N_V=g'\frac{(2\pi m_+^* kT)^{3/2}}{h^3}$$

所以

$$j_0=\frac{eg\sqrt{g'}\,(2\pi)^{7/4}m_-^*\,m_+^{*\,3/4}\,k^{11/4}}{h^{9/2}}T^{11/4}\frac{1}{\sqrt{N_A}}\exp\left[-\left(E_a+E_g-\frac{\Delta E}{2}\right)/kT\right] \tag{1-124}$$

三、n型半导体与p型半导体的热电子发射比较

n型半导体和p型半导体的热电子发射能带图如图1-30所示。对于n型半导体,施主浓度越高,E_F 就越靠近导带,即:逸出功 ϕ 越低,由式(1-117),可见 $j_0\propto\sqrt{N_D}$;对于p型半导体,N_A越高,E_F越靠近价带,即逸出功越高,所以 $j_0\propto 1/\sqrt{N_A}$。

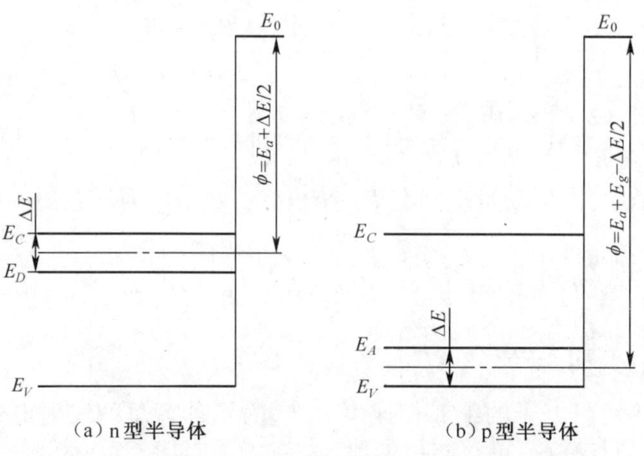

图1-30 n型半导体和p型半导体的热电子发射能带图

用相同材料制成的n型和p型半导体(即:它们具有相同的 E_g 和 E_a),其因子 $\exp\left[-\left(E_a+\frac{\Delta E}{2}\right)/kT\right]$ 和 $\exp\left[-\left(E_a+E_g-\frac{\Delta E}{2}\right)/kT\right]$ 相差很大,即 $\exp\left[-\left(E_a+\frac{\Delta E}{2}\right)/kT\right]\gg\exp\left[-\left(E_a+E_g-\frac{\Delta E}{2}\right)/kT\right]$,二者相差几个数量级,然而 N_C/N_V 的比值只差一个数量级范围,

因此

$$(j_0)_{\text{p-type}} \ll (j_0)_{\text{n-type}}$$

因此，从降低暗电流的观点，我们希望光电阴极是一个重掺杂的 p 型半导体。

1.5.2 热发射电子的初速分布和由发射电子引起的阴极冷却效应

从阴极发射的电子具有一定的初速，且不同的电子初速度也不同，热电子的初速度分布对于电子上靶和靶的平衡电位是十分重要的。

一、热发射电子的初速分布

我们知道，固体中具有高于 W_a 能量的自由电子服从玻耳兹曼统计分布，那么单位体积、单位时间内动量在 $P_x \sim P_x+\mathrm{d}P_x, P_y \sim P_y+\mathrm{d}P_y, P_z \sim P_z+\mathrm{d}P_z$ 之间的电子数为

$$\mathrm{d}n_p = \frac{2}{h^3}\exp\left(\frac{E_F}{kT}\right) \cdot \exp\left(-\frac{P_x^2 + P_y^2 + P_z^2}{2mkT}\right) \mathrm{d}P_x \mathrm{d}P_y \mathrm{d}P_z$$

到达发射表面且动量在 P_x 到 $P_x+\mathrm{d}P_x$，P_y 到 $P_y+\mathrm{d}P_y$，P_z 到 $P_z+\mathrm{d}P_z$ 的电子数为

$$\begin{aligned}\mathrm{d}\nu &= v_x \mathrm{d}n_p \\ &= \frac{2v_x}{h^3}\exp\left(\frac{E_F}{kT}\right) \cdot \exp\left(-\frac{P_x^2 + P_y^2 + P_z^2}{2mkT}\right) \mathrm{d}P_x \mathrm{d}P_y \mathrm{d}P_z \qquad (1-125)\end{aligned}$$

由于这些电子都具有大于 W_a 的能量，而且我们近似认为电子穿过表面势垒的透射系数为 1，那么由式(1-125)描述的电子全部能发射逸出，此时其动量 P_x 变为 P'_x，其关系为

$$p_x'^2/2m = p_x^2/2m - W_a \qquad (1-126)$$

且

$$P'_y = P_y, P'_z = P_z, P'_x \mathrm{d}P'_x = P_x \mathrm{d}P_x$$

因此有

$$\begin{aligned}\mathrm{d}\nu &= \frac{2}{h^3}\exp\left(\frac{E_F}{kT}\right) \cdot \frac{P'_x}{m} \cdot \exp\left(-\frac{P_x'^2 + P_y'^2 + P_z'^2}{2mkT}\right) \mathrm{d}P'_x \mathrm{d}P'_y \mathrm{d}P'_z \\ &= \frac{2}{h^3}\exp\left(-\frac{W_a - E_F}{kT}\right) \cdot \frac{p'_x}{m} \cdot \exp\left(-\frac{P_x'^2 + P_y'^2 + P_z'^2}{2mkT}\right) \mathrm{d}P'_x \mathrm{d}P'_y \mathrm{d}P'_z\end{aligned}$$

这些发射电子中，占据动量空间在 $P_x \sim P_x+\mathrm{d}P_x$，$P'_y$，$P'_z$ 为任意值的电子数为

$$\begin{aligned}\mathrm{d}\nu' &= \int_0^\infty \mathrm{d}\nu = \frac{2}{h^3}\exp\left(-\frac{\phi}{kT}\right) \cdot \frac{P'_x}{m} \cdot \exp\left(-\frac{P_x'^2}{2mkT}\right) \mathrm{d}P'_x \left[\int_{-\infty}^{\infty}\int_{-\infty}^{\infty} \exp\left(-\frac{P_y'^2 + P_z'^2}{2mkT}\right)\right]^2 \mathrm{d}P'_y \mathrm{d}P'_z \\ &= \frac{4\pi m^2 kT}{h^3}\exp\left(-\frac{\phi}{kT}\right) v_x \exp\left(-\frac{mv_x^2}{2kT}\right) \mathrm{d}v_x \qquad (1-127)\end{aligned}$$

上式描述了热发射电子的绝对初速度分布，为了计算总的发射电子中具有初速度为 $v_x \sim v_x+\mathrm{d}v_x$ 电子数的百分比，可以写出下式：

$$\begin{aligned}\eta(v_x) &= \frac{\text{从单位}A\text{单位}t\text{内发射的具有初速度 } v_x \sim v_x+\mathrm{d}v_x \text{ 的电子数}}{\text{从单位}A\text{单位}t\text{内发射的总电子数}} \\ &= \frac{\mathrm{d}\nu'}{n_{\text{surface}}} = \frac{\dfrac{4\pi m^2 kT}{h^3}\exp\left(-\dfrac{\phi}{kT}\right) v_x \exp\left(-\dfrac{mv_x^2}{2kT}\right)}{\dfrac{4\pi m k^2 T^2}{h^3}\exp\left(-\dfrac{\phi}{kT}\right)} \mathrm{d}v_x\end{aligned}$$

$$=\frac{mv_x}{kT}\exp\left(-\frac{mv_x^2}{2kT}\right)\mathrm{d}v_x \tag{1-128}$$

该分布属于麦克斯韦分布，如图 1-31 所示。

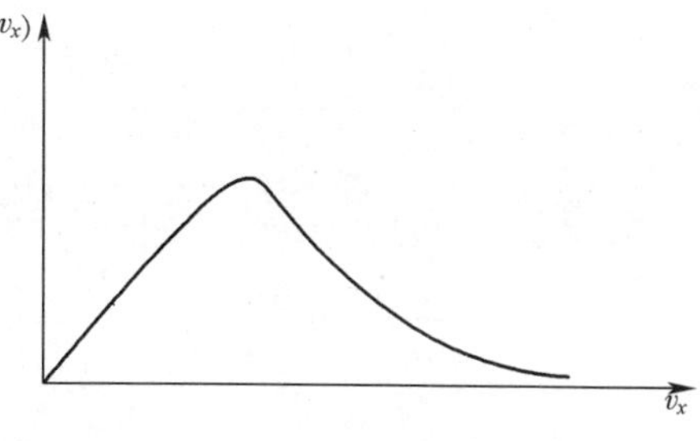

图 1-31　热电子的速度分布

二、热发射电子的冷却效应

由于发射一个电子而引起阴极冷却效应在 x 方向所带走的动能为

$$\overline{E_x}=\frac{\int E_x\mathrm{d}\nu'}{\int\mathrm{d}\nu'}$$

$$=\frac{\int_0^\infty\frac{4\pi mkT}{h^3}\exp\left(-\frac{\phi}{kT}\right)E_x\frac{P_x}{m}\exp\left(-\frac{mv_x^2}{2kT}\right)\mathrm{d}P_x}{\int_0^\infty\frac{4\pi mkT}{h^3}\exp\left(-\frac{\phi}{kT}\right)\frac{P_x}{m}\exp\left(-\frac{mv_x^2}{2kT}\right)\mathrm{d}P_x}$$

$$=\frac{\int_0^\infty E_x\exp\left(-\frac{E_x}{kT}\right)\mathrm{d}E_x}{\int_0^\infty\exp\left(-\frac{E_x}{kT}\right)\mathrm{d}E_x}$$

令 $E_x/kT=t, E_x=kTt, \mathrm{d}E_x=kT\mathrm{d}t$，得

$$\overline{E_x}=\frac{(kT)^2\int_0^\infty\exp(-t)t\mathrm{d}t}{kT\int_0^\infty\exp(-t)\mathrm{d}t}=\frac{(kT)^2\int_0^\infty\exp(-t)t^{2-1}\mathrm{d}t}{kT\int_0^\infty\exp(-t)t^{1-1}\mathrm{d}t}$$

$$=\frac{(kT)^2\Gamma(2)}{kT\Gamma(1)} \tag{1-129}$$

因为，$\Gamma(Z+1)=Z\Gamma(z)$，所以，$\Gamma(2)=\Gamma(1+1)=\Gamma(1)$，$\overline{E_x}=kT$。

热发射电子从 y 方向带走的平均动能为

$$\overline{E_y}=\frac{\int E_y\mathrm{d}\nu}{\int\mathrm{d}\nu}=\frac{\int\frac{2}{h^3}\exp\left(-\frac{\phi}{kT}\right)E_y\frac{P'_x}{m}\exp\left(-\frac{P_x'^2+P_y'^2+P_z'^2}{2mkT}\right)\mathrm{d}P'_x\mathrm{d}P'_y\mathrm{d}P'_z}{\int\frac{2}{h^3}\exp\left(-\frac{\phi}{kT}\right)\frac{P'_x}{m}\exp\left(-\frac{P_x'^2+P_y'^2+P_z'^2}{2mkT}\right)\mathrm{d}P'_x\mathrm{d}P'_y\mathrm{d}P'_z}$$

$$=\frac{\int P'_x\frac{P_y'^2}{2m}\exp\left(-\frac{P_x'^2+P_y'^2+P_z'^2}{2mkT}\right)\mathrm{d}P'_x\mathrm{d}P'_y\mathrm{d}P'_z}{\int P'_x\exp\left(-\frac{P_x'^2+P_y'^2+P_z'^2}{2mkT}\right)\mathrm{d}P'_x\mathrm{d}P'_y\mathrm{d}P'_z}$$

$$
=\frac{\int_0^{\infty} P'_x \exp\left(-\frac{P'^2_x}{2mkT}\right) \mathrm{d}P'_x \int_0^{\infty} \frac{P'^2_y}{2m} \exp\left(-\frac{P'^2_y}{2mkT}\right) \mathrm{d}P'_y \int_0^{\infty} \exp\left(-\frac{P'^2_z}{2mkT}\right) \mathrm{d}P'_z}{\int_0^{\infty} P'_x \exp\left(-\frac{P'^2_x}{2mkT}\right) \mathrm{d}P'_x \int_0^{\infty} \exp\left(-\frac{P'^2_y}{2mkT}\right) \mathrm{d}P'_y \int_0^{\infty} \exp\left(-\frac{P'^2_z}{2mkT}\right) \mathrm{d}P'_z}
$$

$$
=\frac{\frac{1}{2m}\int_0^{\infty} P'^2_y \exp\left(-\frac{P'^2_y}{2mkT}\right) \mathrm{d}P'_y}{\int_0^{\infty} \exp\left(-\frac{P'^2_y}{2mkT}\right) \mathrm{d}P'_y}
$$

与求$\overline{E_x}$的方法类似，得$\overline{E_y}=kT/2$。

同理，$\overline{E_z}=kT/2$，因此，由一个热电子带走的总动能为

$$
\overline{E}=\overline{E_x}+\overline{E_y}+\overline{E_z}=2kT \tag{1-130}
$$

如果用E_{dis}表示单位面积上，单位t内发射的所有电子所带走的总能量，则

$$
E_{\mathrm{dis}}=\frac{4\pi mk^2T^2}{h^3}\exp\left(-\frac{\phi}{kT}\right)(\phi+2kT) \tag{1-131}
$$

在光电阴极的设计中必须考虑E_{dis}的影响。

第 2 章　光电成像器件

光电成像器件主要包含真空光电成像器件、固体光电成像器件、红外光电成像器件、紫外光电成像器件和 X 光光电成像器件等。真空光电成像器件、X 光光电成像器件是建立在量子力学、统计物理、固体物理、真空物理和器件技术基础发展起来的，固体光电成像器件、紫外和红外光电成像器件则是建立在半导体材料和器件基础上发展起来的。

本章介绍以上几类光电成像本器件的基本原理、结构和性能。

2.1　真空光电成像器件

真空光电成像器件需要电子透镜，电子透镜是通过电子光学系统使电子聚焦成像到像面上，并完成电子图像能量增强的电子光学系统。

真空光电成像器件的重要作用之一是使微光、红外、紫外、X 射线等不可见图像通过光电阴极等光电转换器件转化为对应的电子图像，然后对电子束进行加速并聚焦，使之轰击电子倍增器（例如微通道板）或荧光屏等器件，对电子图像作进一步处理或直接显示，最终得到与输入不可见图像相对应的可见图像。

在对电子束进行加速、聚焦、偏转、反射的过程中，需要电磁场。电子在电磁场中运动的微分方程为

$$m_0\ddot{\boldsymbol{r}} = -eE - e[\dot{\boldsymbol{r}} \times \boldsymbol{B}] \tag{2-1}$$

式中：m_0 为电子静止质量；e 为电子电荷绝对值；$\boldsymbol{r}$ 为电子位置矢径。

电子在磁场中的能量关系为

$$\frac{1}{2}m_0v^2 - e\varphi = c \tag{2-2}$$

式中：c 代表常量；$v = |\dot{\boldsymbol{r}}|$；$\varphi$ 为电子所在位置的电位。

取发射电子的阴极电位为零，即 $\varphi_c = 0$，当 v_0 为电子发射初速度时，有 $\frac{1}{2}m_0v_0^2 = e\varepsilon_0$。其中，$\varepsilon_0$ 为静止光电子获得发射初能量所要求的等速加速电位，称为初电位；$e\varepsilon_0$ 表示电子发射初能量。

于是

$$\frac{1}{2}m_0v^2 = e(\varphi+\varepsilon_0) = e\varphi^* \tag{2-3}$$

称 $\varphi^* = \varphi+\varepsilon_0$ 为规范化电位，即选择电子动能为零的地方为电位 φ^* 的零点的读数系统。

根据哈密顿原理，质点在力场中运动与光线在光学介质中的传播有深刻的相似性。因此可以设法做成合适的力场（电磁场），使其电位函数分布与光学系统的折射率分布相

对应，使电子在该力场中的运动与光线在光学介质中的传播相对应，从而达到聚焦成像的目的。这样的电磁场称为电磁透镜。

对一无限薄的电偶极层，其两侧为等位空间，电位分别为 φ_1、φ_2。对非垂直入射到该偶极层界面的电子，在介质两侧的入射角 i_1 与出射角 i_2 满足折射定律：

$$\frac{\sin i_1}{\sin i_2}=\frac{\sqrt{\varphi_2^*}}{\sqrt{\varphi_1^*}} \tag{2-4}$$

对于静电场而言，$\sqrt{\varphi^*}$ 为电子光学折射率，用 μ 表示。

对于不均匀静电场，可以看成无穷多个等位面。在整个场区中，折射定律均成立。因此，电场等位面就是静电透镜的折射面。

在复合场的情况下，电子光学折射率 μ 的表达式为

$$\mu=\sqrt{\varphi^*}-\sqrt{\frac{e}{2m_0}(\boldsymbol{A}\cdot\boldsymbol{S}_0)} \tag{2-5}$$

式中：$\boldsymbol{S}_0$ 为电子运动方向即电子轨迹切线方向的单位矢量；$\boldsymbol{A}$ 为电子所在位置的磁矢位。

由此可见，电磁场电子光学折射率与电子运动方向有关，相当于光纤光学中各向异性介质；而纯电场的折射率与电子运动方向无关，与光纤光学中各向同性介质类似，电子轨迹具有可逆性。因此，我们可以得出结论：电子光学折射率 μ 的数值比光学介质折射率 n 宽广得多，且容易改变；且在不改变电极与铁磁体、线圈的尺寸与形状的条件下，可以通过调整电极电位和励磁电流来实现。因此，电子光学场具有如下特点：电子光学场所能实现的系统可以多种多样；电子光学折射率是空间位置的连续函数，不像光线光学中透镜可以任意组合或非连续性，不能完全自由地选择；电磁场位函数必须满足各自的二阶偏微分方程及其边界条件，电子轨迹一般是连续曲线，其方程也是复杂的微分方程，不像光线在均匀介质中是直线。因此电子光学场的计算与电子轨迹的求解异常复杂；电子光学折射率中采用的是规范化电位，与电子速度及初速度有关。因此，电子透镜也会产生色像差，与光学透镜由于光学介质折射率与光色有关而存在色像差类似。

电子光学与光学相比较，既有一定的相似性，又有明显的差异性，具有其固有的特色、优越性以及复杂性。

2.1.1 静电透镜

加有一定电位的具有旋转对称几何形状的电极系统称为静电透镜。在光电子成像器件中，大多采用静电透镜。静电透镜的特点是形成旋转对称电场，即具有旋转对称的等位面，且旋转对称电场的空间电位分布取决于轴上的电位分布。

静电场中等位面形状与电位零点选择无关，但静电透镜的电子光学性质与折射率有关。因此在讨论静电透镜成像性质时，必须采用规范化电位。

取柱面坐标 (r,z,θ) 系统，其 z 轴与静电透镜的对称轴一致。由于轴对称，系统的场分布与 θ 角坐标无关。由轴对称静电透镜中电子运动方程出发，可在近轴区取一级近似（即认为电子离轴距离 r 为一阶小量，其高次方为高阶小量，可以忽略不计），于是有

$$\ddot{r}=-\frac{e}{2m_0}\varphi''(z)r \tag{2-6a}$$

$$\ddot{z}=\frac{e}{m_0}\varphi'(z) \quad (2-6b)$$

式中:φ 为轴上的电位分布。

根据式(2-6),当 $\varphi''(z)>0$,电子受径向力,透镜起汇聚作用;当 $\varphi''(z)<0$,透镜起发散作用。所以静电透镜的 $\varphi''(z)$ 必须至少在某个区域中不为零。

判断静电透镜各部分场区的会聚或发散作用,要具体分析。整个透镜到底是会聚还是发散的,取决于各场区对电子作用的综合效果。当 $\varphi''(z)$ 增大或/和减小时,都会使静电透镜的焦距缩短,即光学本领增强;否则相反。

根据轴上电位分布形式的不同,静电透镜可分为四类:膜孔透镜(单光阑)、浸没透镜、单电位透镜、浸没物镜(阴极透镜)。

1. 膜孔透镜(单光阑,圆孔阑)

用一个带有圆孔的膜片(与其他电极组合),利用该光阑圆孔附近的不均匀电场,就可以起到电子透镜作用,如图 2-1 所示。

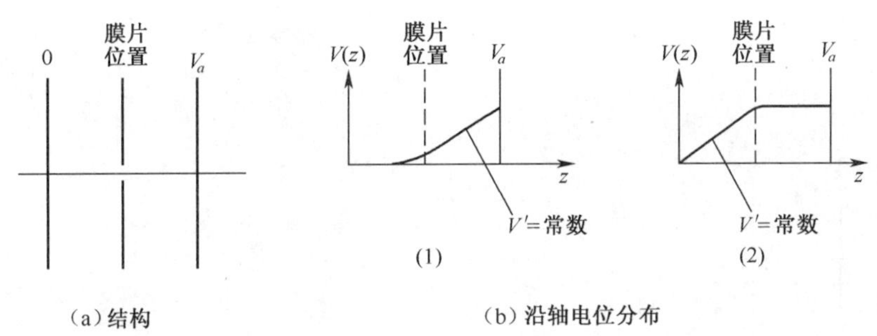

(a)结构　　(b)沿轴电位分布

图 2-1　膜孔透镜

单独的单光阑并不是透镜,而是组成透镜系统的一个元件。在单光阑的两侧须有辅助电极才能保证两侧形成一定的电场。

2. 浸没透镜

其特点是在透镜场区域两侧外具有不同的常数值,在透镜场区域范围外电场强度为零,电子在像空间里做等速直线运动,如图 2-2 所示。

这种透镜类似于将“浸没液”和空气隔开使两边具有不同折射率的光学透镜。由于两侧的电位不同,不但可用它来对电子束进行聚焦,还可以使电子加速或减速。

3. 单电位透镜(单透镜)

其特点是透镜场区域外的两侧电位是同一个常数值。通常这种透镜可以由若干膜片和圆筒组成。不少单电位透镜的电位分布是对称的,有对称透镜之称;这类透镜与光学玻璃透镜最相似,电子光学折射率是连续变化的,如图 2-3 所示。

4. 浸没物镜(阴极透镜)

其特点是将阴极直接安置在浸没透镜的电场内部,由阴极发出的、初速度很小的电子直接被透镜加速。透镜起物镜的作用,因此被称为浸没物镜或阴极透镜,如图 2-4 所示。

变像管、像增强器、摄像管移像段以及摄像管扫描电子枪的第一透镜等的电子光学系统属于阴极透镜一类。

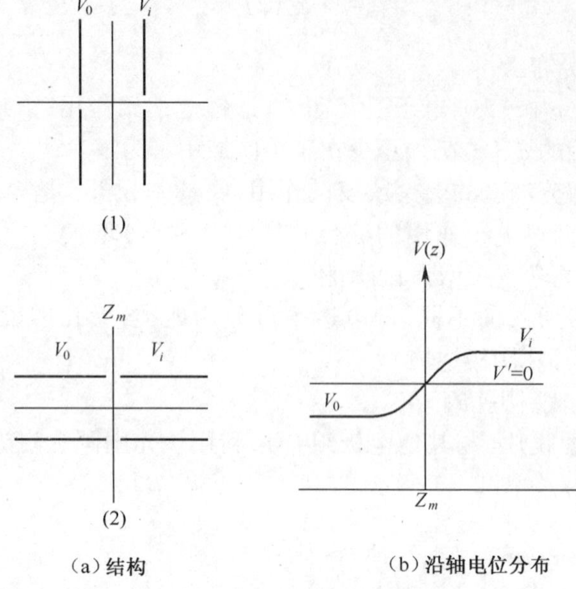

（a）结构　　（b）沿轴电位分布

图 2-2　浸没透镜

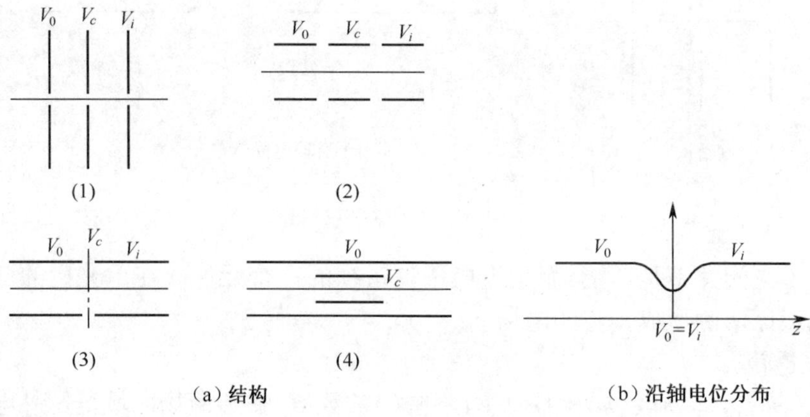

（a）结构　　（b）沿轴电位分布

图 2-3　单电位透镜

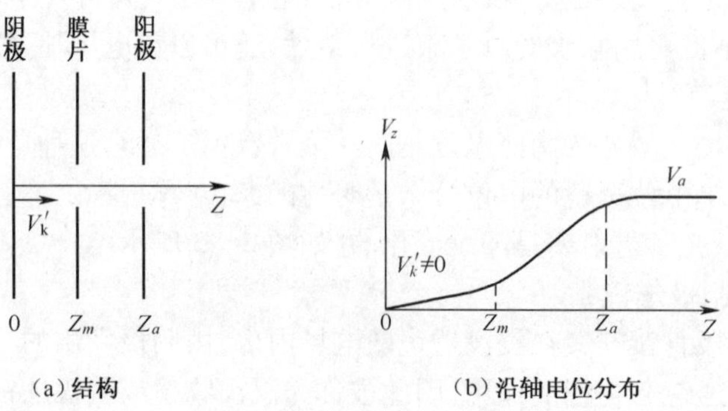

（a）结构　　（b）沿轴电位分布

图 2-4　浸没物镜

2.1.2 近贴聚焦电子透镜

近贴聚焦系统是采用纵向均匀电场构成的成像系统，这是一种极为特殊的情况：场和轨迹可精确求解，由阴极某点发出的单元电子束只能在虚像面上理想聚焦，在荧光屏上投射成像，而不是锐聚焦。这种透镜应用在像管、微通道板像增强器和摄像管的移像段中。

如图 2-5 所示，在平面阴极 C（设其电位为零）前距离为 l 处平行安置一平面阳极 A，其上加上加速电位 φ_{ac}。如不考虑两极间边缘处的畸变，则其间的电场可以认为是均匀的，这样使得近阴极区电子轨迹的计算可以大大简化。

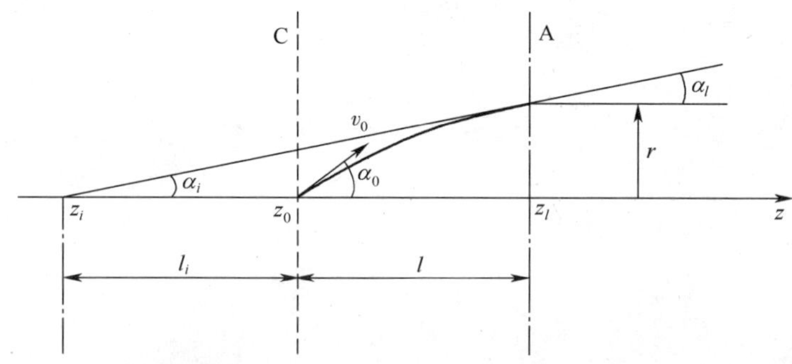

图 2-5 电子在均匀电场中的运动轨迹

在阴极面 C 上取点 z_0 作为原点，并作圆柱坐标(r,z)，则纵向均匀电场的电位分布为

$$\varphi(r,z)=\varphi(z)=\frac{\varphi_{ac}}{l}z \tag{2-7}$$

电子从原点 z_0 以初速度 v_0、初始角度 α_0 射出。α_0 在 $0\sim\pm\pi/2$、v 在 $0\sim v_{0\max}$ 范围内。v_0 的大小取决于光电阴极的逸出功、禁带宽度和入射辐射的波长。α_0 是指电子逸出方向与逸出点阴极面法线方向之间的夹角，有

$$v_0=\sqrt{2e\varepsilon_0/m_0} \tag{2-8}$$

如果定义 $\varepsilon_z=\varepsilon_0\cos2\alpha_0$，$\varepsilon_r=\sin2\alpha_0$ 分别为轴向、径向的初电位，v_{0z}，v_{0r} 分别为轴向、径向的初速度，则 $\varepsilon_0=\varepsilon_z+\varepsilon_r$，$v_{0z}=\sqrt{2e\varepsilon_z/m_0}$，$v_{0r}=\sqrt{2e\varepsilon_r/m_0}$。其中，具有相同 ε_0 的电子称为单色电子束，$\varepsilon_z=\varepsilon_z(\alpha_0)$ 是逸出角 α_0 的函数；若电子初速度的 z 轴分量相同，即 ε_z 相同，则称为轴向单色电子束。

已知初始条件：$z_0=0$，$r_0=0$，$\dot{z}_0=v_{0z}=v_0\cos\alpha_0$，$\dot{r}_0=v_{0r}=v_0\sin\alpha_0$。因 r 方向的电位没有变化，电子的径向速度始终不变，即 $v_r\equiv v_{0r}$。根据能量关系式（2-3）可得

$$v^2={v_r}^2+{v_z}^2=\frac{2e}{m_0}\left(\frac{\varphi_{ac}z}{l}+\varepsilon_0\right) \tag{2-9}$$

$$v_z=\sqrt{\frac{2e}{m_0}\left(\frac{\varphi_{ac}z}{l}+\varepsilon_z\right)} \tag{2-10}$$

可以看出，电子在均匀场中运动的电子轨迹为抛物线，电子轨迹的斜率为

$$r'(z)=\frac{\dot{r}}{\dot{z}}=\sqrt{\frac{\varepsilon_r}{(\varphi_{ac}/l)z+\varepsilon_z}} \tag{2-11}$$

积分上式,代入初始条件,得到电子的轨迹表达式

$$r(z)=\frac{2\sqrt{\varepsilon_r}}{\varphi_{ac}/l}\sqrt{\frac{\varphi_{ac}z}{l}+\varepsilon_z}-\sqrt{\varepsilon_z} \tag{2-12}$$

因为考虑纵向均匀加速电场,每一条平行于 z 轴的直线都可以看作轴线。上述公式适用于所有轴线坐标系统中的电子运动。

从阴极面上射出的电子在阳极平面 A 上的位置,即散射圆半径 r_l 和此时轨迹的方向 α_l 为

$$\tan\alpha_l=\frac{\sqrt{\varepsilon_r}}{\sqrt{\varphi_{ac}+\varepsilon_z}} \tag{2-13a}$$

$$r_l=\frac{2\sqrt{\varepsilon_r}}{\frac{\varphi_{ac}}{l}}\left(\sqrt{\varphi_{ac}+\varepsilon_z}-\sqrt{\varepsilon_z}\right) \tag{2-13b}$$

当 $\varepsilon_0=\varepsilon_{0\max}$, $\alpha_0=\pi/2$ 时, $\tan\alpha_l$, r_l 达到最大值,且

$$\tan\alpha_l\Big|_{\max}=\sqrt{\frac{\varepsilon_{0\max}}{\varphi_{ac}}} \tag{2-14a}$$

$$r_l\Big|_{\max}=2l\sqrt{\frac{\varepsilon_{0\max}}{\varphi_{ac}}} \tag{2-14b}$$

电子轨迹在经过加速场后与轴线成很小的倾斜角,电子束迅速会聚成细电子束,但在阳极平面上不能形成点状像,而是半径为 r_1 的散射圆,实际是投影成像。系统放大率$M=1$。

2.1.3 同心球聚焦电子透镜

将平面都做成球面,形成同心球(球形电容器系统),可以形成锐聚焦成像。这类透镜具有优良的电子光学成像特性。场分布、电子轨迹都可写成解析形式,可精确确定理想像面位置,很方便地研究系统的成像特性及其像差。无论是严格精确或是近似实现的同心球系统,在实际应用上都是很有利的。对于凹面阴极-栅极-阳极系统,如果成像的荧光屏制成球面形状,其曲率半径等于成像位置到系统中心的距离,则除了色球差外,场曲与平面曲率一致,其他类型的像差-彗差、畸变、像散都不存在。同心球系统是典型的静电阴极透镜的理想模式,其成像特性具有一定的普遍性和规律性。如果在两电极同心球系统中插入若干个中间球面栅极,形成三电极、四电极等系统,则可以实现各种不同需要的电子光学要求,如调焦、选通、变倍等。

考虑到实际应用,在基于同心球系统的像管中,中间电极可以是、也可以不是栅状电极,阳极则是具有圆孔阑的球面锥状电极。下面重点介绍两电极同心球系统的结构及特点。

如图 2-6 所示,该系统由两个有共同曲率中心 O 的球形电极组成。阴极 C 的电位为零,栅状阳极 A 对阴极的电位为 φ_{ac} ,电子以初速度 v_0、初角度 α_0 自阴极面上某点射出。可以看出,电场对电子的作用力方向沿着矢径且指向阳极方向。电子在空间任一点都受到两个分力的作用:一是指向系统轴的径向分力,其大小与离轴距离成正比;一是沿着系

统轴指向阳极的轴向分力。因此,自阴极面逸出的初速度很小而初斜率可能很大的电子束将受到上述两个分力的剧烈作用,使轨迹斜率急剧改变,迅速向轴靠拢而会聚成细束,并向阳极方向加速运动。

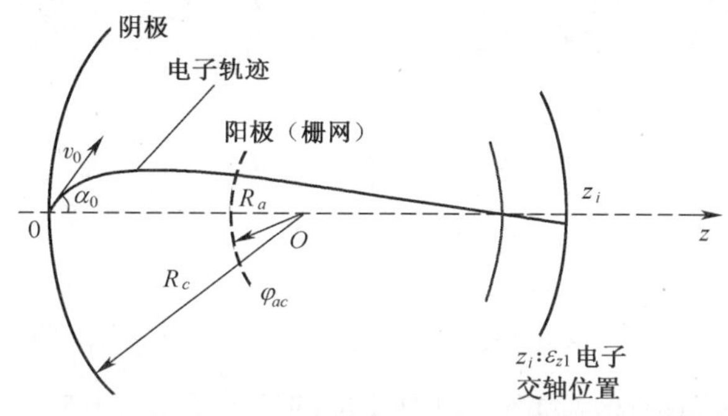

图 2-6 两电极同心球系统原理图

要使电子束聚在轴上某一点,还必须满足 $R_c/R_a > 2$ 的条件。电子到达阳极时,轨迹方向指向轴,其轨迹延长线与轴相交。如果栅状阳极是透明的,且阳极后面为无场的等位空间,电子通过阳极时的轨迹和斜率都是连续的,则电子通过阳极后做直线运动并聚于轴上某点。

对两电极同心球系统的研究表明,像面位置主要取决于系统的结构参量。如果电极系统制造得不精确,则阴极物面的像不能很好地聚焦在给定的像面上,聚焦质量无法改善。所以两电极系统常称为"定焦型"或"自聚焦型"系统。在两电极同心球系统中插入一个中间栅极,构成三电极同心球系统,则此栅极不仅能够控制电子流(如在高速摄影中作为电子快门),而且还起着调焦电极的作用。当改变中间栅极的电位时,可以得到最佳聚焦。还可组成具有更多电极的同心球系统,例如四电极同心球变倍系统等。

对于同心球系统,在阳极上开一小孔使电子通过,称为阳极带有小孔的同心球系统。当该阳极孔阑的小孔尺寸比阳极半径以及阳极至最后一个中间栅极的距离小时,该阳极孔阑可以看作薄透镜。孔阑薄透镜为发散透镜,它会使系统聚焦能力减弱、成像位置移远、放大率(绝对值)增大。孔越大,影响越大。

2.1.4 静电阴极透镜(静电聚焦成像系统)

利用旋转对称静电场对大物面的阴极像进行锐聚焦,形成倒立的实像,称为静电聚焦成像系统。该系统可以获得放大或缩小的倍率,有高的图像鉴别率,容易实现定焦、调焦、快门以及变倍等功能,结构简单,且对电源要求没有磁聚焦成像系统复杂,应用广泛。

图 2-7 表示典型静电阴极透镜的轴上规范化电位分布,可分为四个区域:

Ⅰ—近阴极区。这是非常靠近阴极的区域。从阴极面发出的电子的初电位很小(约十分之几~几伏),在阴极面上的轴上规范化电位是一个很小的量。对于一般的静电聚焦像管,阴极面处电场约为 80~100V/mm。

Ⅱ—聚焦区,此时 $\varphi''(z) > 0$,电位急剧上升。

Ⅲ—发散区,此时 $\varphi''(z) < 0$,电位缓慢上升。Ⅱ与Ⅲ区的交接点称为拐点。

Ⅳ—等位区,$\varphi''(z) = 0$,电位趋于常数值。

显然,静电阴极透镜的 $\varphi^*(z)$ 分布与单透镜、浸没透镜都不同。静电阴极透镜中阴

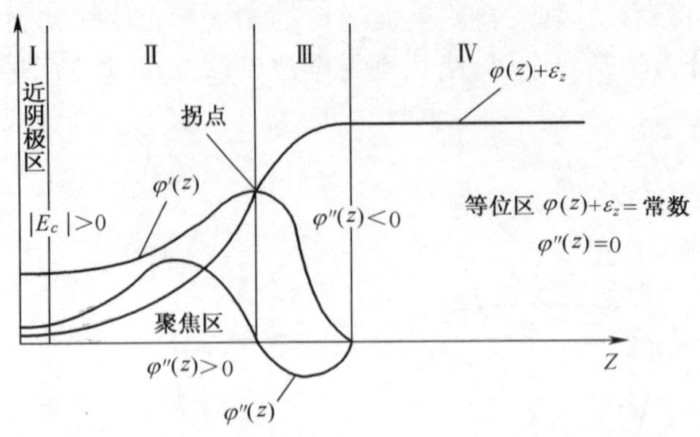

图 2-7　静电阴极透镜的轴上规范化电位分布曲线

极面本身就是物面，从阴极逸出的电子具有不同的逸出角，因而轨迹初始部分的斜率可能很大，甚至趋于无穷，不能满足 $r''\ll 1$ 的傍轴条件。可是由于电子初速度很小，当它们从阴极发出后，立刻受到电场的强烈作用，使得轨迹的斜率急剧改变。在阴极面附近一定存在这样的位置 z，当 $z>z^*$，必有 $\dot{z}^2>\dot{r}^2$，$r'^2\ll 1$。那么，从阴极面发出的宽电子束，受到阴极附近区域强加速电场作用后，很快汇聚成为一细束，继续在电场中行进，经过区域Ⅱ电场的会聚作用和区域Ⅲ的发散作用，直到相交（形成交叉点）或成像。

图 2-8 是典型的静电阴极透镜中的电子轨迹。阴极透镜成像电子束中，电子轨迹能够满足 $r^2\approx 0$，但不能处处满足 $r'^2\ll 1$ 的条件，即斜率很大甚至趋于无穷的电子也参与成像电子束，称之为宽电子束；而在远离阴极的其他区域中，斜率将变得很小，即 $r'^2\ll 1$。

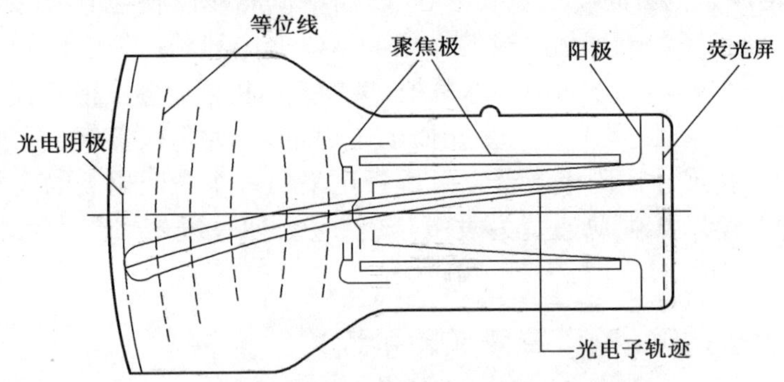

图 2-8　典型静电阴极透镜中的电子轨迹图

2.1.5　电磁聚焦电子透镜

电磁聚焦电子透镜的工作原理是通过静电和长磁的复合聚焦，将阴极面上的光电子图像转移到荧光屏或电子轰击靶上，被广泛应用于像管和微光摄像管的移像段中。这种聚焦的特点是放大率可以等于 1 或不等于 1，目前比较普遍的是放大率等于 1 的长磁阴极透镜。

电子轨迹受磁力线引导，在以通过该逸出点的磁力线为母线的某细长弯曲面上作螺线运动。电子束中其他具有不同初速度与初始角度的电子又围绕该主轨迹呈螺旋式运动，最后在像面上聚焦。几种常用长磁聚焦的典型结构有：①磁聚焦透射式二次电子发射像增强器；②具有倍增屏的串联磁聚焦像增强器；③带有光电子增强移像段的微光摄像管；④倾斜型电磁聚焦成像系统；⑤永磁材料——铷铁硼的不均匀磁场的电磁聚焦像增强器；⑥改进设计的施密特光学与电磁聚焦系统联合构成的折叠组合式空间天文成像探测器。下面分别对这几种常用的长磁聚焦进行介绍。

一、磁聚焦透射式二次电子发射像增强器

图2－9表示了磁聚焦透射式二次电子发射像增强器的基本原理。在阴极与荧光屏中间有若干个透射式二次电子发射倍增极。从光电阴极发出的初始电子，经电磁复合场聚焦加速到倍增极的左端，在倍增极的右端发射出的二次电子再被加速，并轰击下一个极，这样依次直至轰击荧光屏。

二、具有倍增屏的串联磁聚焦像增强器

图2－10表示了具有倍增屏的串联磁聚焦像增强器的原理。它与磁聚焦透射式二次电子发射像增强器的结构类似，但系夹心饼式结构。以云母片为支撑膜，其左侧涂荧光粉，右侧涂光电阴极，通过逐级倍增直至获得高增益。

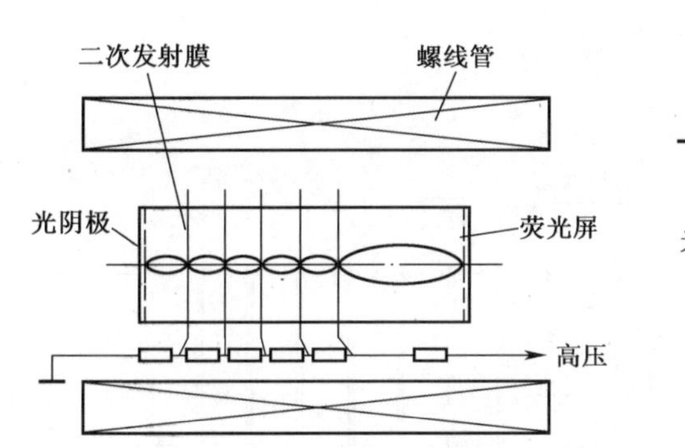

图2－9　磁聚焦透射式二次电子发射像增强器

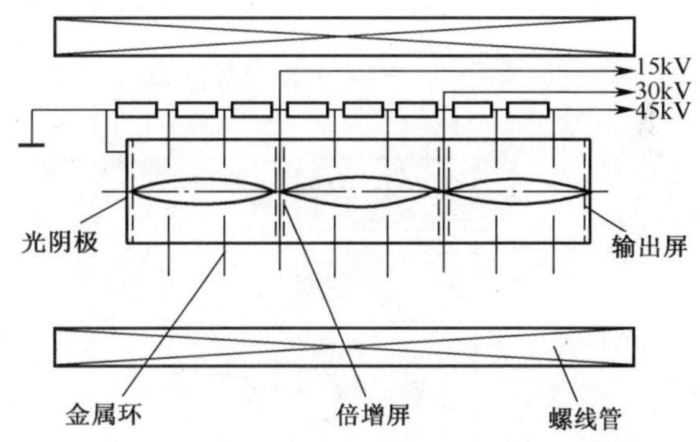

图2－10　具有倍增屏的串联磁聚焦像增强器

三、硅增强微光摄像管

图2－11表示了一种硅增强微光摄像管。在普通的光电导摄像管前加一级采用静电聚焦的像增强器，像增强器将微光图像转化为高能电子图像，轰击摄像管硅靶面获得增强，完成微光成像。

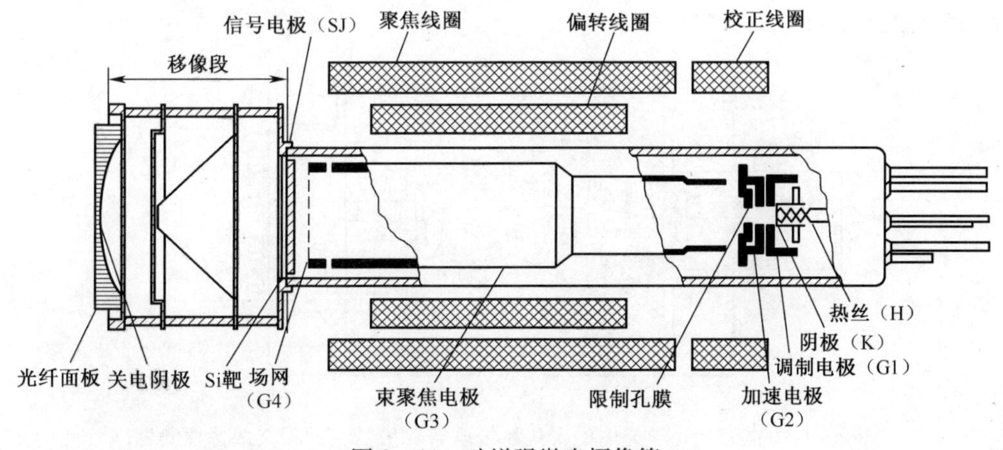

图2－11　硅增强微光摄像管

四、倾斜型电磁聚焦成像系统

图 2－12 表示了倾斜型电磁聚焦成像系统的原理。这种系统的特点是为了有效使用不透明光电阴极,特别是对紫外灵敏的光电阴极和Ⅲ－Ⅴ族光电阴极。电子光学场是一种均匀交叉场,即均匀磁场 B 相对于与光轴平行的均匀电场 E 错开或倾斜一个角度。与一般锐聚焦像管不同的是,不透明光电阴极位于倾斜型像管的后面,而屏(靶)在前面,并且还错开一个位置。当入射光子通过光学系统聚焦成像在不透明光电阴极上,逸出的光电子受电场加速,围绕着与磁场方向偏离的抛物线旋转,从而聚焦在输出端的屏上。利用电荷耦合器件(CCD)作为系统的接收屏靶所制成的倾斜型像管,已在空间探测火箭上应用。

五、永磁材料——钕铁硼的不均匀磁场的电磁聚焦像增强器

图 2－13 表示了使用永磁材料——钕铁硼的不均匀磁场的电磁聚焦像增强器原理。这种系统是根据所要求的放大率与轴上磁感应强度分布,用电磁聚焦成像系统逆设计方法,并根据天文成像探测要求(例如像质要求高,采用电子轰击 CCD－即 E(B)CCD 等)设计的。

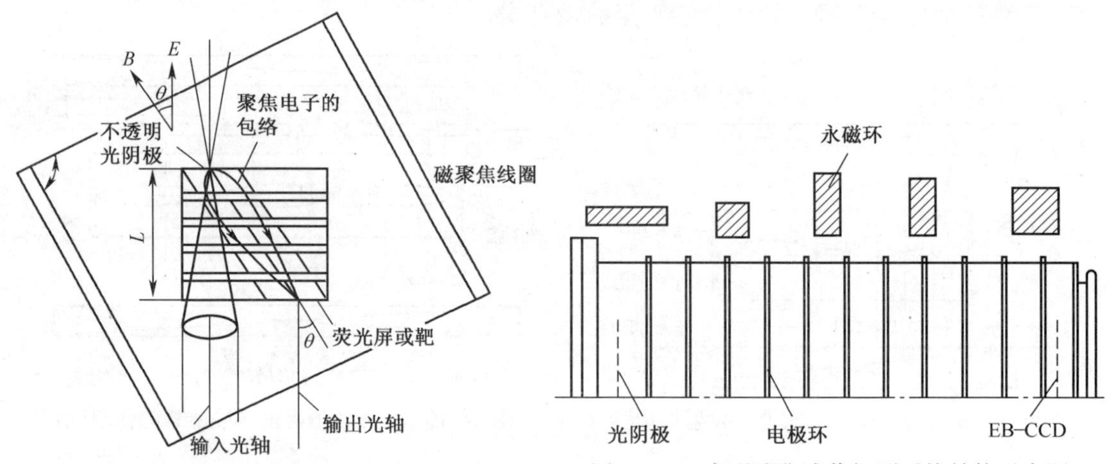

图 2－12　倾斜型电磁聚焦成像系统

图 2－13　永磁聚焦成像探测系统结构示意图

六、改进型施密特光学与电磁聚焦系统联合构成的折叠组合式空间天文成像探测器

图 2－14 表示了改进设计的施密特光学与电磁聚焦系统联合构成的折叠组合式空间天文成像探测器。这种系统用于获得缩小倍率的图像,采用不需要激励电源的永磁聚焦磁体,对远离地面的空间探测十分有利。

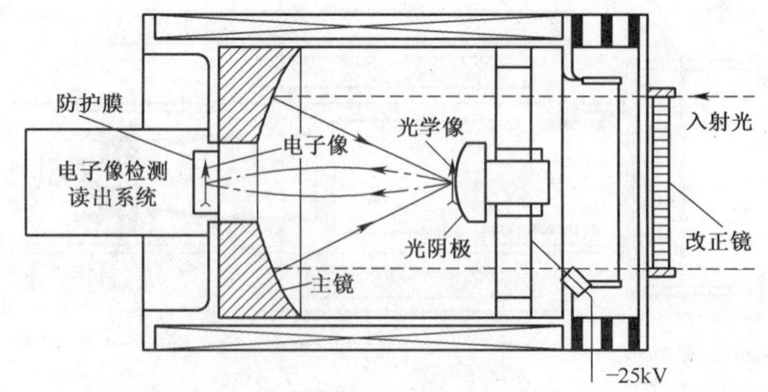

图 2－14　施密特光学与电磁聚焦系统联合构成的空间天文成像探测器

2.1.6 光电导摄像管

一、光电导摄像管的基本结构和原理

光电导摄像管也称视像管,光电导摄像管的种类是由光电转换靶的材料类别进行分类,主要种类有 Sb_2S_3 管、PbO 管、硒砷碲管、Si 靶管、锑化锌镉管和硒化镉管等。

硅靶管、锑化锌镉管和硒化镉管属于微光摄像器件。硫化锑管、氧化铅管及硒砷碲管与像增强器耦合,可组成微光摄像器件。微光摄像管如 EBS、SEC 和 ISIT 等也都以视像管结构为基础部分。

光电导摄像管的基本结构和原理是:视像管结构由光电导靶、玻璃管壳和电子枪构成。电子光学系统由电子枪+聚焦线圈+偏转线圈+校正线圈组成。光电导摄像管对电子束的要求是电子束斑小、密度大、扫描线性好、垂直上靶。

图 2-15 是光电导摄像管及其附属线圈的结构,从功能上分为四个部分:①发射部分;②聚焦部分;③偏转部分;④准直部分。

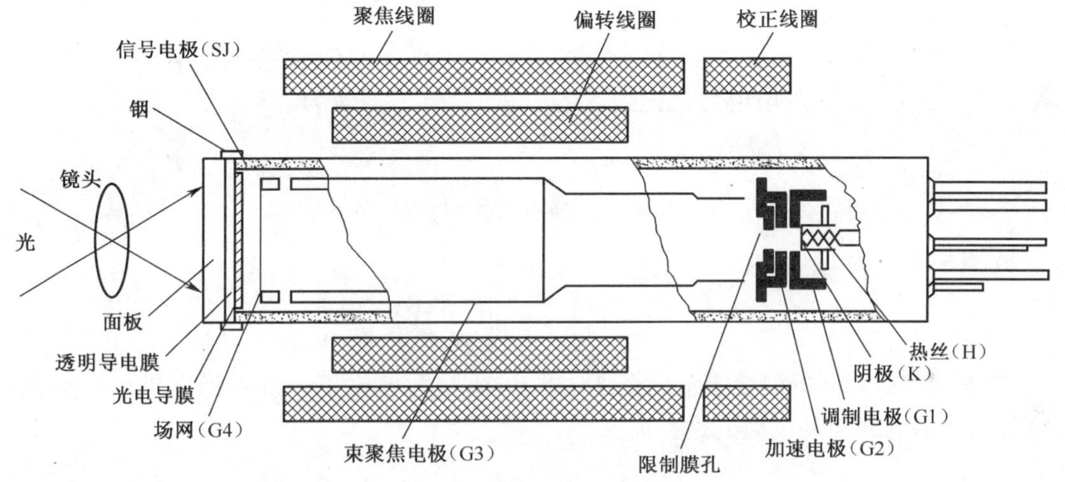

图 2-15　光电导摄像管(磁聚焦、磁偏转)的结构示意图

二、视频信号的产生

如图 2-16 所示,设靶面含 n 个象素,每个像素可等效于一个电阻 R 和一个电容器 C

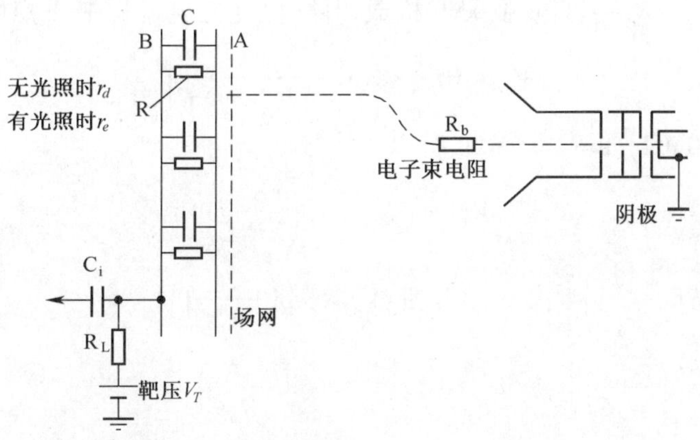

图 2-16　视像管拾取信号时的等效电路

的并联。电子束通过场网后进入强烈的减速场，以慢速落在靶的扫描侧上，由于靶压 V_T 很低，二次电子发射系数 $\sigma<1$，因此进入靶的电子比出来的电子多，到一定程度就完全阻止电子继续上靶。这时，靶的扫描侧的电位等于阴极电位，使电容器 C 两端的电位差达到靶电压，这是充电过程。电子束在每个像素上停留的时间（即充电时间）约为 0.1μs。

（1）无光照时，设某一像素的暗电阻为 r_d，在被扫描以后，电容器开始沿 r_dC 回路放电，但不输出信号电流。靶的外侧 B 点电位固定为靶压 V_T；扫描侧 A 的电位 V_{Ad} 随像素电容器的放电而从零上升，如图 2－17 所示。

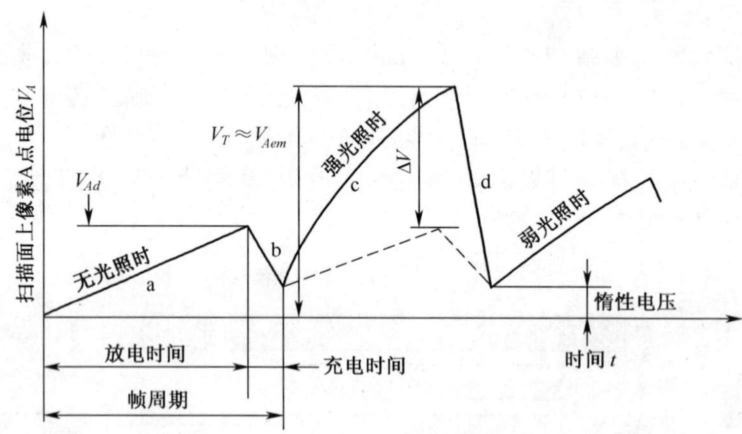

图 2－17　在扫描面上像素的电位变化

A 点的电位为

$$V_{Ad}=V_T\left[1-\exp\left(-\frac{t}{r_dC}\right)\right] \tag{2-15}$$

像素的放电时间近似等于帧周期 T_f，即 40ms。因此，在下一次对像素进行扫描充电之前，在扫描侧 A 点的电位的最大值：

$$V_{Adm}=V_T\left[1-\exp\left(-\frac{T_f}{r_dC}\right)\right] \tag{2-16}$$

如果暗电阻 r_d 接近无穷大，则 $V_{Ad}\approx 0$。

当此像素再次被扫描时，A 点的电位下降，即又对像素的电容进行充电，这个充电电流经束电阻 R_b→C→R_L→靶电源→地，构成回路，因此充电过程中 A 点电位的变化规律是

$$V_{Ad}=V_{Adm}\times\exp\left[-\frac{t}{(R_b+R_L)\ C}\right]$$

因为 R_b 通常为 10MΩ，而 $R_L\leqslant$1MΩ，所以

$$V_{Ad}\approx V_{Adm}\times\exp\left(-\frac{t}{R_bC}\right) \tag{2-17}$$

a 段：$V_T\left[1-\exp\left(-\frac{t}{r_dC}\right)\right]$；　　b 段：$V_{Ad}\times\exp\left(-\frac{t}{R_bC}\right)$；

c 段：$V_T\left[1-\exp\left(-\frac{t}{r_eC}\right)\right]$；　　d 段：$V_T\times\exp\left(-\frac{t}{R_bC}\right)$。

充电电流在 R_L 上产生电压降 ΔV_d，此电位变化通过电容器 C_i 耦合到视频前置放大

器，即为黑色电平。

（2）有光照时，靶的电导率增大即电阻率减小，像素暗电阻 r_d 变为光电阻 r_e。显然，此时扫描前A点电位的最大值及扫描时A点的电位变化，只要把式（2－16）和式（2－17）中的 r_d 改为 r_e，V_{Adm} 和 V_{Ad} 中下标 d 改为 e 即可，即

$$V_{Aem}=V_T\left[1-\exp\left(-\frac{T_f}{r_e C}\right)\right]$$

$$V_{Ae}=V_{Aem}\times\exp\left(-\frac{t}{R_b C}\right)$$

在极端情况下，r_e 接近零值，则 V_{Aem} 接近 V_T，所以，$V_{Ae}=V_T\times\exp\left(-\frac{t}{R_b C}\right)$。考虑到还存在暗电流，有效信号电压 $\Delta V\approx V_{Aem}-V_{Ad}\approx V_T-V_{Ad}$。扫描时的充电电流在负载 R_L 上产生电压降 ΔV_1，此电位变化通过电容器 C_i 耦合到视频前置放大器，即形成视频信息的白电平。

2.1.7 微光像增强器

微光像增强器又名微光管或像管，是将微弱光（例如夜天光）照射下的景物，通过光电阴极的光电子转换、电子倍增器增强和荧光屏的电-光转换再现为可见图像的一类成像器件。广义上是一类多波段、多功能的光电子成像器件，可对紫外光、可见光、近红外光、X射线和γ线照射下的景物，进行探测、增强和成像，或为电视摄像器件提供图像增强前级像管器件，从而使它们在微光夜视、夜盲助视、天文观测、X射线（γ线）图像增强、医疗诊断和高速电子摄影快门等技术中，得到广泛应用。

微光像增强器的物理机制是用光电转换、电子倍增和电光显示过程的若干规律来描述。图像信息的载体是代表了景物光子强度空间分布的光电子。

根据组成和技术特征的不同，可以把广义微光成像器件分成三大类。

（1）近贴聚焦类：含Ⅰ代近贴管、Ⅱ代近贴管、Ⅲ代近贴管、Ⅳ代近贴管、光电子计数像管、近贴聚焦条纹像管、快速光电倍增管、ICCD双平面光电二极管、三平面光电三极管以及MCP增强式固态阵列电视摄像管等，共10种。

（2）电聚焦类：含零代倒像管、Ⅰ代倒像管、Ⅱ代倒像管、倒像管增强式CCD（ICCD）、电子轰击式CCD（EBCCD）、MCP电子倍增式固体阵列电视摄像管和光电倍增器管等，共7种。

（3）磁聚焦类：含电磁聚焦式Ⅰ代像管、MCP电子倍增式像管、固体阵列式电视摄像管、高速摄像条纹像管、电视分流管和视频像存储管等等，共6种。

一、像增强器的原理及功能

像增强器由光电阴极、电子透镜、电子倍增器和荧光屏等功能部件组成，如图2－18所示。

光电阴极在景物输入光子的激发下，产生相应光电子图像，这些光电子从外部高压电源获取能量，并受电子光学透镜聚焦和偏转，以高能量轰击荧光屏发光，产生人眼可见的相应光子图像，亮度得到了增强。

对像增强器要求是，具有高保真度（高清晰度和高物-像几何相似性）传递输入图像，

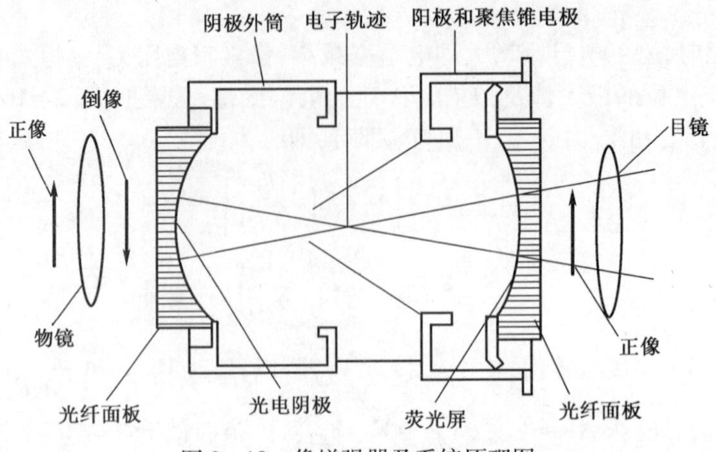

图 2-18　像增强器及系统原理图

技术上具备好的 MTF 特性和尽可能小的几何畸变。

除上述要求外,还应具备以下四种特征:

1. 亮度增强

第Ⅰ代微光管:单级管增益 50~100,三级光学纤维面板耦合级联后可达 10^4~10^5;

第Ⅱ代微光管:单级Ⅰ代管中引入微通道电子倍增器(MCP)构成;

第Ⅲ代微光管:高灵敏度 GaAs 光电阴极替代多碱光电阴极构成。

第Ⅱ代、第Ⅲ代微光管能达到与三级Ⅰ代管同量级的亮度增益,因并入了 MCP,兼有高电流增益自饱和特性,消除了实战应用中出现的强闪光景物图像的过荷开花(晕光)现象。

由于各类微光管具有足够高的亮度增益(10^4),可在夜间低照度(10^{-1}~10^{-4}lx)环境下,隐蔽地观察远处景物,或者对要求有高曝光量的快速发光现象进行高速摄影。用于远程(≥100km)目标光电预警的微光图像光子计数器像管,增益高达 10^6~10^7。

2. 光谱转换

采用不同光谱响应的光电阴极,可将人眼不能直接可见的 X 射线、紫外线、近红外线或中红外线照明的景物图像转换为相应的光电子图像,通过 MCP 电子倍增、荧光屏电光转换,再现为人眼可见的、亮度得到了增强的图像。

属于这类特点的像增强器的光电阴极有:

(1) S-1 或 Ag-O-Cs 光电阴极:响应波段 0.8~1.2μm,用于零代夜视仪中。

(2) 多碱阴极或 Sb-K-Na-Cs 光电阴极:主要响应波段为可见光区域,用于第Ⅰ代、第Ⅱ代微光夜视仪中。

(3) GaAs 光电阴极:可见和近红外波段有高响应,用于第Ⅲ代微光夜视仪中。

(4) 其他特种光电阴极:GaP/GaInAs(0.9~1.65μm)、PbTe/PbSnTe(3~5μm 和 8~12μm)以及各种紫外光电阴极和 X 射线光电阴极等。

3. 高速摄影

由于光电子在真空腔体中受电子透镜聚焦、偏转、加速飞行及在 MCP 中倍增整个过程的渡越时间非常短,加上采用场助光电阴极结构以缩短其体内光生电子向后界面传输和逸入真空的时间,这一快速响应特性可以用来实现皮秒(10^{-12}s),甚至飞秒(10^{-15}s)级瞬变景物的高速摄影。属于此类应用的电子快门器件称为条纹像管。

4. 电视传输兼容性

像增强器可作为各类摄像器件的输入级,构成微光电视系统。主要器件有 SIT(特性增强式硅靶管)、ICCD(特性增强式 CCD)、EBCCD(电子轰击 CCD)、EBPSD(电子轰击式位敏器)、MAMA 及 BABA(多阳极位敏探测)成像器件等。

二、微光像增强器的典型结构和技术特点

1. 双平面近贴像管(Ⅰ代近贴管)

图 2-19 表示了双平面近贴像管的结构图。其技术特点是:具有近贴型电子透镜聚焦,无畸变,亮度增益 50 左右。可与其他类型成像器件通过光纤面板耦合,以提高亮度增益。

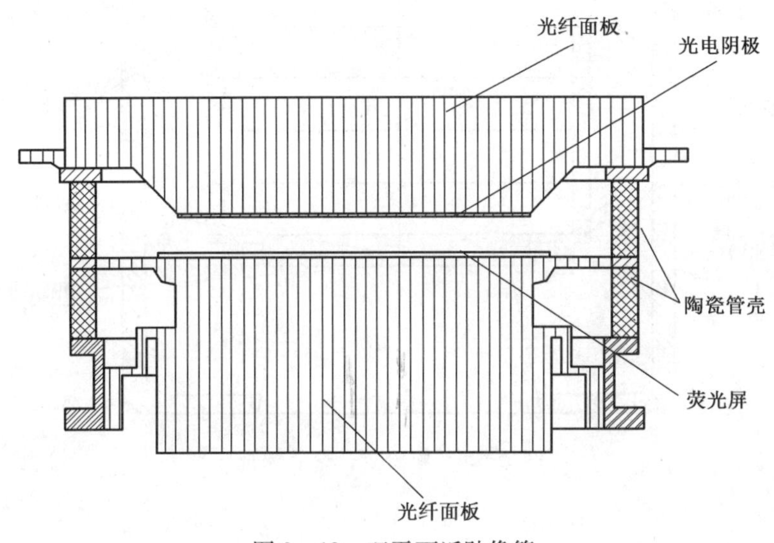

图 2-19　双平面近贴像管

2. 电磁复合聚焦像管

图 2-20 表示了电磁复合聚焦像管结构图,其技术特点是电磁复合聚焦,平面光阴极和荧光屏,具有清晰的图像质量,成像为正像,每级亮度增益可达 50~100,三级串联可达 10^6以上(通常为 2.5×10^4~10^5),三级串联后鉴别率可达 30~45lp/mm。

3. 静电聚焦像管(Ⅰ代倒像式微光管)

图 2-21 和图 2-22 分别表示单级和三级级联的Ⅰ代微光管。其技术特点是:

(1) 多碱(Sb-K-Na-Cs)光电阴极,灵敏度≥255μA/lm。

(2) 光电阴极/荧光屏双球面同心球电子光学系统,成倒像,放大率可调。

(3) 光电阴极载体和荧光屏载体均为光纤面板,管外端为平面,内壁为球面。这种像管的优点是:可兼顾解决物(目)镜光学透镜需平像场与管内的同心球电子光学系统要求有球形物面和像面之间的矛盾,简化了设计,改进了像质。

(4)光纤面板的引入有利于多级微光管级联,提高了亮度增益。

4. Ⅰ代微光选通像管

图 2-23 表示了Ⅰ代微光选通像管结构。选通管是实现皮秒(10^{-12}~10^{-15}s)高速摄影的最有效电子快门;与Ⅰ代微光倒像管相比,电子光学系统多了三个电极;选通工作时

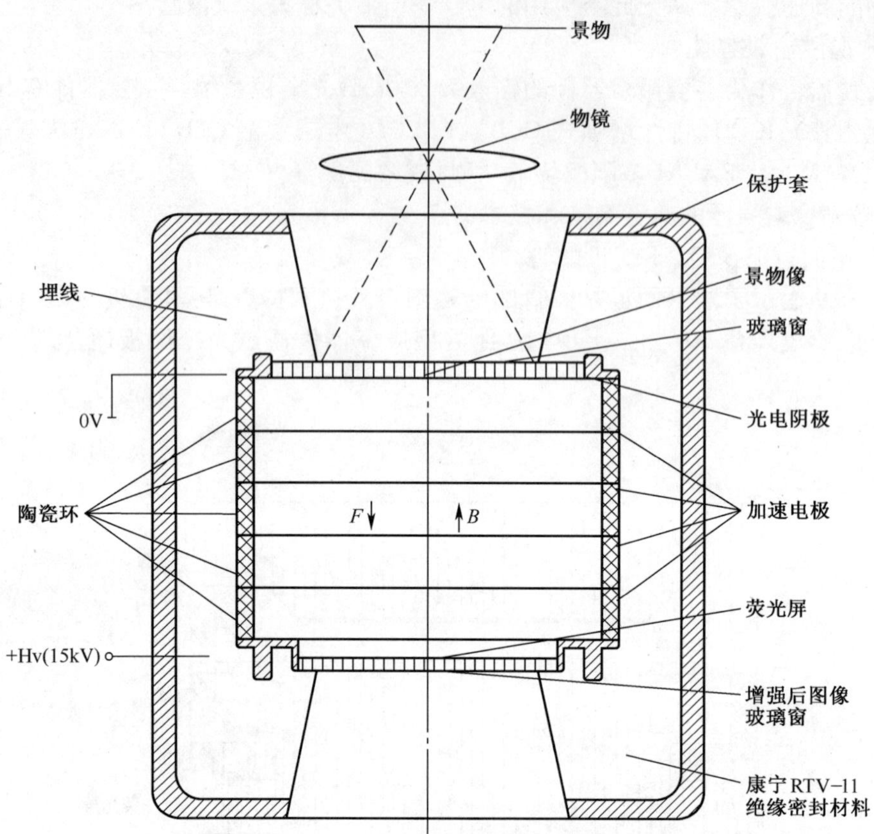

图 2-20 电磁复合聚焦像管

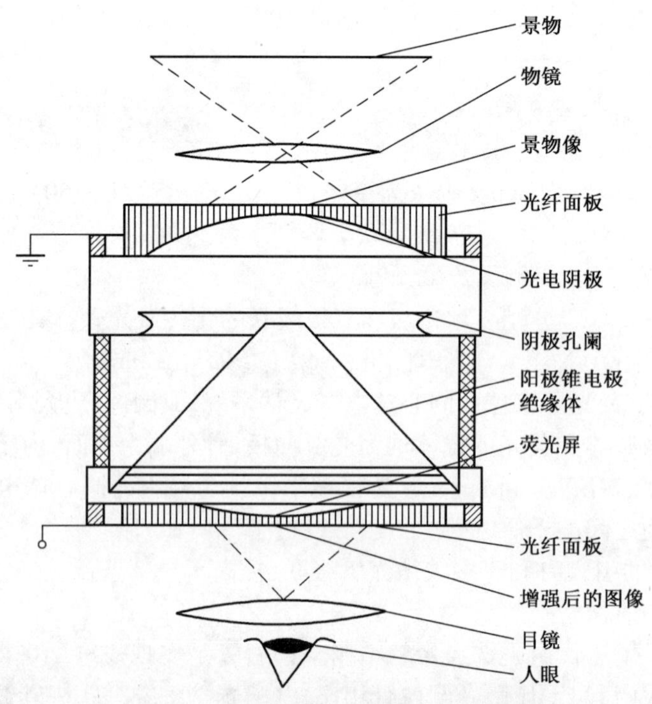

图 2-21 单级Ⅰ代微光(静电聚焦)像管

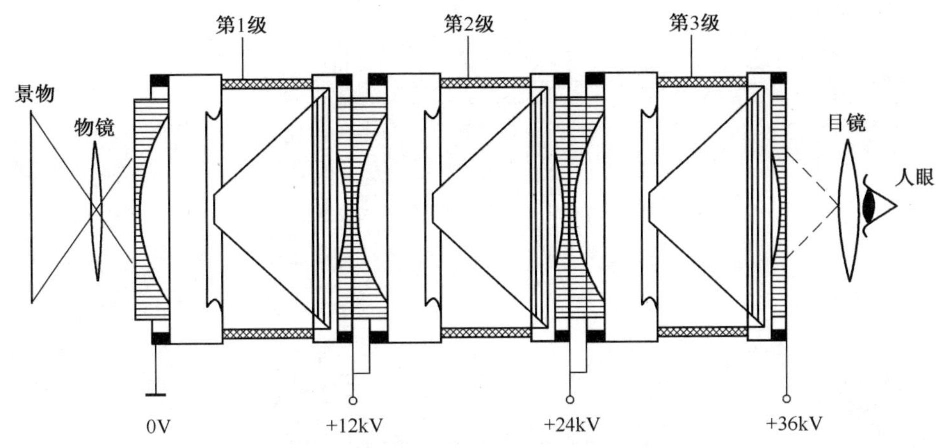

图 2-22　三级级联Ⅰ代微光(静电聚焦)像管

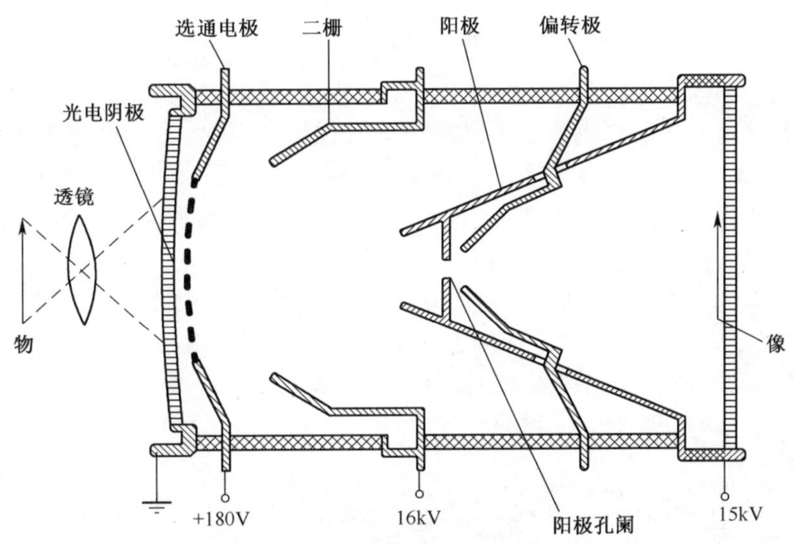

图 2-23　Ⅰ代微光选通像管

加-1500V 电压,起拒斥电子作用,使器件处于截止状态。这种像管具有 2 个栅极,构成六电极系统,一个为球形栅极,靠近光电阴极,较低的选通电压,即可使光电子流截止,大大简化了脉冲选通电路。图中的偏转电极,使器件变成一"条纹像管",可从同一荧光屏上连续(或断续)拍摄瞬态光现象过程的不同时刻的多幅照片。

这种像管的用途是:用于电光跟踪、选通夜视、运动图像补偿、电子图像稳定和高速摄像。

5. Ⅰ代微光变倍像管

图 2-24 表示Ⅰ代微光变倍像管的结构图。其技术特点是:在微光管阳极和荧光屏之间,设置一缩小倍率电子透镜(变倍电极)。当阳极与荧光屏处于等电位时,像管放大率 $m=1$;但当阳极电压 $V_a=+3\text{kV}$,荧光屏压 $V_p=15\text{kV}$ 时,像管放大率 $m=0.2$。通过调节 V_a 从 3~15kV 变化,m 可由 0.2 变倍到 1.0 倍。

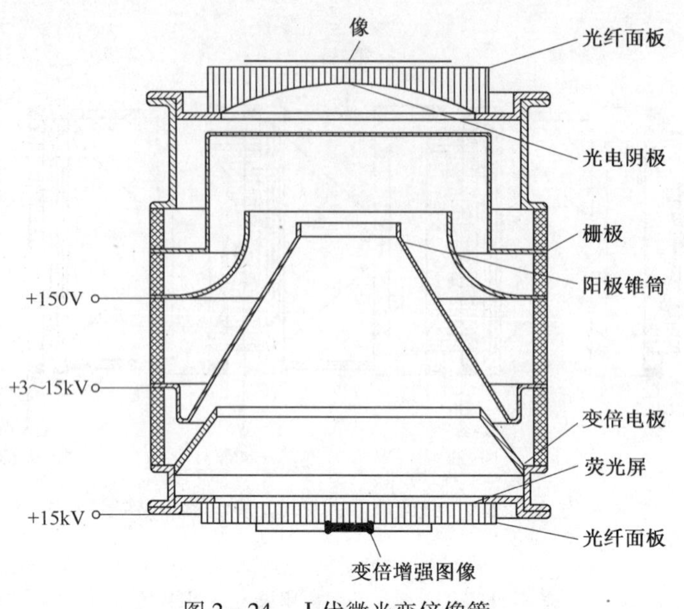

图 2-24　Ⅰ代微光变倍像管

6. Ⅱ代微光倒像管

图 2-25 表示Ⅱ代微光倒像管的结构图。其技术特点是:①具有高灵敏度多碱光电阴极,灵敏度 225~450μA/lm;②并入了 MCP,单 MCP 电子增益可达 1000 倍以上,整管亮度增益达 10^4~10^5,可与三级Ⅰ代微光管相比拟;③MCP 具有电流增益饱和特性,可抑制荧光屏在强光输入情况下引起的"过荷开花"或晕光效应,扩展了微光仪器在炮火连天等强光环境下工作的适应性;④代替三级级联Ⅰ代管,缩小了体积,减轻了重量;⑤静电电子光学系统,倒像,小几何畸变,有专门的电子陷阱电极(MCP 输入电位低于锥电极电位),可减少正离子反馈,消除晕光现象。

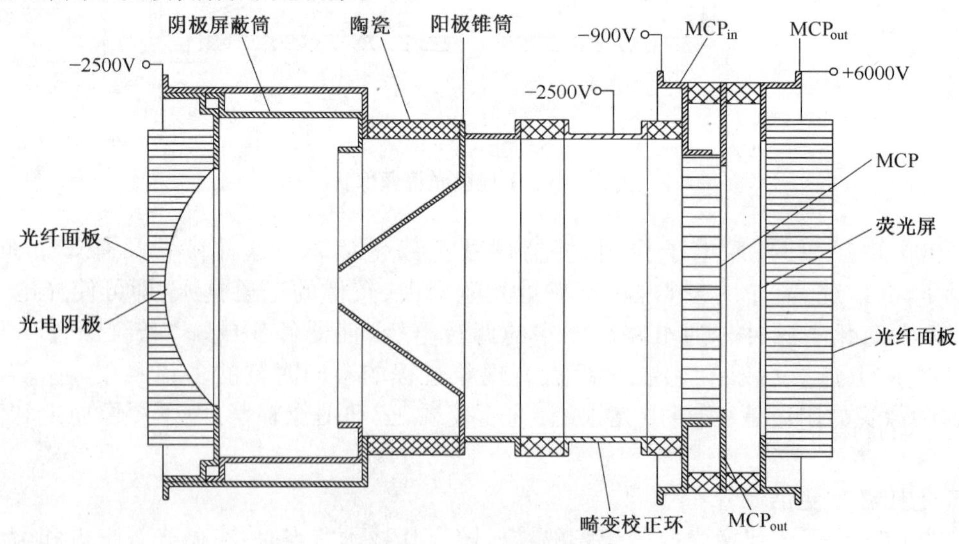

图 2-25　Ⅱ代微光倒像管

7. Ⅱ代微光近贴(薄片)像管

图 2-26 表示Ⅱ代微光近贴像管结构图。其技术特点是:①并入了 MCP,亮度增益可

达 10000~15000，无晕光现象；②双近贴电子光学系统，单铟封结构，无几何畸变；③尺寸小，重量轻，是微光夜视眼镜的核心器件；④光电阴极/荧光屏图像同向传递（光纤面板输出屏）和反向传递（光纤扭像器输出屏）；⑤MCP 之通道斜切角一般为 5°，在一定程度上减少离子反馈，而且，5°偏置角恰是光电子撞击 MCP 得到高二次电子发射率的最优化角度。

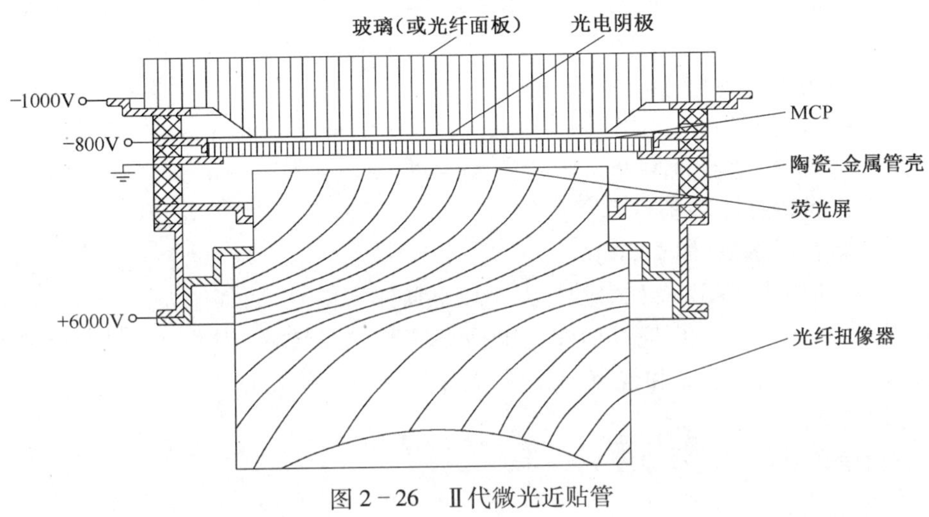

图 2－26　Ⅱ代微光近贴管

8. Ⅲ代微光近贴（薄片）像管

图 2－27 表示Ⅲ代微光近贴像管的结构图。其技术特点是：①具有高灵敏度 GaAs－NEA 光电阴极，灵敏度 800~2600μA/lm，使Ⅲ代微光仪器的视距比Ⅱ代微光仪器提高到 1.5~2 倍以上，可在 10^{-4}lx 夜天光照度（漆黑夜晚）光量子噪声限制条件下获得成像分辨水平；②并入高增益、低噪声、带 Al_2O_3 离子壁垒的 MCP，原则上根除了离子反馈，延长了器件寿命，减少了器件暗噪声；③近贴电子光学系统，双铟封结构，无畸变。其他特点与Ⅱ代近贴管相同。

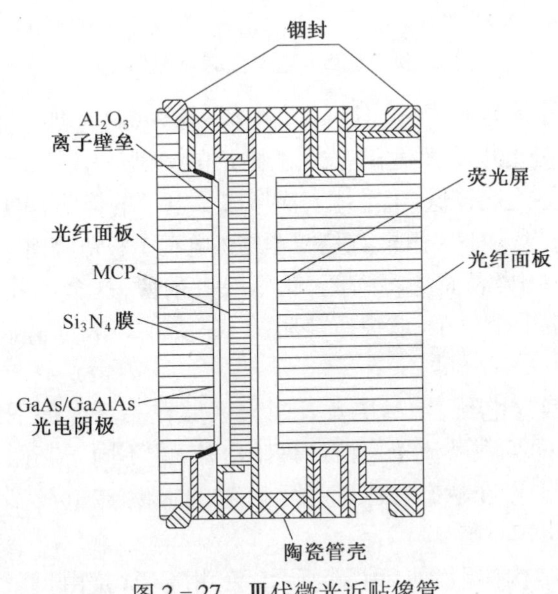

图 2－27　Ⅲ代微光近贴像管

2.2 固体摄像器件

2.2.1 电荷耦合摄像器件(CCD)

固体摄像器件的功能是把光学图像转换为电信号,即把入射到传感器光敏面上按空间分布的光强信息(可见光/红外辐射等)转换为按时序串行输出的电信号——视频信号,由视频信号再现入射的光辐射图像。

固体摄像器件主要有三大类:电荷耦合器件(Charge Coupled Device,CCD);互补金属氧化物半导体图像传感器(CMOS);电荷注入器件(Charge Injection Device,CID)。

目前,前两种固体摄像器件用得比较多。

一、电荷耦合摄像器件(CCD)

与其他器件相比,CCD 最突出的特点是以电荷作为信号,而其他大多数器件是以电流或者电压作为信号。CCD 的基本功能是电荷存储和电荷转移,因此,CCD 工作过程就是信号电荷的产生、存储、传输和检测的过程,其中电荷的产生是依靠半导体的光电特性,用光注入的办法产生。

1. 电荷耦合器件的基本原理

1) 电荷存储

图 2-28 表示电荷存储的基本原理。构成 CCD 的基本单元是 MOS(金属-氧化物-半导体)电容器, MOS 电容器能够存储电荷。

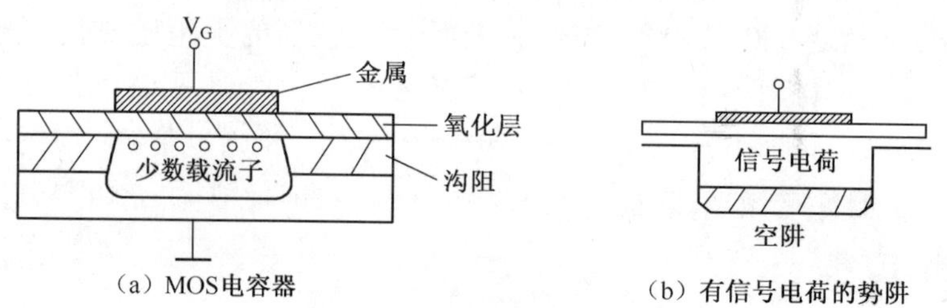

图 2-28 电荷存储原理

如果 MOS 中的半导体是 p 型硅,当在金属电极(称为栅)上加一个正的阶梯电压时(衬底接地),$Si-SiO_2$界面处的电势发生相应变化,附近的 p 型硅中多数载流子-空穴被排斥,形成耗尽层,如果栅电压势能比较低,半导体表面形成了电子的势阱,可以用来存储电子。

当半导体表面存在势阱时,如果有信号电子(电荷)来到势阱或在其附近,便可聚集在表面。电子来到势阱中,表面势将降低,耗尽层将减薄,这个过程称为电子逐渐填充势阱。势阱中能够容纳多少个电子,取决于势阱的"深浅",即表面势又随栅电压而变化,栅电压越大,势阱越深。

如果没有外来的信号电荷,耗尽层及其附近区域在一定温度下产生的电子将逐渐填满势阱,这种由热产生的少数载流子电流叫做暗电流,它不同于光照下产生的载流子。因此,电荷耦合器件必须工作在瞬态和深度耗尽状态,才能存储电荷。

2) 电荷转移

典型的三相 CCD 结构如图 2-29(a)所示。三相 CCD 是由每三个栅为一组的间隔紧密的 MOS 结构组成的阵列。每相隔两个栅的栅电极连接到同一驱动信号上，亦称时钟脉冲。三相时钟脉冲的波形如图 2-29(b)所示。

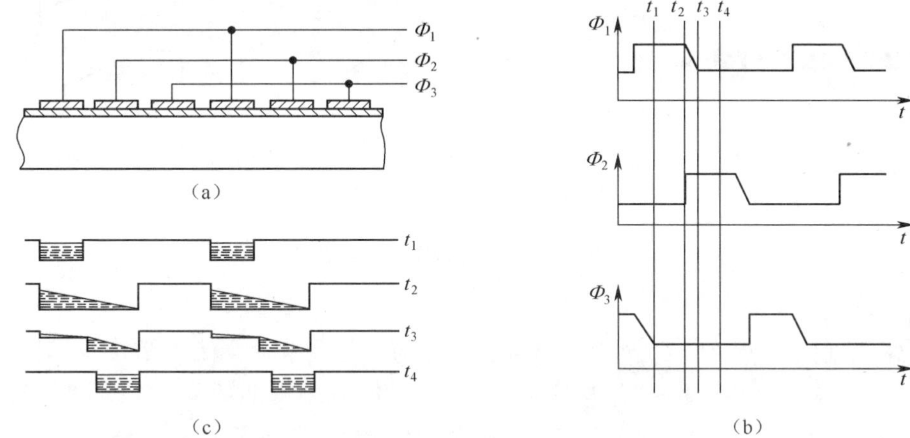

图 2-29 三相电极结构及电荷转移原理

在 t_1时刻，Φ_1 为高电位，Φ_2、Φ_3 为低电位。此时 Φ_1 电极下的表面势最大，势阱最深。假设此时已有信号电荷(电子)注入，则电荷就被存储在 Φ_1 电极下的势阱中。

t_2时刻，Φ_1、Φ_2 为高电位，Φ_3 为低电位，则 Φ_1、Φ_2 下的两个势阱的空阱深度相同，但因 Φ_1 下面存储有电荷，则 Φ_1 势阱的实际深度比 Φ_2 电极下面的势阱浅，Φ_1 下面的电荷将向 Φ_2 下转移，直到两个势阱中具有同样多的电荷。

t_3时刻，Φ_2 仍为高电位，Φ_3 仍为低电位，而 Φ_1 由高到低转变。此时 Φ_1 下的势阱逐渐变浅，使 Φ_1 下的剩余电荷继续向 Φ_2 下的势阱中转移。

t_4时刻，Φ_2 为高电位，Φ_1、Φ_3 为低电位，Φ_2 下的势阱最深，信号电荷都被转移到 Φ_2 下的势阱中，这与 t_1时刻的情况相似，但电荷包向右移动了一个电极的位置。

上述各时刻的势阱分布及电荷包的转移情况如图 2-29(c)所示。

当经过一个周期 T 后，电荷包将向右转移三个电极位置，即一个栅周期(也称一位)。因此，时钟的周期变化，就可使 CCD 中的电荷包在电极下被转移到输出端，其工作过程从效果上看类似于数字电路中的移位寄存器。

为了简化外围电路，发展了多种两相 CCD 结构。图 2-30(a)为“阶梯氧化层”两相结构。每一相电极下的绝缘层为阶梯状，由此形成的势阱也为阶梯状。两相时钟波形如图 2-30(b)所示，电荷包的转移过程示于图 2-30(c)中。

由半导体物理可知，在垂直于界面的方向上，信号电荷的势能在界面处最小。因此，信号电荷只在贴近界面的极薄衬底层内运动，将这种转移沟道在界面的 CCD 器件称为表面沟道器件，即 SCCD(Surface Channel CCD)。前面介绍的就是表面沟道 CCD 器件。

两相电极结构的优点是工艺简单，动态范围大。其缺点是信号电荷在转移过程中受到表面态的影响，使转移速度和转移效率降低，不宜制成长线阵及大面阵器件，工作频率一般在 10MHz 以下。

为避免上述不足，研制了体内沟道(或埋沟道 CCD)，即 BCCD(Bulk or Buried Channel CCD)。BCCD 的优点：用离子注入方法改变转移沟道的结构，使势能极小值脱离界面进入衬底内部，形成体内的转移沟道，避免了表面态的影响，使器件的转移效率高达

99.999%以上,工作频率可高达100MHz,能做成大规模器件。

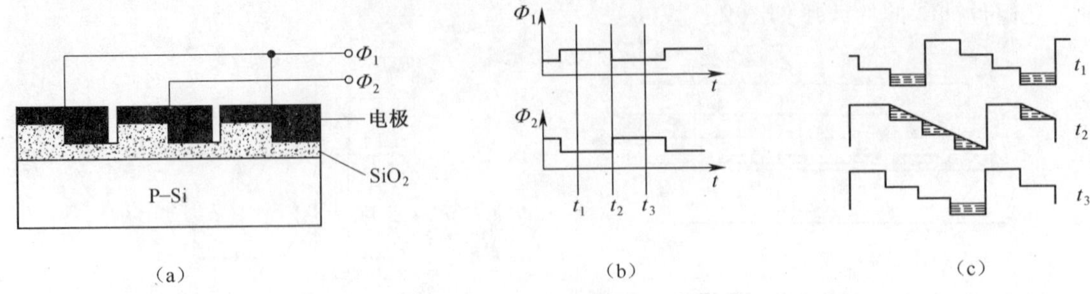

图2-30 两相电极结构及电荷转移

3）电荷检测

电荷输出结构有多种形式,如"电流输出"结构、"浮置扩散输出"结构及"浮置栅输出"结构。其中"浮置扩散输出"结构应用最广泛,其原理结构如图2-31(a)所示。输出结构包括输出栅OG、浮置扩散区FD、复位栅R、复位漏RD以及输出场效应管T等。所谓"浮置扩散"是指在P型硅衬底表面用V族杂质扩散形成小块的n^+区域,当扩散区不被偏置,即处于浮置状态工作时,称作"浮置扩散区"。

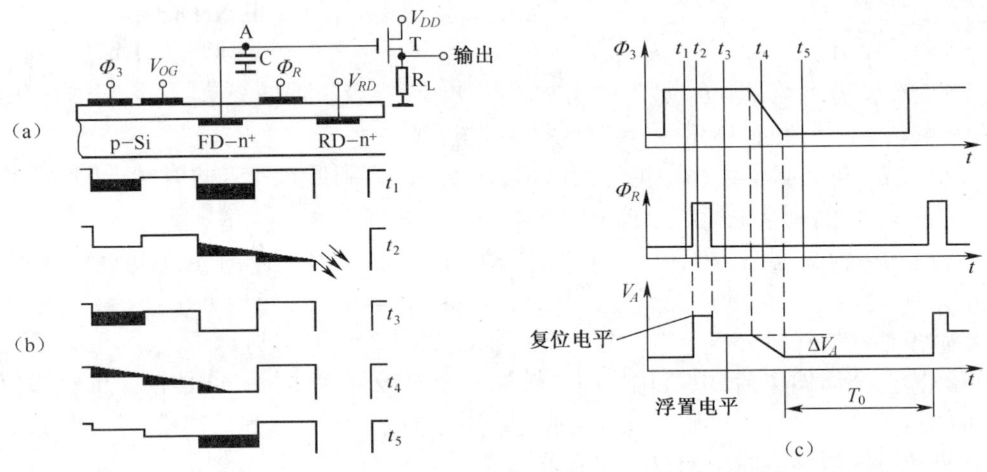

图2-31 信号电荷的检测

电荷包的输出过程是:

V_{OG}为正电压,在OG电极下形成耗尽层,使Φ_3与FD之间建立导电沟道。在Φ_3为高电位期间,电荷包存储在Φ_3电极下面。随后复位栅R加正复位脉冲Φ_R,使FD区与RD区沟通,因V_{RD}为正十几伏的直流偏置电压,则FD区的电荷被RD区抽走。复位正脉冲过去后FD区与RD区呈夹断状态,FD区具有一定的浮置电位。之后,Φ_3转变为低电位,Φ_3下面的电荷包通过OG下的沟道转移到FD区。此时FD区(即A点)的电位变化量为

$$\Delta V_A = \frac{Q_{FD}}{C} \tag{2-18}$$

式中:Q_{FD}为信号电荷包的大小;C为与FD区有关的总电容(包括输出管T的输入电容、分布电容等)。

输出过程的势阱分布如图2-31(b)所示。时钟波形与输出电压波形如图2-31(c)所示。

CCD 输出信号的特点是：信号电压是在浮置电平基础上的负电压，每个电荷包的输出占有一定的时间长度 Y，在输出信号中叠加有复位期间的高电平脉冲。

根据这个特点，对 CCD 的输出信号进行处理时，较多地采用了取样技术，以去除浮置电平、复位高脉冲及抑制噪声。

2. CCD 的工作原理

将 CCD 的电荷存储、转移的概念与半导体的光电性质相结合，导致了 CCD 摄像器件的出现。电荷耦合摄像器件可以有多种分类方法。

按结构可分为线阵 CCD 和面阵 CCD。

按光谱可分为可见光 CCD、红外 CCD、X 光 CCD 和紫外 CCD。可见光 CCD 又可分为黑白 CCD、彩色 CCD 和微光 CCD。

1）线阵 CCD

线阵 CCD 分类：双沟道传输与单沟道传输，如图 2－32 所示。两种结构的工作原理相仿，但性能略有差别。在相同的光敏元数量的情况下，双沟道转移次数是单沟道的一半，故双沟道转移效率比单沟道高，光敏元之间的最小中心距离也比单沟道的小一半。双沟道传输唯一的缺点是两路输出总有一定的不对称。

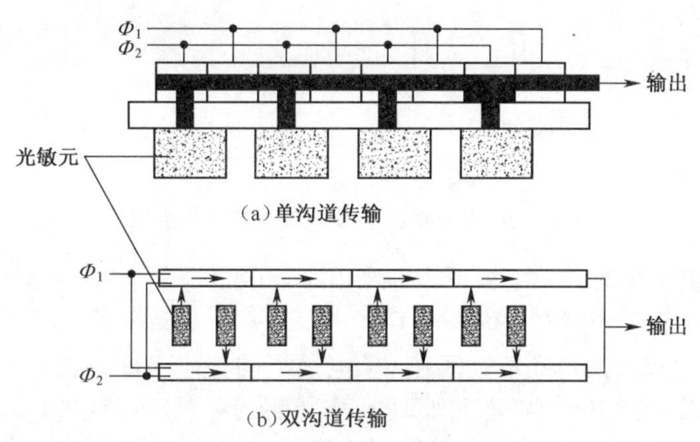

图 2－32　线阵 CCD 摄像器件

为了叙述方便，我们以单沟道传输器件为例说明工作原理。图 2－33 是一个有 N 个光敏元的线阵 CCD。由光敏区、转移栅、模拟移位寄存器（即 CCD）、电荷注入电路、信号读出电路等几部分组成。

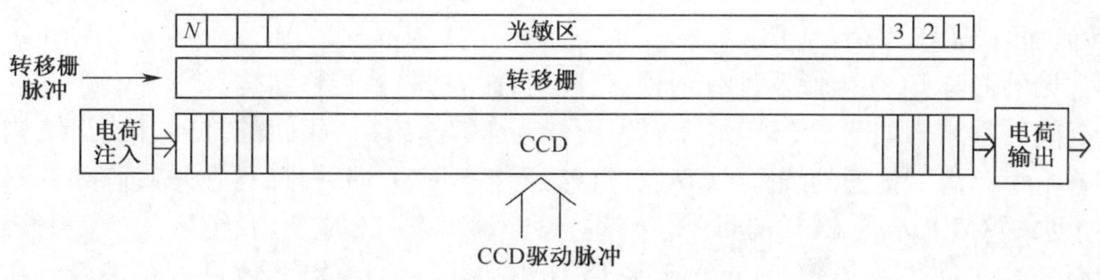

图 2－33　线阵 CCD 摄像器件的构成

光敏区的 N 个光敏元排成一列，光敏元主要有两种结构：MOS 结构和光电二极管结构（CCPD）。

CCPD 的优点:无干涉效应、反射损失和对短波段的吸收损失等,在灵敏度和光谱响应等光电特性方面优于 MOS 结构光敏元。所以目前普遍采用光电二极管结构。

转移栅位于光敏区和 CCD 之间,它是用来控制光敏元势阱中的信号电荷向 CCD 中转移。模拟移位寄存器(即 CCD)通常有二相、三相等几种结构,以二相结构为例,1 相为转移相,即光敏元下的信号电荷先转移到第一个电极下面。排列上,N 位 CCD 与 N 个光敏元一一对齐,每一位 CCD 有两相。最靠近输出端的那位 CCD 称为第一位,对应的光敏元为第一个光敏元,依次及远。各光敏元通向 CCD 的各转移沟道之间有沟阻隔开,而且只能通向每位 CCD 中的第一相。电荷注入部分,主要用来检测器件的性能,在表面沟道器件中则用来注入"胖零"信号,填充表面态,以减小表面态的影响,提高转移效率。

两相线阵 CCPD 器件工作波形如图 2-34 所示,光敏单元始终进行光积分。

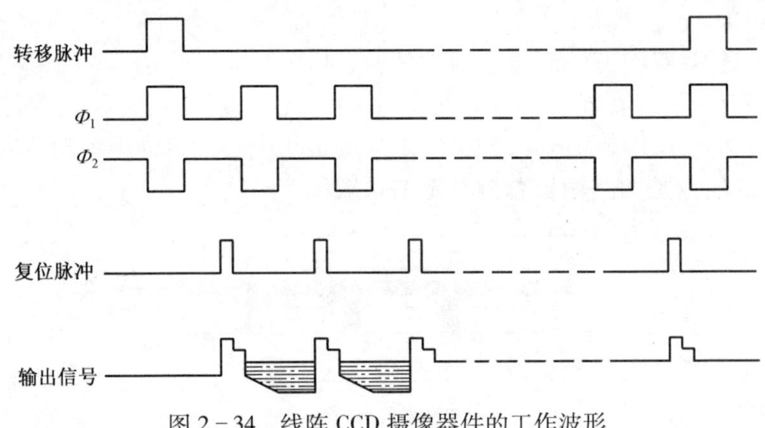

图 2-34 线阵 CCD 摄像器件的工作波形

当转移栅加高电平时,Φ_1 电极下也为高电平,光敏区和 Φ_1 电极下的势阱接通,N 个光信号电荷包并行转移到所对应的那位 CCD 中。

然后,转移栅加低电平,将光敏区和 Φ_1 电极下的势阱隔断,进行下一行积分。而 N 个电荷包依次沿着 CCD 串行传输,每驱动一个周期,各信号电荷包向输出端方向转移一位,第一个驱动周期输出的为第一个光敏元信号电荷包。

第二个驱动周期输出的为第二个光敏元信号电荷包,依此类推,第 N 个驱动周期传输出来的为第 N 个光敏元的信号电荷包。

当一行的 N 个信号全部读完,产生一个触发信号,使转移栅变为高电平,将新一行的 N 个光信号电荷包并行转移到 CCD 中,开始新的一行信号传输和读出,周而复始。

2) 面阵 CCD

常见的面阵 CCD 摄像器件有两种:行间转移结构与帧转移结构。

行间转移结构如图 2-35 所示,采用了光敏区与转移区相间的排列方式。结构相当于将若干个单沟道传输的线阵 CCD 图像传感器按垂直方向并排,再在垂直阵列的尽头设置一条水平 CCD,水平 CCD 的每一位与垂直列 CCD 一一对应、互相衔接。

面阵 CCD 的工作原理是:每当水平 CCD 驱动一行信息读完,就进入行消隐。在行消隐期间,垂直 CCD 向上传输一次,即向水平 CCD 转移一行信号电荷,然后,水平 CCD 又开始新的一行信号读出。以此循环,直至将整个一场信号读完,进入场消隐。在场消隐期间,又将新的一场光信号电荷从光敏区转移到各自对应的垂直 CCD 中。然后,又开始新

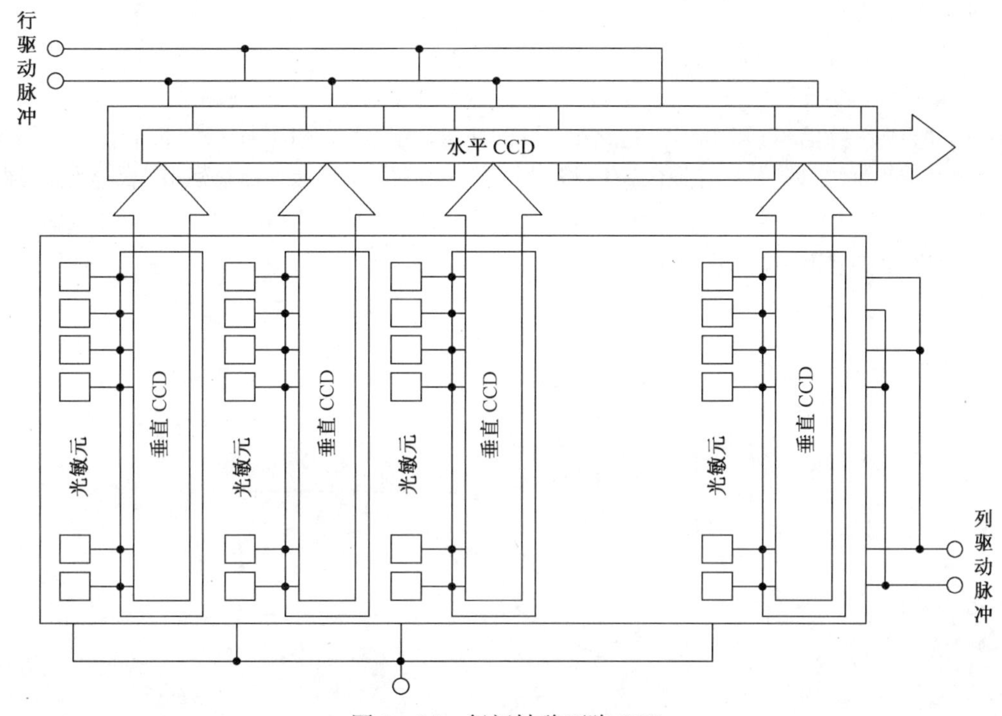

图 2-35　行间转移面阵 CCD

一场信号的逐行读出。

帧转移结构如图 2-36 所示,由三部分组成:光敏区、存储区和水平读出区。这三部分都是 CCD 结构,在存储区及水平区上面均由铝层覆盖,以实现光屏蔽。光敏区与存储区 CCD 的列数与位数均相同,而且每一列是相互衔接的。不同之处是光敏区面积略大于存储区,当光积分时间到后,时钟 A 与 B 均以同一速度快速驱动,将光敏区的一场信息转移到存储区。然后,光敏区重新开始另一场的积分,时钟 A 停止驱动,一相停在高电平,另一相停在低电平。同时,转移到存储区的光信号逐行向水平 CCD 转移,再由水平 CCD 快速读出。光信号由存储区到水平 CCD 的转移过程与行间转移面阵 CCD 相同。

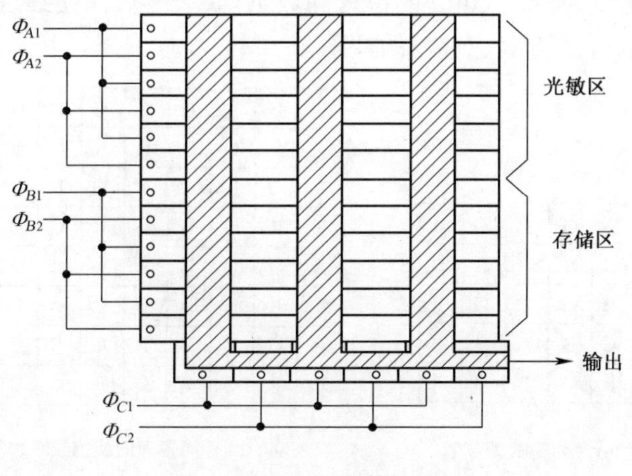

图 2-36　帧转移面阵 CCD

两种面阵结构各自优点：

行间转移比帧转移的转移次数少，帧转移的光敏区占空因子比行间转移高。

3）彩色 CCD

为了形成彩色信号，彩色 CCD 摄像机目前主要有三片式和单片式两种。三片式 CCD 是传统的摄像方式，该方式用分色棱镜将入射光分成红（R）、绿（G）、蓝（B）三基色。然后由配置在后面的 CCD 器件转换为电信号。三片式 CCD 成像质量好，主要用于电视台等高质量的摄像机，如图 2－37 所示。

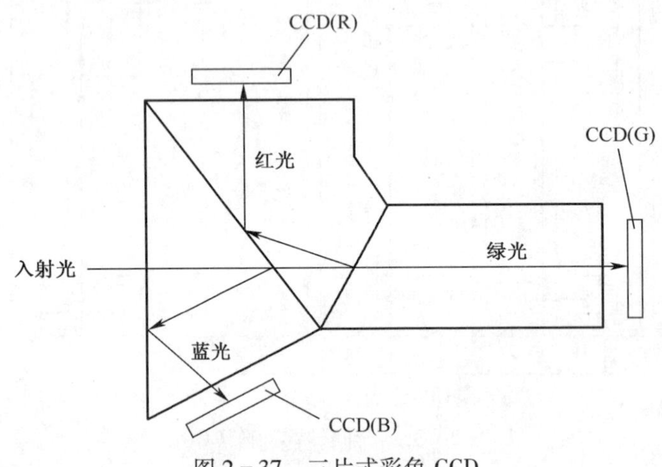

图 2－37　三片式彩色 CCD

单片式彩色 CCD 的关键部分是滤色器阵列。

滤色器阵列的制作方法有两种：①将滤色器阵列制作好后，按规定的方式与 CCD 器件组合在一起；②在 CCD 制作完毕后再在其上制作滤色器阵列。

图 2－38 所示是两种常用的滤色器形式，拜尔（Bayer）方式滤色器中，从色单元的数量看绿色信号占了一半，而红、蓝色单元则占了另一半，在这种方式中亮度信号从绿色单元中取出。这种排列方式在行间转移 CCD 器件和隔行读出的其他器件中，由于奇数场只能取出 R、G 信号，而偶数场只能取出 G、B 信号，因此重现的彩色图像会引起黄、蓝闪烁。行间排列的滤色器方式中，绿色单元的位置和数量均不变化，而使红、蓝色在各行都有，显然这种方式可以克服拜尔方式滤色器的缺陷。

R	G	R	G	R
G	B	G	B	G
R	G	R	G	R
G	B	G	B	G
R	G	R	G	R

(a) 拜尔方式滤色器

R	G	B	G	R	G	B	G
G	R	G	B	G	R	G	B
R	G	B	G	R	G	B	G
G	R	G	B	G	R	G	B
R	G	B	G	R	G	B	G
G	R	G	B	G	R	G	B
R	G	B	G	R	G	B	G
G	R	G	B	G	R	G	B

(b) 行间排列的滤色器

图 2－38　滤色器的形式

3. CCD 的特性参数

1）转移效率

转移效率 η 是指电荷包在进行每一次转移中的效率，即电荷包从一个栅转移到下一个栅时，有 η 部分的电荷转移过去，余下 ε 部分没有被转移，ε 称转移损失率，根据电荷守恒原理：

$$\eta = 1 - \varepsilon \tag{2-19}$$

由定义可知一个电荷量为 Q_0 的电荷包，经过 n 次转移后的输出电荷量为

$$Q_n = Q_0\eta^n \tag{2-20}$$

总效率为

$$Q_n/Q_0 = \eta^n \tag{2-21}$$

由于 CCD 中的信号电荷包大都要经历成百上千次的转移，即使 η 值接近 1，但其总效率往往仍然很低。例如二相 1024 位器件，当 $\eta = 0.999$ 时，总效率不到 0.13。不难理解，一个器件的总效率太低时，就失去了实用价值。所以，一定的 η 值，限定了器件的最长位数。目前，表面沟道 CCD 的 η 值接近 0.9999；埋沟道 CCD 的 η 值高于 0.99999。可见，在达到同样高的总效率下，埋沟道 CCD 可以研制的位数比表面沟道大得多。

2）不均匀度

CCD 成像器件的不均匀性包括光敏元的不均匀与 CCD 的不均匀。这里只讨论光敏元的不均匀性，认为 CCD 是近似均匀的，即每次转移的效率一样。

光敏元响应不均匀的原因是：工艺过程和材料不均匀引起，越是大规模的器件，均匀性问题越是突出，这往往是成品率下降的重要原因。

我们称光敏元响应的均方根偏差对平均响应的比值为 CCD 的不均匀度 σ：

$$\sigma = \frac{1}{\overline{V_0}}\sqrt{\frac{1}{N}\sum_{n=1}^{N}(V_{on} - \overline{V_0})^2} \tag{2-22}$$

$$\overline{V_0} = \frac{1}{N}\sum_{n=1}^{N}V_{on} \tag{2-23}$$

式中：V_{on} 为第 n 个光敏元原始响应的等效电压；$\overline{V_0}$ 为平均原始响应等效电压；N 为线列 CCD 的总位数。

由于转移损失的存在，CCD 的输出信号 V_n 与它所对应的光敏元的原始响应 V_{on} 并不相等。根据总损失公式，在测得 V_n 后，可求出 V_{on}：

$$V_{on} = \frac{V_n}{\eta^{np}} \tag{2-24}$$

式中：p 为 CCD 的相数。将上式求得的 $V_{on}(n=1,2,\cdots,N)$ 值代入式(2-22)、式(2-23)，就可求出 N 位线阵 CCD 摄像器件的不均匀度 σ 值。

$V_n(n=1,2,\cdots,N)$ 必须是单电荷包光注入时的输出信号，因此，测试系统必须要有一套小光点自动扫描系统。对于转移效率比较高，在总转移损失可忽略的情况，式(2-24)可简化为

$$V_{on} \approx V_n \tag{2-25}$$

即认为 CCD 的输出信号就是光敏元的原始信号，则不均匀性的测量可以不用小光点

扫描,而采用均匀面光源的方法。

不均匀度的表示方法目前尚未统一,人们可以根据各自的测试条件,选择类似的表示方法。

3）暗电流

CCD 成像器件在既无光注入又无电注入情况下的输出信号称为暗信号,即暗电流。暗电流的根本原因在于耗尽层产生复合中心的热激发。由于工艺过程不完善及材料不均匀等因素的影响,CCD 中暗电流密度的分布是不均匀的。所以,通常以平均暗电流密度来表征暗电流大小。暗电流的危害有两个方面:

① 限制器件的低频限。当信号电荷沿着势阱存储与转移时,热激发产生的暗电流每时每刻地加入到信号电荷包中,不仅引起附加的散粒噪声,而且占据越来越多的势阱容量。为了减少暗电流的这种影响,应尽量缩短信号电荷的存储与转移时间。所以,暗电流的存在,限制了 CCD 驱动频率的低频限。

② 引起固定图像噪声。由于 CCD 光敏元处于积分工作状态,光敏区的暗电流也与光信号电荷一样,在各光敏元中积分,形成一个暗信号图像,叠加到光信号图像上,引起固定图像噪声,尤其是由于工艺的原因或材料的不完整造成某些缺陷,引起高密度地产生复合中心,出现个别暗电流尖峰,将使一幅清晰完整的图像产生某些“亮条”或“亮点”。

4）灵敏度(响应度)

灵敏度是指在一定光谱范围内,单位曝光量的输出信号电压(电流)。曝光量是指光强与光照时间之积,也相当于投射到光敏元上的单位辐射功率所产生的电压(电流),其单位为 V/W(或 A/W)。实际上摄像器件在整个波长范围的响应度就是对应的平均量子效率。所以 CCD 的光谱响应基本上由光敏元材料决定(包括材料的均匀性),也与光敏元结构尺寸差异、电极材料和器件转移效率不均匀等因素有关。

5）光谱响应

CCD 的光谱响应是指等能量相对光谱响应,最大响应值归一化为 100%所对应的波长,称峰值波长 λ_{max},通常将 10%(或更低)的响应点所对应的波长称截止波长。有长波端的截止波长与短波端的截止波长,两种截止波长之间所包括的波长范围称光谱响应范围。

6）噪声

CCD 的噪声可归纳为三类:散粒噪声、转移噪声和热噪声。

(1) 散粒噪声。在 CCD 中,无论是光注入、电注入还是热产生的信号电荷包的电子数总有一定的不确定性,也就是围绕平均值上下变化,形成噪声。这种噪声常称为散粒噪声,它与频率无关,是一种白噪声。

(2) 转移噪声。转移噪声主要是由转移损失及表面态俘获引起的噪声,这种噪声具有积累性和相关性。积累性是指转移噪声在转移过程中逐次积累起来的,与转移次数成正比。相关性是指相邻电荷包的转移噪声是相关的,因为电荷包在转移过程中,每当有一过量 ΔQ 电荷转移到下一个势阱时,必然在原来势阱中留下一减量 ΔQ 电荷,这份减量电荷叠加到下一个电荷包中,所以电荷包每次转移要引进两份噪声。这两份噪声分别与前、后相邻周期的电荷包的转移噪声相关。

(3) 热噪声。热噪声是由于固体中载流子的无规则热运动引起的,在 0K 以上,无论其中有无外加电流通过,都有热噪声,对信号电荷注入及输出影响最大,它相当于电阻热噪声和电容的总宽带噪声之和。

以上 3 种噪声是独立无关的,所以 CCD 的总功率噪声应是它们的均方和,如表 2-1 所列。

表 2-1　CCD 的噪声

噪声种类	噪声电子数
注入噪声	≈400
转移噪声 SCCD	≈1000
BCCD	≈100
输出噪声	≈400
总均方根载流子变化	
SCCD	1150
BCCD	570

7）分辨率

分辨率是摄像器件最重要的参数之一,它是指摄像器件对物象中明暗细节的分辨能力。测试时用专门的测试卡。目前国际上一般用 MTF 表示分辨率。

8）动态范围和线性度

CCD 成像器件动态范围的上限决定于光敏元满阱信号容量,下限决定于摄像器件能分辨的最小信号,即等效噪声信号,故 CCD 摄像器件的动态范围定义为

$$动态范围=光敏元满阱信号\div 等效噪声信号 \tag{2-26}$$

等效噪声信号是指 CCD 正常工作条件下,无光信号时的总噪声,等效噪声信号可用峰-峰值表示,也可用均方根值表示。通常噪声的峰-峰值为均方根值的 6 倍,因此由两种值算得的动态范围也相差 6 倍。

通常 CCD 摄像器件光敏元的满阱容量约 $10^6 \sim 10^7$ 电子,均方根总噪声约 10^3 电子数量级,故动态范围在 $10^3 \sim 10^4$ 数量级。

线性度是指在动态范围内,输出信号与曝光量的关系是否呈直线关系。

通常在弱信号及接近满阱信号时,线性度比较差。在弱信号时,器件噪声影响大,信噪比低,引起一定的离散性;在接近满阱时,由于光敏元下耗尽区变窄,使量子效率下降,灵敏度降低,所以,线性度变差。在动态范围的中间区域,非线性度基本为零。

2.2.2　CMOS 摄像器件

CMOS(即互补金属氧化物半导体)摄像器件能够迅速发展,一是基于 CMOS 技术的成熟;二是得益于固体光电摄像器件技术的研究成果。采用 CMOS 技术可以将光电摄像器件阵列、驱动和控制电路、信号处理电路、模/数转换器、全数字接口电路等完全集成在一起,可以实现单芯片成像系统。这种片式摄像机用标准逻辑电源电压工作,仅消耗几十毫瓦的功率。

一、CMOS 像素结构

CMOS 摄像器件的像素结构可分为:无源像素型(PPS)、有源像素型(APS)。

1. 无源像素结构

无源像素结构如图 2－39(a)所示,它由一个反向偏置的光电二极管和一个开关管构成。工作原理是:当像素被选中激活时,开关管 Tx 选通,光电二极管中由于光照产生的信号电荷通过开关管到达列总线,在列总线下端有一个电荷积分放大器,该放大器将信号电荷转换为电压输出。列总线下的放大器在不读信号时,保持列总线为一常数电平。当光电二极管存储的信号电荷被读取时,其电压被复位到列总线电平。

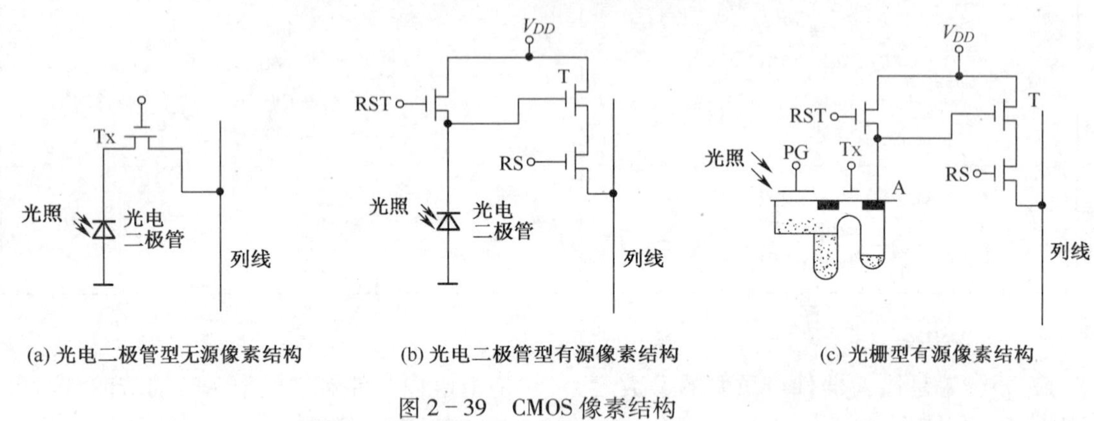

(a) 光电二极管型无源像素结构　(b) 光电二极管型有源像素结构　(c) 光栅型有源像素结构

图 2－39　CMOS 像素结构

无源像素型的优点是结构简单、像素填充率高、量子效率比较高。其缺点是因传输线电容较大,读出噪声较高,噪声随着像素数目增加,读出速率加快,读出噪声变得更大。

2. 有源像素结构

在像元内引入缓冲器或放大器可以改善像元的性能,像元内有有源放大器的传感器称有源像素传感器。有源像素结构优点是每个放大器仅在读出期间被激发,功耗比较小。其缺点是与无源像素结构相比,填充系数小,典型值为 20%~30%。在 CMOS 上制作微透镜阵列,可以等效提高填充系数。

光电二极管型有源像素(PP－APS)的结构如图 2－39 (b)所示,由光电二极管、复位管 RST、漏极跟随器 T 和行选通管 RS 组成。其工作原理是光照射到光电二极管产生信号电荷,这些电荷通过漏极跟随器缓冲输出,当行选通管选通时,电荷通过列总线输出,行选通管关闭时,复位管 RST 打开对光电二极管复位。成像质量处于中低水平。

光栅型有源像素结构(PG－APS)如图 2－39(c)所示,由光栅 PG、开关管 Tx、复位管 RST、漏极跟随器 T 和行选通管 RS 组成。其工作原理是当光照射像素单元时,在光栅 PG 处产生信号电荷,同时复位管 RST 打开,对势阱进行复位,复位完毕,复位管关闭,行选通管打开势阱复位后的电势由此通路被读出并暂存起来,之后,开关管打开,光照产生的电荷进入势阱并被读出。前后两次读出的电位差就是真正的图像信号。这种结构的成像质量较高。

二、CMOS 像素结构摄像器件的总体结构

CMOS 摄像器件的总体结构框图如图 2－40 所示,由像素(光敏单元)阵列、行选通逻辑、列选通逻辑、定时和控制电路、模拟信号处理器(ASP)和 A/D 变化等部分组成。

CMOS 摄像器件的工作原理是:外界光照射像素阵列,产生信号电荷,行选通逻辑单元根据需要选通相应的行像素单元,行像素内的信号电荷通过各自所在列的信号总线传

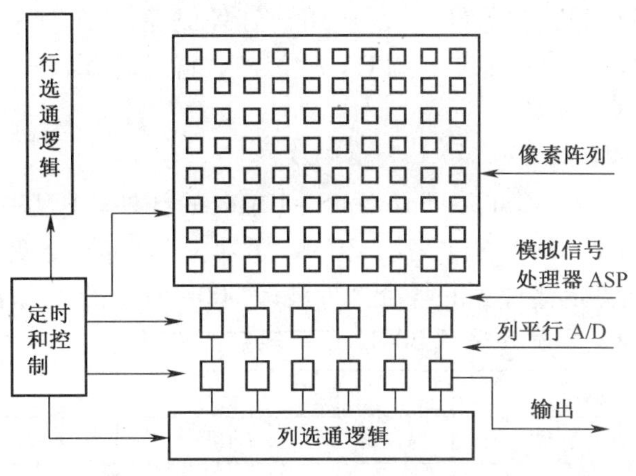

图 2-40　CMOS 摄像器件的总体结构

输到对应的模拟信号处理器(ASP)及 A/D 变换器,转换成相应的数字图像信号输出。行选通单元可以对像素阵列逐行扫描,也可以隔行扫描。隔行扫描可以提高图像的视频,但会降低图像的清晰度。行选通逻辑单元和列选通逻辑单元配合,可以实现图像的窗口提取功能,读出感兴趣窗口内像元的图像信息。

2.2.3　电荷注入器件(CID)

电荷注入器件(CID)的特点是:光敏元结构与 CCD 相似,是两个靠得很近的、小的 MOS 电容,每个电容加高电压时均可收集和存储电荷。在适当的电压下,两者之间的电荷又可互相转移。其信号电荷读出方式和 CMOS 有类似之处,行信号电荷都需要送到列线读出。

CID 摄像技术需要把所收集的光生电荷通过注入到衬底而最后处理掉。在注入时,电荷必须复合掉,或者被收集掉,以免干扰下一次读出。

对于图像传感器,通常要用寿命长的材料,假如光生电荷短时间内复合不完,而被同一势阱或相邻势阱再收集,就会导致图像延迟和模糊增大。为此,多数 CID 摄像器件用外延材料制作,把位于光敏元阵列下面的外延结用作埋藏的收集极,用来收集注入的电荷。如外延层的厚度与光敏单元中心距相当,则大部分注入的电荷将被反相偏置的外延结收集,使注入干扰减至最小。正因为如此,CID 的抗光晕特性比 CCD 好。

CID 具有的优点是:①由于有外延结构,模糊现象低,无拖影;②整个有效面都是光敏面,实际上相当于减小了暗电流;③工作灵活,可工作在非破坏性读出方式;④设计灵活,可以实现随机读取方式。CID 的缺点是:①半透明金属电极(或多晶硅电极)对光子的吸收使光谱响应范围减小;②视频线电容大,输出噪声较大。

2.3　红外成像器件

2.3.1　红外焦平面器件

红外焦平面器件(IRFPA)是将 CCD 技术引入红外波段所形成的新一代红外探测器,

它是现代红外成像系统的关键器件,广泛应用于红外成像、红外搜索与跟踪系统、导弹寻的器、空中监视和红外对抗等领域。IRFPA 建立在材料、探测器阵列、微电子、互连、封装等多项基础之上。

一、IRFPA 的工作条件

IRFPA 通常工作于 1~3μm,3~5μm 和 8~12μm 的红外波段,并多数探测 300K 背景中的目标。典型的红外成像条件是在 300K 背景中探测温度变化为 0.1K 的目标。表 2-2列出了用普朗克定律计算的各个红外波段 300K 背景的光谱辐射光子密度。

表 2-2　各红外波段 300K 背景辐射的光子密度及其对比度

波长/μm	1~3	3~5	8~12
300K 背景辐射光子通量密度/光子/(cm^2 · s)	$\approx 10^{12}$	$\approx 10^{16}$	$\approx 10^{17}$
光积分时间(饱和时间)/μs	10^6	10^2	10
对比度(300K 背景)/%	≈10	≈3	≈1

可见,随着波长的变长,背景辐射的光子密度增加,通常高于 10^{13}/(cm^2 · s)的背景称为高背景条件。因此 3~5μm 或 8~12μm 波段的室温背景为高背景条件。其辐射对比度定义为:背景温度变化 1K 所引起光子通量变化与整个光子通量的比值。它随波长增长而减小。IRFPA 要在高背景、低对比度条件下工作,给设计、制造带来了许多问题并提出了很高的要求,增加了研制的难度。

二、IRFPA 的分类

IRFPA 可根据其结构、光学系统的扫描方式、焦平面上的制冷方式、读出电路方式或不同响应波段及所用材料进行分类。

按结构分类为单片式和混和式两种;按光学系统扫描方式分类为扫描型和凝视型两种;按读出电路分类为 CCD、MOSFET 和 CID 等;按制冷方式分类为制冷型和非制冷型两种;按响应波段与材料分类为 1~3μm 波段(HgCdTe)、3~5μm 波段(HgCdTe 、InSb 和 PtSi)及 8~12μm 波段(HgCdTe)。

三、IRFPA 的结构

IRFPA 由红外光敏部分和信号处理部分组成,红外光敏材料的选择着眼于红外光谱响应,信号处理部分着眼于电荷的存储与转移。

目前,没有一种能同时很好地满足二者要求的材料,因而导致 IRFPA 结构的多样性。

单片式 IRFPA 沿用可见光 CCD 的概念与结构,将红外光敏阵列与转移机构同做在一块窄禁带本征半导体和掺杂的非半导体材料上。混和式 IRFPA 是将红外光敏阵列部分做在窄禁带本征半导体中,信号处理部分则做在硅片上。两部分之间用电学方法连接起来,连接方式有两种,一种是直接用导线连接,称为直接注入方式;另一种则为了改善性能,在两部分之间通过缓冲极(含有源器件的电路)进行连接,称为间接注入方式。

1. 单片式 IRFPA

单片式 IRFPA 有三种类型。第一种是非本征硅单片式 IRFPA,对于非本征硅,光生载流子是多子,如硅掺镓及硅掺铟结构,均为 P 型。其基本原理是光激发使得价带中的电子跃迁到杂质能级被受主俘获,在价带中产生光生空穴。通常的 CCD 是工作于对多子的耗尽状态,利用少子进行传输。在同一类型的衬底上沿用以往的 CCD 结构形式对于非本征硅 IRFPA 是不行的。

已经有多种结构形式来解决这个互不相容性问题:

第一种:转移部分仍采用以往 CCD 的"多子耗尽"工作模式,该部分制作在非本征硅衬底上生长的一层类型相反的外延层上,红外光敏部分仍制作在非本征硅衬底上。这样,当红外光敏部分的光生多子进入位于外延层上的转移部分时,就表现为少子,这时就可用通常的 CCD 转移方式处理。

非本征硅单片式 IRFPA 的主要缺点是:要求制冷,工作于 8~14μm 的器件要制冷到 15~30K,工作于 3~5μm 波段的器件要制冷到 40~65K;量子效率低,通常为 5%~30%;由于掺杂浓度的不均匀,使器件的响应度均匀性较差。

第二种:本征单片式 IRFPA,是将红外光敏部分与转移部分同时制作在一块窄禁带宽度的本征半导体材料上。原理和结构与可见光波段成像的硅 CCD 相似,差别仅在于所用材料以及集成工艺的不同。

目前受重视的材料是 HgCdTe。

本征单片式 IRFPA 优点是量子效率较高。其缺点是转移效率低($\eta=0.9$),响应均匀性差,且由于窄禁带材料的隧道效应限制了外加电压的幅度,则表面势不大,因此存储容量较小。

第三种:肖特基势垒单片式 IRFPA。基于肖特基势垒的光电子发射效应,在同一硅衬底上制作可响应红外辐射的肖特基势垒阵列及信号转移部分。当金属与半导体紧密接触后,在界面处将形成肖特基势垒。金属与半导体的功函数 W 不同,如果选定的金属与半导体 $W_M>W_S$,则当金属与半导体接触后,半导体中的电子将从半导体表面区域进入金属,在半导体表面区域形成正的空间电荷区,产生内建电场,使得该区域具有表面势 V_S,造成能带弯曲,在界面处形成势垒 ΔE。上述的肖特基势垒形成过程示于图 2-41。金属中的电子只要具有大于 ΔE 的能量增量就可越过势垒进入半导体中。因 $\Delta E<E_g$,则对于硅衬底的肖特基势垒($E_g=1.12\text{eV}$),其响应波段范围可到红外光谱区。金属中的电子吸收红外辐射的能量,越过势垒进入半导体内成为光生载流子,即肖特基势垒是利用金属中的电子向半导体内的受激跃迁。图 2-42(a)是肖特基势垒单片式 IRFPA 的结构示意图,图 2-42(b)示出了势阱分布情况。

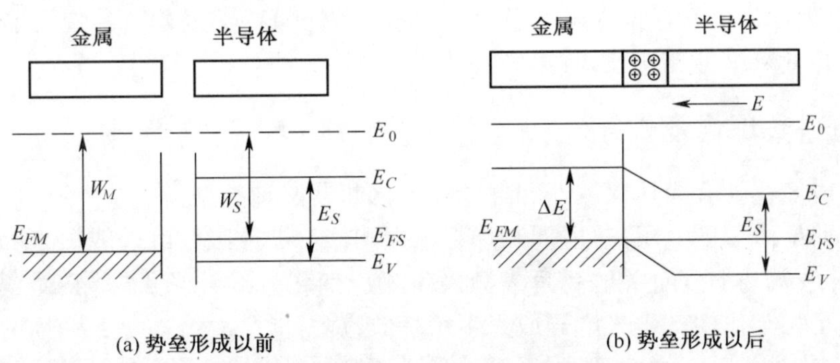

(a) 势垒形成以前　　(b) 势垒形成以后

图 2-41　肖特基势垒的形成

肖特基势垒单片式 IRFPA 目前受重视的材料是 PtSi。

肖特基势垒的优点是光激发过程取决于金属中的吸收,响应度均匀性较好;采用的硅衬底可制成高性能的 CCD 转移机构。其缺点是量子效率比较低。

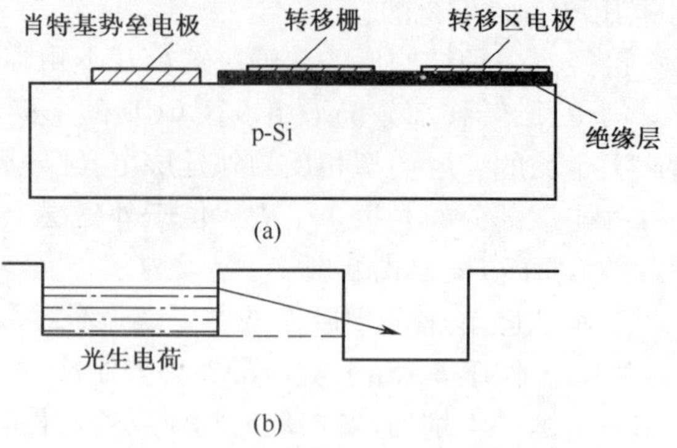

图 2-42　肖特基势垒单片式 IRFPA

2. 混和式 IRFPA

采用窄禁带本征半导体材料制作，电荷转移部分用硅材料，两者组合起来构成混和式 IRFPA。关键问题是两者之间的电学连接，即探测器阵列对转移部分的注入方式。分为直接注入式及间接注入式两种。

直接注入方式是将探测器阵列与转移部分直接用导线相连。其优点是结构简单，易于制作，器件的功耗低；缺点是因为是直流耦合，高背景低对比度的红外辐射使光敏信号中含有较高的直流成分，这与有效地利用 CCD 的有限存储量之间产生矛盾。

间接注入方式是通过缓冲级（有源网络）进行连接。缓冲级的作用是对信号进行放大、电平转换、阻抗变换等。其优点是改善了探测器阵列同转移部分的匹配性能，缺点是增加了器件功耗、增大了芯片尺寸及工艺的复杂性。

无论是直接式还是间接式，探测器阵列与转移部分的连接大多采用倒装式，即在探测器阵列和硅多路传输器上分别预先制作上铟柱将探测器阵列正面的每个探测器与多路传输器一对一地对准配接起来。这种互连技术如图 2-43 所示。采用这种结构时，探测器阵列可采用前照式（光子穿过透明的硅多路传输器），也可用背照式（光子穿过透明的探测器阵列衬底）。一般来讲背照式更为优越，因为多路传输器一般都有一定的金属化区域和其他不透明的区域，这将缩小有效的透光面积。如果从多路传输器一侧照射，则光子必须 3 次通过半导体表面，这 3 个面中只有两个面可以镀适当的增透膜，而背光照式仅有一个表面需要镀增透膜，这个表面不含有任何微电子器件，不需要做任何特殊处理，而且探测器阵列的背面可减薄到几微米厚，以减少吸收损失。

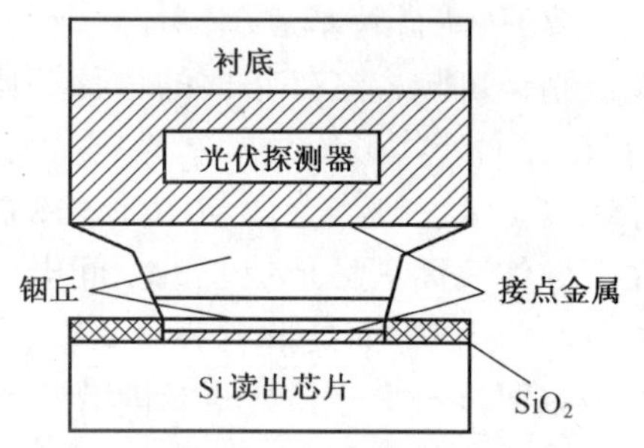

图 2-43　混和式 IRFPA 的铟柱连接

2.3.2　红外热成像器件

红外热成像器件分为热探测器和红外光子探测器两种类型。

热探测器是由热敏电阻、热电偶和热释电探测器等器件吸收红外线后，单元自身的温度会上升，导致其与温度有关的物理参数发生相应变化。红外光子探测器是基于光子与物质内部电子相互作用产生光电导或光生伏特效应。

目前，在热成像系统中，主要采用红外光子探测器，因为它无论在灵敏度、响应速度等方面，都优于热探测器。红外探测器多为窄带半导体材料，常温下的热噪声很大，故需制冷。

2.3.3 红外热成像器件原理和结构

一、红外热成像系统原理

景物温度和辐射系数的二维分布构成了景物固有的热场分布。

一般的人体温度为35℃(308K),辐射峰值波长 $\lambda_m \approx 9.4\mu m$。军事目标(如坦克和飞机)等在静止、未发动状态时,表面温度与环境温度相近;发动起来后或日照时间足够长后表面温度分布随其发动机的功率、飞机喷口位置、受日照部位,内部结构及散热条件的具体情况的不同而千差万别。对于坦克发动后的温度 $T=400\sim500K$,其 $\lambda_m \approx 5.8\sim7.2\mu m$。对于喷气式飞机发动后的温度 $T=800\sim1000K$,$\lambda_m \approx 2.8\sim3.5\mu m$。

大气透过率的两个红外窗口:$3\sim5\mu m$、$8\sim14\mu m$,因此,采用对这两波段辐射敏感的材料来实现"红外光电转换",加上相应的信号存储、扫描、处理和显示等常用技术手段,即可完成一个完整的红外热成像系统。

对于单元探测器热成像系统,水平扫描器和垂直扫描器分别担任行扫描和场扫描的任务,把景物总视场内各面元的温度场辐射强度进行空间选通扫描,并输送至探测器,变成相应大小的时序电信号,再经放大处理等环节,输送到监视器,最终提供给人眼一个可见的电视图像。

二、单元红外探测器原理

红外光子探测器依据的是红外光子与半导体原子中电子的相互作用引起的内光电效应原理——光电导效应和光生伏特效应。

1. 光电导型红外探测器原理

半导体的电阻(或在一定偏压下的电导)受光子辐照后而变化(电阻变小或电导增大)的现象,称为光电导效应,如图2-44所示。产生光电导效应的基本条件是,辐射光子能量 $h\nu \geqslant E_g$(禁带宽度),辐照度范围确保器件处于线性工作状态,需要有一定外加偏压 E。

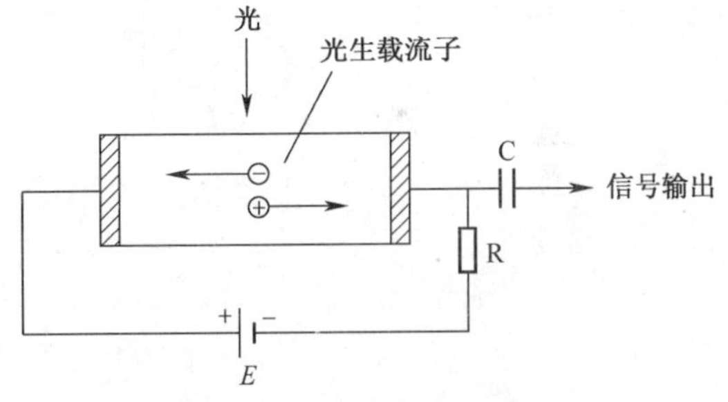

图2-44 半导体光电导效应示意图

光导型红外探测器工作原理是,在红外光子辐照下,光导体中产生电子/空穴对,引起光电导率变化,从而在负载电阻R上,建立起一正比于输入红外光子辐照度的信号电压。

在一定外加电场 E(V/cm)下,载流子的迁移速度 v 正比于电场 E,即

$$v = \mu E \tag{2-27}$$

式中:μ 为迁移率($cm^2/(s\cdot V)$);它分为电子和空穴迁移率 μ_- 和 μ_+。据此,由电子迁移率形成的电流密度

$$j = nev = ne\mu E \tag{2-28}$$

由欧姆定律可知,若令 σ_- 为电子电导率,则

$$j = \sigma_- E$$

所以

$$\sigma_- = ne\mu \tag{2-29}$$

同理,对于空穴电导率 σ_+,有

$$\sigma_+ = pe\mu \tag{2-30}$$

式中:n 和 p 分别为电子浓度和空穴浓度,单位 cm^{-3}。

在光照情况下,探测器的光电导率如下。

本征光电导率变化

$$\Delta\sigma = \Delta n(\mu_- + \mu_+)e \tag{2-31}$$

n 型光电导率变化

$$\Delta\sigma_n = \Delta n\mu_- e \tag{2-32}$$

p 型光电导率变化

$$\Delta\sigma_p = \Delta n\mu_+ e \tag{2-33}$$

以上公式是红外光子探测器线性光电效应的最基本表达式。

2. 光生伏特(光伏)型红外探测器原理

图 2-45 是一个光伏型探测器原理图。在其透光一侧,有一个很薄的 p-n 结层。

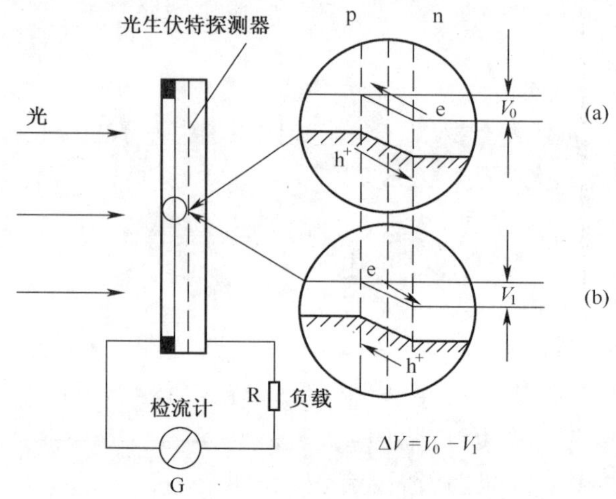

图 2-45　半导体光生伏特型探测器原理示意图

无光照情况下,多数载流子(p 区的 h^+ 和 n 区的 e^-)分别向对方区域运动。当达到平衡时,会产生一个多数载流子耗尽区,建立起一个自建电场(n 区电位高于 p 区电位),如图 2-45(a)所示。

有光照时,入射光子在耗尽层内激发出的少数载流子(即 p 区的 e^- 和 n 区的 h^+)被上述自建电场分开:电子流向 n 区;空穴流向 p 区;此时,如果外接回路开路,原无光照时建立起来的自建电场会有一个与输入光照度成一定比例关系的减小 ΔV;如果外接回路闭合,它会向负载 R 上提供此光生伏特电动势 ΔV。这种现象叫做半导体的光生伏特效应,依此原理做成的对特定波段红外辐射敏感的传感器叫光生伏特型红外探测器,如图 2-45(b)所示。

3. 红外探测器材料

无论是光导型还是光伏型的红外探测器所用的材料决定于特定用途器件的光谱响应范围。3~5μm 的材料有 InSb、InAs、Si:Ni(掺镍硅)、Si:S(掺硫硅)和 Si:Ti(掺钛硅)等。

8~14μm 的材料有 HgCdTe、PbSnTe、Si:Sc(掺钪硅)和 Si:Mg(掺镁硅)等。

三、面阵列(焦平面)凝视热成像器件原理

(1) 单元红外探测器靠行、场光机扫描机构去摄取有 m 个面元的景物时,一帧周期 T_p 内,器件摄取其中一个面元的时间(驻留时间或响应时间) τ_d 为 T_p/m,相应带宽为 $\Delta f_{单}=\dfrac{m}{T_p}$。

(2) 如果有 n_V 个单元竖直排列的线阵红外探测器,每个单元承担行扫一行的任务,n_V 个单元刚好占满一列,以同样的帧周期 T_p 扫完整幅像面,此时 $\tau_d=\dfrac{n_V}{m}T_p$,$\Delta f_{线}=\dfrac{m}{T_p n_V}=\Delta f_{单}/n_V$。这样景物面元在探测器单元上的驻留(响应)时间增加到原值的 n_V 倍,带宽减小到原值的 $1/n_V$,从而输出信噪比提高到原值的$\sqrt{n_V}$倍。

(3) 如果在水平方向也有 n_H 个单元的探测器来覆盖所要求的空间范围,取代低帧速扫描,则探测器变为 $n_V\cdot n_H$ 个单元的焦平面阵列,此时景物面元在探测器单元上的驻留(响应)时间增加到原值的 $n_V\cdot n_H$ 倍,带宽减小到原值的 $1/(n_V\cdot n_H)$,输出信噪比提高到原值的$\sqrt{n_V\cdot n_H}$倍。显然,当焦平面阵列探测器个数 $n_V\cdot n_H$ 足够多时,景物面元在探测器单元上的响应(驻留)时间会远远长于后续信号处理器的采样时间,此时,视觉神经好像是在固定注视景物一样,故称为红外焦平面"凝视"器件。

红外焦平面阵列包括光敏元件和信号处理,可采用不同的红外光子探测器、信号电荷读出器和多路传输方式。结构分为单片式和混合式两种。

(1) 单片式红外焦平面阵列(单元红外 CCD)。在同一片半导体衬底上,将红外面阵探测器和 CCD 集成在一起,即选择具有合适光谱响应的本征半导体材料,如 PtSi、InSb 和 HgCdTe 等,在其上制造光敏元及电荷读出结构,以半导体的阳极氧化物 Al_2O_3、ZnS 等介质层作为 MIS 结构的绝缘层,这样就做成一个单片式红外焦平面阵列。

(2) 混合式红外焦平面阵列(混合式红外 CCD)。光敏元阵列和 CCD 扫描读出器分别用两种半导体材料做成。把高量子效率的红外探测器阵列与工艺上相当成熟的硅 CCD 结构耦合为一体,从而制成高性能的红外焦平面阵列。关键技术是光敏元件和硅 CCD 的互连问题,包括热匹配和电接触。目前铟柱互连技术和环孔技术已达到很高的成品率。根据互连方式,红外焦平面有多种结构,基本结构分为前照明结构和背照明结构,如图 2-46所示。

前照明结构是当探测器在前面受到照射,电信号从同一面引出,这样,电引线必须越过探测器边缘区域到达多路传输器。为此,探测器必须做得十分薄,且因互连失去了一部分面积,导致光敏面相应减小。

背照明结构要求镶嵌探测器有薄的光敏层,光敏层吸收辐射后,产生光生载流子从背面扩散到前面,被 p-n 结检出得到信号。目前,红外焦平面阵列大多数为这种背照明结构。所用 HgCdTe 材料多用外延法生成,在透明的衬底上生长一薄的单晶层(10~20μm),由离子注入法形成 n^+-p 结,制成高性能 HgCdTe 光伏型阵列。用这种方法已能与硅 CCD 耦合,组成高密度红外焦平面阵列。

(3) 肖特基势垒红外焦平面阵列(SB-IRFPA)。这是目前集成度最高且可望实用化的一种红外焦平面阵列。

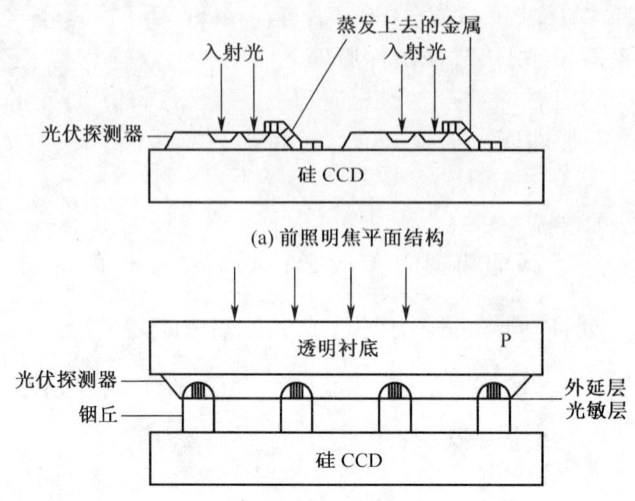

图 2-46　混合式红外焦平面阵列结构

SB-IRFPA 的构成是把可见光线转移 CCD 的光敏部分换成肖特基势垒光电探测器，故也称 SB-IRFPA，如图 2-47 所示。工作原理类似于可见光 CCD。肖特基势垒是金属与半导体接触后，金属中的电子向半导体扩散，使其表面能带向下弯曲，形成自建电场。场区的陡度和宽度决定于选定的金属功函数与半导体功函数之差和半导体载流子的浓度等因素。肖特基光电探测器相应的截止波长取决于肖特基势垒的高度。适当选择金属电极就可达到所需波长的响应度。

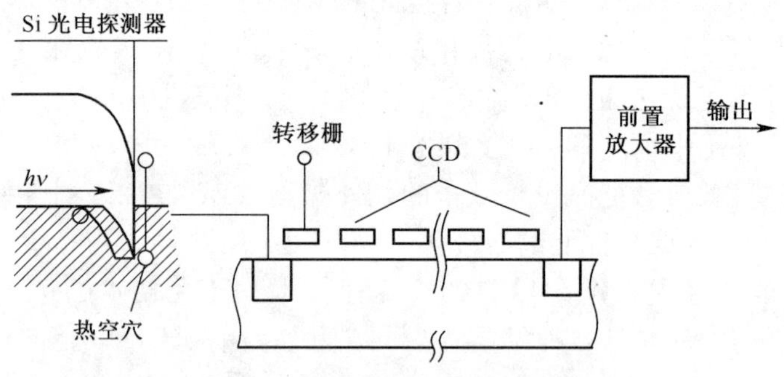

图 2-47　肖特基势垒红外焦平面阵列

SB-IRCCD 的工作机制是：在各积分期间内，转移栅是导通的，要使其导通，需要加一定反向偏置电压。在积分期间，探测器处于浮置状态，光生载流子——空穴注入硅衬底，探测器的反向偏置变小，有效地收集信号电子。当转移栅再次开放时，收集的电子就由 CCD 读出，最终通过前置放大器输出。

SB-IRCCD 利用了成熟的硅集成电路工艺，较易得到大面积均匀响应、高分辨率和高成品率的器件，故其发展和实用化受到极大重视。

目前 SB-IRCCD 与其他探测器相比，灵敏度要低一个数量级，分辨率还有待进一步提高。

为提高 SB-IRCCD 灵敏度，人们发明了一种效果更显著的薄膜金属电极结构和光学共振腔结构，如图 2－48 所示。

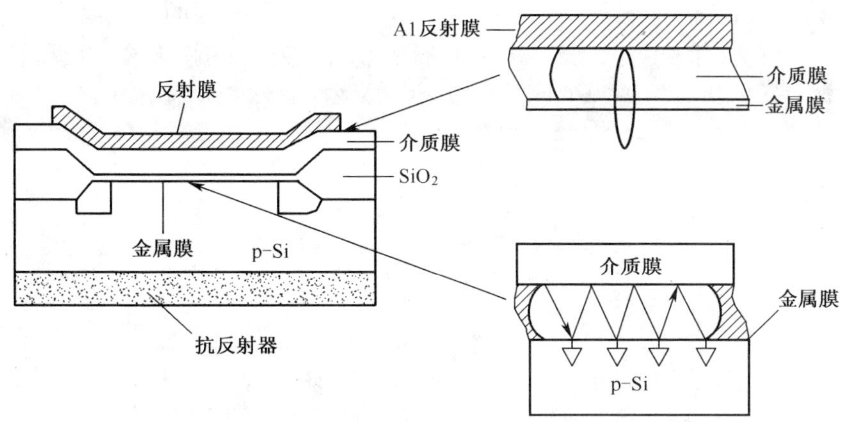

图 2－48　提高 SB 光电探测器灵敏度新结构

薄膜金属电极结构：利用热空穴在金属－半导体及金属－绝缘层介面间的多次反射来提高灵敏度。

光学共振腔结构：由金属电极上的铝反射层、金属电极和铝反射层间的介质膜组成。通过铝反射层的再次反射，使透过薄膜金属电极的光再次激发而提高响应度。为使铝反射层形成的驻波腹部进入金属电极，可通过选定介质膜的厚度，使提高灵敏度的效果最佳。

为进一步提高 SB－IRCCD，可采用电荷扫描器件原理（CSD）。其典型结构和工作原理如图 2－49 所示。

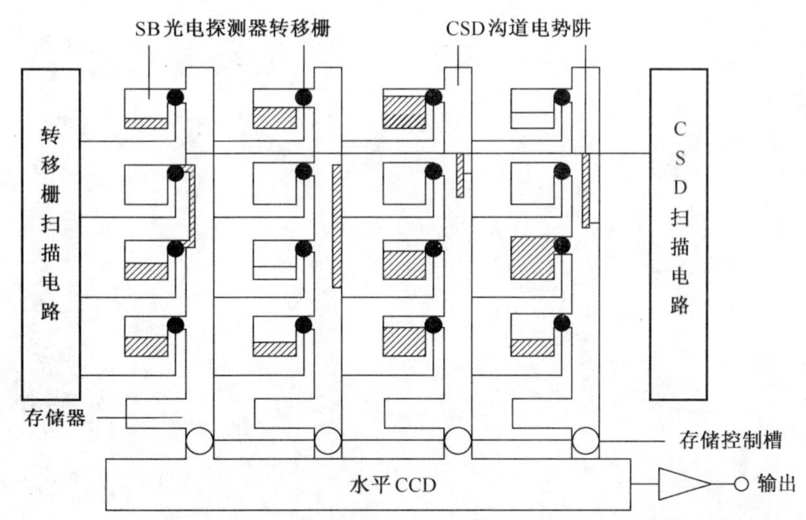

图 2－49　CSD 方式的红外焦平面阵列

在内线转移 CCD 中，控制像元、CCD 信号读出的转移栅同时打开，使信号被读出。因为在一水平扫描期间，只有水平方向并排的转移栅开启且只在一个垂直电荷转移单元扩散，这样，CSD 的构道宽度可缩小到照相制版的极限，导致光敏单元尺寸相对较大，增加了每个单元所占探测器面积比，提高了分辨率。

（4）z 平面红外焦平面阵列。把具有信号读出及处理作用的芯片（含阻抗变换放大器、低通滤波器、存储器、译码器和控制栅逻辑电路等）采用叠层的方法组合起来，构成信号处理模块。再把该模块与探测器（图中顶端小方块阵列）和输入、输出线路直接连接在一起，共同完成红外热成像过程中的光电转换、信号存储和扫描输出等功能，如图 2－50 所示。

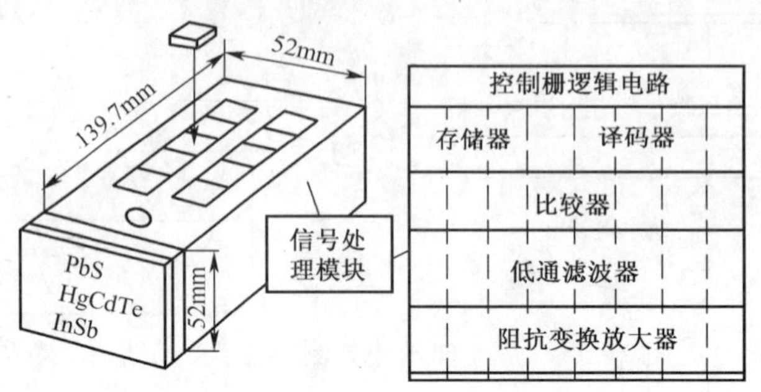

图 2－50　z 平面红外焦平面阵列原理示意图

z 平面技术可用于光导型、光伏型等各种探测器信号的读出、处理中。初期的 z 平面技术是在陶瓷基片上完成的，并应用到 PbS 探测器上，制成了 4096 元的 PbS 组件，PbS 是沉积在陶瓷板边缘的。

z 平面红外焦平面阵列最大优点是全部工艺以现有半导体成熟工艺为基础，能批量生产，易模块化，维护方便，且有数据预处理能力，对抑制噪声、提高灵敏度和缩小整机体积均具有重要意义，尤其适用于多目标识别和成像跟踪系统中。

第3章　真空光电成像器件的信噪比

信噪比研究在真空光电成像器件的设计、制造和应用中具有非常重要的地位。在光电成像器件中，不仅仅需要具有高的量子转换效率、高的积分和光谱灵敏度，还必须具有高的信噪比。本章介绍了光电倍增器的噪声、真空光电成像器件各级噪声、真空光电成像器件的信号产生、信噪比的理论表达式、信噪比公式的简化。

3.1　光电倍增器的噪声

图3-1表示电子倍增器的原理图。

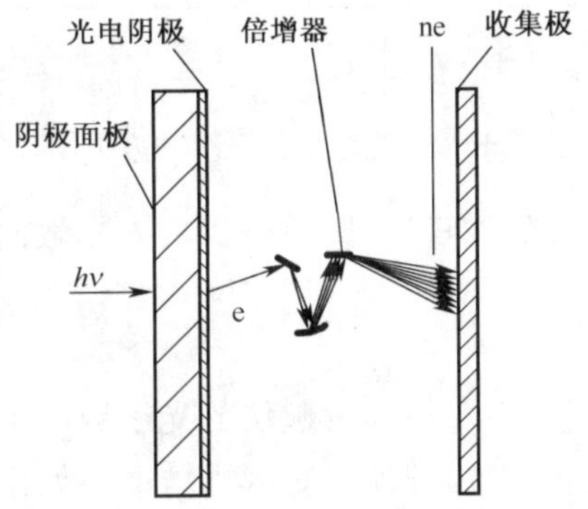

图3-1　电子倍增器的原理

假定 $\sigma_1,\sigma_2,\cdots,\sigma_k$ 分别是各电子倍增器的倍增系数，则倍增系统的输出端噪声电流为

$$\begin{aligned}
i_r &= \sqrt{i_r^2} = \{[\sigma_1\sigma_2\cdots\sigma_k\sqrt{2eI_aB}]^2 + [\sigma_2\sigma_3\cdots\sigma_k\sqrt{2eI_a\sigma_1B}]^2 + \cdots + \\
&\quad [\sigma_k\sqrt{2eI_a\sigma_1\sigma_2\cdots\sigma_{k-1}B}]^2 + [\sqrt{2eI_a\sigma_1\sigma_2\cdots\sigma_kB}]^2\}^{1/2} \\
&= \sigma_1\sigma_2\cdots\sigma_k\{2eI_aB[1 + \sqrt{\sigma_1}/\sigma_1)^2 + (\sqrt{\sigma_1\sigma_2}/\sigma_1\sigma_2)^2 + \cdots \\
&\quad + (\sqrt{\sigma_1\sigma_2\cdots\sigma_k}/\sigma_1\sigma_2\cdots\sigma_k)^2]\}^{1/2} \\
&= \sigma_1\sigma_2\cdots\sigma_k(1 + 1/\sigma_1 + 1/\sigma_1\sigma_2 + \cdots + 1/\sigma_1\sigma_2\cdots\sigma_k)^{1/2} \times (2eI_aB)^{1/2}
\end{aligned}$$

如果各倍增系数相等，即 $\sigma_1=\sigma_2=\cdots=\sigma_k$，那么

$$\begin{aligned}
i_r &= \sigma^k\left[2eI_aB\frac{1}{1-1/\sigma}\right]^{1/2} \\
&= G_r\left[2eI_aB\frac{1}{1-1/\sigma}\right]^{1/2}
\end{aligned} \tag{3-1}$$

式中：$G_r=\sigma_1\sigma_2\cdots\sigma_k$，为所有的倍增器总增益。

如果 σ 增加而又保持 G_r 不变，那么输出噪声将会减少。例如，使用负电子亲和势 Si 倍增器代替 CuP，由于 CuP 的 $\sigma=2$，而 NEA－Si 倍增器的 $\sigma>500$，根据式（3－1），倍增系统的均方噪声电流 i_r^2 下降到原值的 1/2。这就是某些光电成像器件的优化设计出发点之一。

3.2 真空光电成像器件的噪声

1. 光电成像系统的方框图

如图 3－2 所示，光电成像系统主要由 7 个部分组成：输入光敏面、预增益机构、后增益机构、预放器、视放器、显示器、人眼。

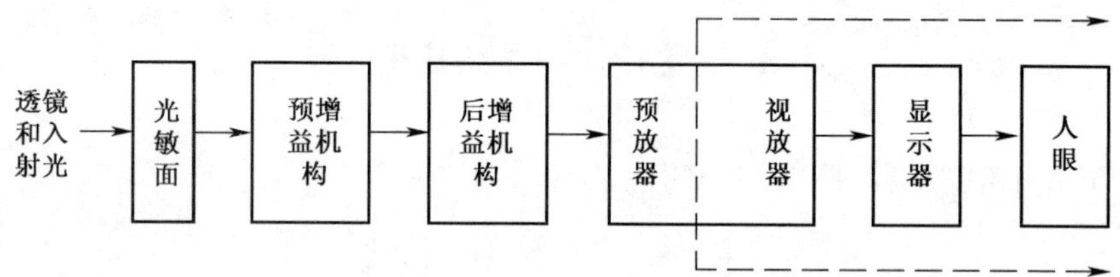

图 3－2　光电成像系统的方框图

这里只分析光电成像器件的信噪比，即只分析输入光敏面、预增益机构、后增益机构、预放器的信噪比。

2. 系统的各级噪声

（1）输入光敏面噪声。包括：①由连续起伏的光子数产生的光子起伏噪声；②由自由载流子产生的暗电流噪声，这些自由载流子是因光敏面不处于绝对零度时形成的。

（2）预增益机构 G_f 噪声。当气体分子与光电子发生碰撞时，产生的正负离子分别碰撞光阴极和增益单元，这些离子数正比于信号电子数，包括：①信号噪声（由残余气体分子与输入端阴极发射的电子碰撞产生，离子也产生信号噪声）；②由热载流子或发射的热电子产生的暗电流噪声。

（3）后增益机构噪声。由所有的增益单元产生，如果后增益机构是一些电子倍增器，那么噪声电流为

$$I_G=\left[2eIB\frac{1}{1-1/\sigma}\right]^{1/2} \tag{3-2}$$

（4）预放器噪声。当信号进入预放器后被放大，预放器要产生噪声电流。当信号板上的输出电流流过负载电路，接到前置放大器，负载电路由电阻 R 与并联电容组成，电容包括输出电容和放大器输入电容，负载电路的阻抗为

$$Z(f)=\frac{R}{\sqrt{1+(2\pi fRC)^2}} \tag{3-3}$$

随着频率 f 的上升，$Z(f)$ 会下降，导致输出信号电压 V_{so} 下降。为了补偿频率失真，前置放大器的增益需要校正，使其增益按下列关系变化：

$$K(f) = K_0\sqrt{1 + (2\pi fRC)^2} \tag{3-4}$$

式中：K_0为常数，表示低频增益，考虑了增益校正后各种频率的有效增益相等，均为 K_0，预放器的噪声包括两部分：

①负载电阻 R 的热噪声。由于电子在电阻中的热运动，在某一瞬间朝某一方向运动的电子数超过另一方向运动的电子数，而在另一瞬间又有改变，这一不规则的电流起伏，在电阻两端产生电压。理论分析表明，热噪声电压的均方值可以用下式表示：

$$\overline{\mathrm{d}V_R^2} = 4kTR \cdot \mathrm{d}f \tag{3-5}$$

式中：k 为玻耳兹曼常数；T 为绝对温度；R 为预放器耦合电阻；$\mathrm{d}f$ 为预放器单频带宽度。

改写成噪声电流表达式 $\mathrm{d}I_R$

$$\overline{\mathrm{d}I_R^2} = 4kT\mathrm{d}f/R \tag{3-6}$$

上式表明，电阻中的热噪声能量也是按频率均匀分布的。

②放大器内部的散粒噪声。管内噪声的输出电压均方值 $\mathrm{d}V_t^2$，考虑了放大器增益 $K(f)$ 后，表示如下：

$$\overline{\mathrm{d}V_t^2} = 4kTR_tK_0^2[1 + (2\pi fRC)^2] \cdot \mathrm{d}f \tag{3-7}$$

将输出电压折算到输入端，必须除以有效增益 K_0，改写成电流表达式，再除以负载电阻 R，于是

$$\overline{\mathrm{d}I_t^2} = (4kTR_t/R^2)[1 + (2\pi fRC)^2] \cdot \mathrm{d}f \tag{3-8}$$

将两部分噪声电流均方值叠加（式(3-6)和式(3-8)），得预放器总噪声为

$$\overline{\mathrm{d}I_{\mathrm{pre}}^2} = \frac{4kT}{R^2}[(R + R_t) + 4\pi^2f^2R_tR^2C^2] \cdot \mathrm{d}f \tag{3-9}$$

在整个频带内对 f 积分：

$$\begin{aligned}\int_0^B \overline{\mathrm{d}I_{\mathrm{pre}}^2} &= \int_0^B \frac{4kT}{R^2}[(R + R_t) + 4\pi^2f^2R_tR^2C^2] \cdot \mathrm{d}f \\ &= \frac{4kTB}{R^2}\left[(R + R_t) + \frac{4\pi^2}{3}B^2R_tR^2C^2\right]\end{aligned} \tag{3-10}$$

所以

$$(\overline{I_{\mathrm{pre}}^2})^{1/2} = \left(\frac{4kTB}{R^2}\right)^{1/2}\left[(R + R_t) + \frac{4\pi^2}{3}B^2R_tR^2C^2\right]^{1/2} \tag{3-11}$$

式中：B 为预放器带宽；R 为负载电阻；C 为摄像管（或其他器件）的输出电容+预放器输入电容=摄像管输出电容；R_t 为预放器等效散粒噪声电阻。

通常，预放器用场效应管，$R_t \approx 0.7/g_m$；g_m 为跨导，$g_m = 1\sim10\mathrm{mA/V}$，故 $R_t = 70\sim700\Omega$；$R = 2\times10^6\Omega$；所以 $R \gg R_t$，当 B 大时，式(3-11)中括号右边占优势。一般 $B = 7\sim8\mathrm{MHz}$，电视发送机带宽为 6MHz。在这种情况下，实测表明，$I_{\mathrm{pre}} \approx 3\mathrm{nA}$。

由式(3-11)得出如下结论：①增大负载电阻 R，可使 I_{pre} 下降，使信噪比上升（但过分增大 R，会导致频率补偿困难，且无必要，因为当 R 增大到使式(3-10)中前两项可忽略时，I_{pre} 与 R 无关）；②减少摄像管的输出电容 C，可使 I_{pre} 下降使信噪比上升；③预放器噪声是噪声的主要因素，或者说，摄像管工作于受预放器噪声限制状态时，那么，噪声的频谱

分布是不均匀的，频率越高噪声所占的比例越大。

3.3 真空光电成像器件信噪比表达式

假定有一个光学棋盘格景物，这些景物由许多小的面积相等的黑白信号组成，这些棋盘景物的光信息成像在传感器的输入光敏面上，如图3-3所示。

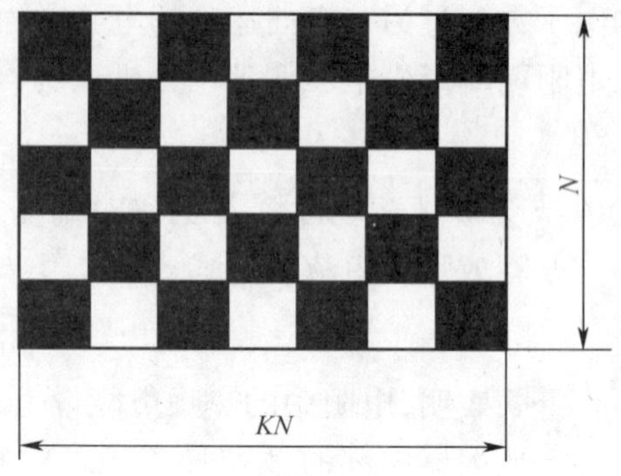

图3-3 光学棋盘格信号

设每个方格的面积为 a；$E_{\max}$ 为白色方格的照度；$E_{\min}$ 为黑色方格的照度；$\overline{n_{\max}}$ 为白色方格所对应光敏面在单位时间单位面积上发射的平均电子数；$\overline{n_{\min}}$ 为黑色方格所对应光敏面在单位时间单位面积上发射的平均电子数。则：$a\,\overline{n_{\max}}t$ 为面积 a 上，时间 t 内，每个白色方格产生的平均电子数；$a\,\overline{n_{\min}}t$ 为面积 a 上，时间 t 内，每个黑色方格产生的平均电子数。

于是，输入表面的信号电子数为两相邻单元的信号差$(\text{信号})_{\text{光敏面}} = at(\overline{n_{\max}} - \overline{n_{\min}})$。这个信号经预增益和后增益机构放大，同时考虑到光电成像系统是大孔径，而不是无限大。因此，输出信号为

$$(\text{信号})_{\text{out}} = at(\overline{n_{\max}} - \overline{n_{\min}})\,GR(N) \tag{3-12}$$

式中：G 为系统总增益；$G = G_f G_r$，G_f 为预增益机构增益，G_r 为后增益机构增益；t 为光照时间；$R(N)$ 为方波调制函数（电视行数 N 的函数）。

根据图3-2所示的光电成像系统的组成，我们来分析光电成像器件的噪声。

光电成像器件的噪声主要分为光电子的均方噪声、光电阴极的暗发射和所有增益单元的暗电流的均方噪声、后增益机构均方噪声和预放器均方噪声五部分。在讨论光电成像器件的噪声时，为了便于计算，将各相关噪声均折合算到输入面的噪声值。

1. 输入光敏面噪声

输入光敏面噪声包括由连续起伏的光子数产生的光电子起伏噪声，以及由自由载流子产生的暗电流噪声，这些自由载流子是因光敏面不处于绝对零度而形成的。其中，输入面的光电子起伏噪声表达式为

$$\left[\sqrt{at(\overline{n_{\max}} + \overline{n_{\min}})}\right]^2_{\text{光敏面}} \tag{3-13}$$

光电阴极的暗发射和所有增益单元的暗电流的均方噪声为

$$\left[\sqrt{\frac{2at(i_1 + i_2 + \cdots + i_n)}{Ae}}\right]^2_{\text{光敏面}} \tag{3-14}$$

式中：A 为输入光敏面的有效面积（有效输入光敏面）；$i_1, i_2, \cdots, i_n$ 为折算到输入光敏面的各暗电流（例如：SIT 管的 $i_{\text{噪声}} = 10\times10^{-9}\text{A}$，折算值 $= i_{\text{噪声}}/G_f$）。

2. 预增益机构噪声

当气体分子与光电子发生碰撞时，产生的正负离子分别碰撞光电阴极和增益单元（离

子数正比于信号电子数),产生的噪声包括:信号噪声(由残余气体分子与输入端阴极发射的电子碰撞产生,离子也产生信号噪声);由热载流子或发射的热电子产生的暗电流噪声。预增益机构的均方信号噪声为

$$\left[\frac{ati_{\text{sig}}}{G_f Ae}\right]^2_{\text{光敏面}} \tag{3-15}$$

式中:i_{sig}/Ae 为单位面积信号噪声电子数。

3. 后增益机构噪声

后增益机构噪声由所有的增益单元产生。后增益机构的均方信号噪声为

$$\left[\frac{ati_r}{GAe}\right]^2_{\text{光敏面}} \tag{3-16}$$

如果后增益机构是返束倍增器(例如超正析像管),那么

$$I_r = G_r\left[2eIB\frac{1}{1-1/\sigma}\right]^{1/2} \tag{3-17}$$

4. 预放器噪声

当信号进入预放器后被放大,预放器要产生噪声电流。预放器的噪声包括如下两部分:①负载电阻 R 的热噪声;②放大器内部的散粒噪声。

预放器的均方信号噪声为

$$\left[\frac{ati_{\text{pre}}}{GAe}\right]^2_{\text{光敏面}} \tag{3-18}$$

因此,输出端的总均方根噪声值为

$$\begin{aligned}(\text{噪声})_{\text{out}} &= G\,(\text{噪声})_{\text{光敏面}}\\ &= G\left\{\left[\sqrt{at(\overline{n_{\max}}+\overline{n_{\min}})}\right]^2+\left[\sqrt{\frac{2at(i_1+i_2+\cdots+i_n)}{Ae}}\right]^2+\left(\frac{ati_{\text{sig}}}{G_fAe}\right)^2+\left(\frac{ati_r}{GAe}\right)^2+\left(\frac{ati_{\text{pre}}}{GAe}\right)^2\right\}^{1/2}\end{aligned} \tag{3-19}$$

于是,光电成像传感器系统的信噪比 SNR 为

$$\begin{aligned}SNR &= \frac{(\text{信号})_{\text{out}}}{(\text{噪声})_{\text{out}}}\\ &= \frac{GatR(N)(\overline{n_{\max}}-\overline{n_{\min}})}{G\left\{\left[\sqrt{at(\overline{n_{\max}}+\overline{n_{\min}})}\right]^2+\left(\sqrt{\frac{2at(i_1+i_2+\cdots+i_n)}{Ae}}\right)^2+\left(\frac{ati_{\text{sig}}}{G_fAe}\right)^2+\left(\frac{ati_r}{GAe}\right)^2+\left(\frac{ati_{\text{pre}}}{GAe}\right)^2\right\}^{1/2}}\end{aligned} \tag{3-20}$$

为了将信噪比与可测参数联系起来,使用下面的关系式。其中,输入面光学图像对比度为

$$C=\frac{E_{\max}-E_{\min}}{E_{\max}}=1-\frac{E_{\min}}{E_{\max}}$$

得

$$\frac{E_{\min}}{E_{\max}}=1-C \tag{3-21}$$

输入光敏面的电子像对比度为

$$C' = \frac{\overline{n_{max}} - \overline{n_{min}}}{\overline{n_{max}}} = \frac{KE_{max}^{\gamma} - KE_{min}^{\gamma}}{KE_{max}^{\gamma}} = 1 - \left(\frac{E_{min}}{E_{max}}\right)^{\gamma} = 1 - (1 - C)^{\gamma} \tag{3-22}$$

式中:γ 为光电转换特性因子。于是

$$\overline{n_{max}} - \overline{n_{min}} = \overline{n_{max}}[1 - (1 - C)^{\gamma}]$$

$$\overline{n_{min}} = \overline{n_{max}} - \overline{n_{max}}[1 - (1 - C)^{\gamma}] = \overline{n_{max}}(1 - C)^{\gamma} \tag{3-23}$$

当总有效面积被均匀照明,且 $E = E_{max}$ 时,所产生的总光电流为

$$i_{光敏面} = \overline{n_{max}} eA \tag{3-24}$$

得

$$\overline{n_{max}} = \frac{i_{光敏面}}{eA}$$

$$\overline{n_{max}} - \overline{n_{min}} = \frac{i_{光敏面}}{eA}[1 - (1 - C)^{\gamma}] \tag{3-25}$$

$$\overline{n_{max}} + \overline{n_{min}} = \frac{i_{光敏面}}{eA}[1 + (1 - C)^{\gamma}] \tag{3-26}$$

因为 $\left(\frac{a}{A}\right) = \frac{1}{kN^2}$,式中:$k$ 为光学图像宽高比。将各式代入式(3-20),得

$$SNR = \frac{1 - (1 - C)^{\gamma}}{[1 + (1 - C)^{\gamma}]^{1/2}} \cdot \frac{R(N)}{N} \cdot \left(\frac{i_{光敏面} \cdot t}{ek}\right)^{1/2} \cdot \left\{1 + \frac{1}{[1 + (1 - C)^{\gamma}]\, i_{光敏面}} \cdot \left[2(i_1 + i_2 + \cdots + i_n) + \frac{t}{kN^2 e}\left(\frac{i_{sig}^2}{G_f^2} + \frac{i_r^2}{G^2} + \frac{i_{pre}^2}{G^2}\right)\right]\right\}^{-1/2} \tag{3-27}$$

如果均匀照度 E 的光入射到输出光敏面上,那么屏上产生的光电流为

$$i_{光敏面} = SAE \tag{3-28}$$

或者

$$i_{光敏面} = \int_0^{\infty} \eta(\lambda) P(\lambda) eA\mathrm{d}\lambda \tag{3-29}$$

式中:E 为光敏面照度;S 为输入光敏面的积分灵敏度。于是,信噪比为

$$SNR = \frac{1 - (1 - C)^{\gamma}}{[1 + (1 - C)^{\gamma}]^{1/2}} \cdot \frac{R(N)}{N} \cdot \left(\frac{SAEt}{ek}\right)^{1/2} \cdot \left\{1 + \frac{1}{[1 + (1 - C)^{\gamma}]SAE} \cdot \left[2(i_1 + i_2 + \cdots + i_n) + \frac{t}{kN^2 e}\left(\frac{i_{sig}^2}{G_f^2} + \frac{i_r^2}{G^2} + \frac{i_{pre}^2}{G^2}\right)\right]\right\}^{-1/2} \tag{3-30}$$

或者

$$SNR = \frac{1-(1-C)^{\gamma}}{[1+(1-C)^{\gamma}]^{1/2}} \cdot \frac{R(N)}{N} \cdot \left(\frac{At\int_0^{\infty}\eta(\lambda)P(\lambda)\,\mathrm{d}\lambda}{k}\right)^{1/2} \cdot$$

$$\left\{1 + \frac{1}{[1+(1-C)^{\gamma}]\,eA\int_0^{\infty}\eta(\lambda)P(\lambda)\,\mathrm{d}\lambda} \cdot \right.$$

$$\left.\left[2(i_1+i_2+\cdots+i_n)+\frac{t}{kN^2e}\left(\frac{i_{\mathrm{sig}}{}^2}{G_f{}^2}+\frac{i_r{}^2}{G^2}+\frac{i_{\mathrm{pre}}{}^2}{G^2}\right)\right]\right\}^{-1/2} \tag{3-31}$$

式(3－27)、式(3－30)和式(3－31)中：S 为输入光敏面积分灵敏度；$\eta(\lambda)$ 为在波长 λ 处输入光敏面的量子效率；$P(\lambda)$ 为在波长 λ 处单位时间、单位面积上入射的平均光子数。

式(3－20)、式(3－27)和式(3－30)都是信噪比表达式，计算时可根据不同条件选用。

3.4 真空光电成像器件信噪比公式简化

一、理想光敏面的信噪比

这里的理想光敏面是指既不减弱信号调制度（调制传递函数 $MTF=1$），又不附加噪声，仅有的噪声限于光电阴极的量子噪声。换句话说，显示器件上的噪声比等于光电阴极上的信噪比。它满足如下条件：

$$i_1, i_2, \cdots, i_n = 0, i_{\mathrm{sig}} = 0,\ i_r = 0, i_{\mathrm{pre}} = 0\ ,\ R(N) = 1$$

于是

$$SNR = \frac{1-(1-C)^{\gamma}}{[1+(1-C)^{\gamma}]^{1/2}} \cdot \frac{1}{N} \cdot \left(\frac{SAEt}{ek}\right)^{1/2} \tag{3-32}$$

或者

$$SNR = \frac{1-(1-C)^{\gamma}}{[1+(1-C)^{\gamma}]^{1/2}} \cdot \frac{1}{N} \cdot \left[\frac{At\int_0^{\infty}\eta(\lambda)P(\lambda)\,\mathrm{d}\lambda}{k}\right]^{1/2} \tag{3-33}$$

如果光敏面是光电阴极，则 $\gamma=1$，那么

$$SNR = \frac{C}{(2-C)^{1/2}} \cdot \frac{1}{N} \cdot \left(\frac{SAEt}{ek}\right)^{1/2} \tag{3-34}$$

或者

$$SNR = \frac{C}{(2-C)^{1/2}} \cdot \frac{1}{N} \cdot \left[\frac{At\int_0^{\infty}\eta(\lambda)P(\lambda)\,\mathrm{d}\lambda}{k}\right]^{1/2} \tag{3-35}$$

事实上，光电阴极中总是存在暗电流，即 $i_d \neq 0$，所以有

$$SNR = \frac{C}{(2-C)^{1/2}} \cdot \frac{1}{N} \cdot \left(\frac{SAEt}{ek}\right)^{1/2} \cdot \frac{1}{\left[1+\frac{2i_d}{(2-C)SAE}\right]^{1/2}} \tag{3-36}$$

或者

$$SNR = \frac{C}{(2-C)^{1/2}} \cdot \frac{1}{N} \cdot \left[\frac{At\int_0^{\infty}\eta(\lambda)P(\lambda)\,d\lambda}{k}\right]^{1/2} \frac{1}{\left[1+\frac{2i_d}{(2-C)SAE}\right]^{1/2}} \tag{3-37}$$

由于所研究的是临界情况下的分辨率,假定测试图案为黑白条纹,则 SNR 的临界值为1.2(发现目标),即

$$SNR_{阈值} = 1.2$$

例如,微光摄像管可发现目标的距离为14km。根据泊松分布 $SNR = \sqrt{ant} = 1.2$,则单位时间 t 面积 a 上的平均电子数为1.44。我们要想探测靶上有一个或没有电子是不可能的,但是出现两个或两个以上电子的概率约0.42,这个值接近于0.5。可见,当 $SNR = 1.2$ 时,靶上能探测的概率约50%,由此可得在理想条件下的极限分辨率

$$N_{\mathrm{limit}} = \frac{C}{(2-C)^{1/2}} \cdot \frac{1}{1.2} \cdot \left(\frac{SAEt}{ek}\right)^{1/2} \tag{3-38}$$

假设微光摄像管满足以下条件:$C = 1$, $S = 200\mu A/lm$, $A = 3\times10^{-4}m^2$, $t = 0.1s$,代入式(3-38),得 $N_{\mathrm{limit}} = 1.4\times10^5\sqrt{E}$,$N_{\mathrm{limit}}$ 与 $\sqrt{E}$ 的关系如表3-1所列。

表3-1　N_{limit} 与 $\sqrt{E}$ 的关系

E/lx	1×10^{-3}	1×10^{-4}	1×10^{-5}	1×10^{-6}	1×10^{-7}
N_{limit}/line	4400	1400	444	140	44

将 $N_{\mathrm{limit}} \sim E$ 取对数,可得一曲线关系,这条曲线就是光量子噪声限制曲线,实际得到的光电传感器的这种曲线关系均在光量子噪声限制之下。

$$\lg N_{\mathrm{limit}} = \lg 1.4 + 5 + 0.5\lg E \tag{3-39}$$

作为设计者来说,总是试图将实际的光电成像器件做到靠近理想曲线。

由式(3-38)可知,增加光电成像器件的信噪比 SNR 的方法有:增加有效光敏面积 A;延长光子积累时间 t(但对动态图像却受到限制);增加光敏面的积分灵敏度 S。

二、光导摄像管的信噪比

对于氧化铅摄像管、光导摄像管、Newvicon 摄像管、Si 靶视像管等直束视像管,总是满足以下条件:$G = 1$;$i_{\mathrm{sig}} = 0$;$i_r = 0$;暗电流($i_1, i_2, \cdots i_n$)中只有 i_T,且 $i_T < 10nA$($i_T \ll ti_{\mathrm{pre}}^2/\alpha N^2 e$)

$$\frac{ti_{\mathrm{pre}}^2}{[1+(1-C)^{\gamma}]i_{\mathrm{sen}}kN^2e} \gg 1 \tag{3-40}$$

所以,对于这些直束视像管,其 SNR 为

$$SNR_{直束摄像管} = [1-(1-C)^{\gamma}]R(N)\ \ i_{光敏面}/i_{\mathrm{pre}} \tag{3-41}$$

对于返束视像管,其特性为 $G = G_r$,G_r 很高;$i_{\mathrm{out}} = Gi_{\mathrm{sen}}$,$i_{\mathrm{sig}} = 0$;$[2eIB/(1-1/\delta)]^{1/2} \approx 10^{-10}A \ll i_{\mathrm{pre}}$。

但是,因为 $G[2eIB/(1-1/\delta)]^{1/2} \gg i_{\mathrm{pre}}$,所以有

$$\begin{aligned} SNR &= [1-(1-C)^{\gamma}]R(N)\ \ i_{\mathrm{out}}/i_r \\ &= [1-(1-C)^{\gamma}]R(N)\ \ i_{光敏面}/[2eIB/(1-1/\delta)]^{1/2} \end{aligned} \tag{3-42}$$

于是 $$[2eIB/(1-1/\delta)]^{1/2} \ll i_{pre}$$

所以 $$SNR_{返束管} \gg SNR_{直束管}$$

广播电视希望有很高的 SNR 和很高的分辨率，必须具有大尺寸靶面和返束工作的视像管。

三、微光电视摄像管的信噪比

微光电视摄像管的特性为 $i_r=0$；$G=G_f$；i_d(光子)$=10^{-15}\sim10^{-16}$ A/cm^2(光电阴极)，i_d(光子)可以忽略(i_{Td} 折算到 $i_{(光敏面)d}=10^{-12}\sim10^{-11}$A)。其中，$i_{Td}$ 表示靶暗电流；$i_{(光敏面)d}$ 是折算到光电阴极表面的暗电流。所以

$$SNR=\frac{CR(N)i_{out}}{\left\{\frac{keN^2G}{t}[(2-C)i_{out}+2i_T]+i_{sig}^2+i_{pre}^2\right\}^{1/2}} \tag{3-43}$$

四、提高信噪比的方法

广播电视要求具有感染力和临场感(立体)的大画面、高信噪比、高分辨率、高对比度等。对摄像管的要求是:①高信噪比;②高分辨率。

当摄像管工作状态达到“受量子噪声限制时”，进一步提高靶面增益，并不能提高信噪比，即使使用增强型微光摄像管(ISIT 管)，在面板照度为 10^{-6}lx 时，极限分辨率也只有 100TVL，这一照度大致与阴天的黑夜相当，虽然能勉强观察目标，但图像质量不能令人满意。由 SNR 表达式可知，进一步提高信噪比的途径如下：

(1) SNR 正比于 $i_{光敏面}$，所以增大 $i_{光敏面}$ 是一种途径。但对于直束型摄像管来说，$i_{光敏面}$ 受靶面电容 C_T 的限制，结果会导致惰性增大，因此这种方法不可取，且增加输出信号电流会增加阴极负担(因阅读束流增加)。此外，$i_{光敏面}$ 上升将在场网之间造成严重的空间电荷效应，使管子的分辨率下降。

(2) 因返束管比直束管具有更高的增益，且 $i_{光敏面}$ =SAE，因此，发展大靶面的返束管是提高信噪比的又一途径。

(3) 因 SNR 正比于 $R(N)$，所以改善 MTF 是提高信噪比的另一途径(枪和靶)。

(4) 降低预放器的噪声电流，对直束管尤为重要。

第4章 光电微光成像

凡需要采集低照度下的光学信息时，都离不开光电微光成像系统。光电微光成像属于被动式成像技术，是将微弱的光信息转换成人眼能正常观看的图像信息。

光电微光成像系统分为直视型微光成像系统和电视型微光成像系统。①直视微光成像系统：采用直视型微光成像器件，把微弱的光学图像转换成电子图像，再经过增强传递到荧光屏上供人眼直接观看。②电视型微光成像系统：采用增强型微光摄像器件，将收集到的微弱光信息的分布转换成电荷量的分布并存储，再将电荷图像转换成视频信号，得到人眼可视的照度和可见的光谱范围图像信号。光电微光成像技术在工业、农业、国防、公安、生物、医学、空间、海洋、科研等方面都有极为重要的应用，微光夜视仪和微光电视系统已广泛应用于战术武器和安全系统。

4.1 微 光

所谓微光，泛指夜间或低照度下微弱的光或能量低到不能引起视觉的光。微光的种类主要有：①夜间各种不同天气下的微光，如有月晴空、无月晴空、阴天、雾天等。②为了观察某一自然和科学现象的人为微光状态。③由于物体本身热辐射产生的不可见的红外光谱以及紫外光谱。

研究微光成像应首先了解目标的光谱特性，使微光成像器件的光敏感器件包含目标的光谱范围，从而获得微光成像器件的最大灵敏度。

微光的来源主要有夜间天空的辐射、来自物体本身的热辐射、城市周围的辉光等。夜间天空辐射的微光波长大约为0.4 ~ 1.2μm，其来源于月光、星光、大气辉光、高空OH带的辐射和云层的散射；来自物体本身热辐射的波长在8 ~14μm，辐射的能量比微光区大10^5倍左右，其单位时间、单位面积发出的光量子数比微光区大8~9个数量级，辐射在远红外区；城市周围的人为辉光或人造光对于被动的微光电视系统有很大的影响。

由于海水的能见度很差，即使在白天，海水中也处于微光状态；在日出和日落前后，海面进入微光状态；夜间，除月光、星光和夜天光外，还有海面对这些光的反射光。此外，在海洋中还有许多动植物的自然发光。对于有效灵敏度为10^{-6}lm/m量级的电视系统，处于最好的条件（即白天阳光下），在海水中的最大工作深度约为400m，而在满月条件下这个深度将减小到大约130m，在没有月亮环境下工作深度下降到40m。如果水的透明条件较差，即使水面上的日光照度较好，微光电视系统的工作深度也常常被局限在100m之内。

4.2 微光下的视觉探测

辐射是一个不断续的分立过程，而辐射的光能量是由光子携带的，且光子发射随时间而起伏。在微光下,人眼所能接收的光量很少,这时光的量子起伏对人眼视觉有着重要影响。通常所说的在单位时间内接收的光子数,是指这些随时间而起伏的光子数的平均值。

在微光下人眼的视觉是眼睛在一定时间间隔(积累时间)内视网膜吸收光子的结果。显然,这是一个取决于辐射起伏的过程。人眼在积累时间内接收到达的光子数在平均值上存在一个涨落,这个涨落值降低了眼睛探测目标上相邻像元之间的光子数差值的能力。从这一观点出发形成了视觉探测统计理论,它已成为用于确定目标的探测或对光电成像系统显示图像探测能力的基础。

4.2.1 理想探测器的罗斯方程

微光下的视觉探测理论最初由弗利斯(Vries)和罗斯(Rose)在20世纪40年代初提出。它的模型比较简单,假定眼睛在积累时间内平均从场景上吸收 N 个光子,则围绕这个平均值的涨落为 $\sqrt{N}$ 。这时,眼睛探测到 N 值的最小变化量 ΔN 的能力受 $\sqrt{N}$ 的限制,即

$$\Delta N = SNR\sqrt{N} \tag{4-1}$$

式中:ΔN 为眼睛所能探测的光子数变化量,即为探测的信号;光子涨落值 $\sqrt{N}$ 干扰着人眼的视觉探测,称为光子噪声;SNR 为信噪比,只有当 SNR 值大于阈值信噪比时,信号才能被探测到,阈值信噪比由实验确定。

令仅受光子噪声限制的理想探测器在一定时间内从边长为 h 的景物上接收到的光子平均数为 N,显然景物的亮度 L 正比于 N/h^2,即

$$L = kN/h^2 \tag{4-2}$$

式中:k 为比例常数。

令阈值对比度

$$c_T = \frac{\Delta L}{L} \times 100\% = \frac{\Delta N}{N} \times 100\% \tag{4-3}$$

考虑到 $\Delta N \propto \sqrt{N}$,则

$$c_T \propto \frac{1}{\sqrt{N}} \tag{4-4}$$

联立式(4-2)和式(4-4),得

$$L \propto \frac{1}{h^2 c_T^2} \propto \frac{1}{\alpha^2 c_T^2} \tag{4-5}$$

或

$$L = \frac{k}{\alpha^2 c_T^2} \tag{4-6}$$

式中:k 为比例常数; α 为边长为 h 的景物对人眼的张角。于是

$$L\alpha^2 c_T^2 = k = \text{const} \tag{4-7}$$

这就是罗斯的理想探测器特性方程。进一步展开此方程,可得

$$L\alpha^2 c_T^2 = \frac{5 \times 10^7 \times SNR^2}{D^2 t\eta} = \text{const} \tag{4-8}$$

式中:D 为物镜的孔径;t 为探测器(或人眼)的积累时间;η 为光敏面的量子效率。

4.2.2 夏根(Schagn)方程

考虑在场景中的一个物体元,其亮度为 L,那么物镜系统每秒捕获的光子数为

$$n = \pi L d^2 P \tau \sin^2\phi \tag{4-9}$$

式中:d 为物体元的尺寸;P 为 1lm 光通量的每秒光子数(取决于光谱分布);τ 为物镜的透过率;$\sin^2\phi$ 为系统的物镜孔径对该物体元的立体张角。

如果物体元为朗伯体,则

$$\sin^2\phi \approx (r/l)^2 \tag{4-10}$$

式中:r 为物镜孔径的半径;l 为物体元至系统间的距离。此时,式(4-9)可改写为

$$n = (\pi L P \tau r^2 d^2)/l^2 = \pi L P \tau r^2 \alpha^2 \tag{4-11}$$

式中:α 为物体元对系统的张角。

现在进一步考虑具有不同亮度 L_1 和 L_2 的两个相邻的物体元。若探测器的量子效率为 η,积累时间为 t,则在时间 t 内探测器从两个相邻物体元吸收的光子数分别为

$$n_1 = \pi L_1 \alpha^2 r^2 \tau t \eta P \tag{4-12}$$

$$n_2 = \pi L_2 \alpha^2 r^2 \tau t \eta P \tag{4-13}$$

探测器所接收到的两物体元之间的光子数差即为探测图像细节的"信号",其值为

$$S = n_1 - n_2 = \pi (L_1 - L_2) \alpha^2 r^2 \tau t \eta P \tag{4-14}$$

而伴随信号的光子噪声为

$$N = (n_1 + n_2)^{1/2} = \pi \left[(L_1 + L_2) \alpha^2 r^2 \tau t \eta P \right]^{1/2} \tag{4-15}$$

于是,信噪比为

$$SNR = \frac{S}{N} = \left[\pi \alpha^2 r^2 \tau t \eta P \frac{(L_1 - L_2)^2}{L_1 + L_2} \right]^{1/2} \tag{4-16}$$

根据光学中通用的对比度定义 $c = (L_1 - L_2)/(L_1 + L_2)$,令平均亮度 $L_m = (L_1 + L_2)/2$,则信噪比可写为

$$SNR = \frac{S}{N} = (\pi \alpha^2 r^2 \tau t \eta P \times 2 L_m c^2)^{1/2} \tag{4-17}$$

当信噪比低于阈值信噪比 $SNR = SNR_{\min}$ 时,系统不能辨别出两个物体元。用物镜孔径 D 代替 $2r$,则上式为

$$L_m \alpha^2 c^2 = \frac{2\,SNR^2}{\pi D^2 \tau t \eta P} \tag{4-18}$$

由于 $\eta P = s/e$,这里 s 为光电阴极灵敏度,e 为电子的电荷量,则

$$L_m \alpha^2 c^2 = \frac{2e\,SNR^2}{\pi D^2 \tau t s} \tag{4-19}$$

4.2.3 弗利斯-罗斯定律

当采用人眼视觉中的对比度定义 $C' = (L_0 - L)/L_0$ 时,式(4-19)变为如下形式:

$$L_0 \alpha^2 C^2 = \frac{4\,SNR^2 (2 - C')\, e}{\pi D^2 \tau t s} \tag{4-20}$$

这就是理想探测器的特性方程,一般称为弗利斯-罗斯定律。

需要指出的是，理想探测器特性方程所描述的受光子噪声限制的性能，对较小的图像细节来说是达不到的。这主要是因为图像探测器性能受到成像系统光学性能的限制，图像细节的调制传递结果使图像对比度下降。图像探测器的典型性能如图 4－1 所示。图中曲线在小视角 α 下偏离 $L_m\alpha^2c^2 = \text{const}$ 的直线，说明在观察较小的物体时，受 *MTF* 的限制。

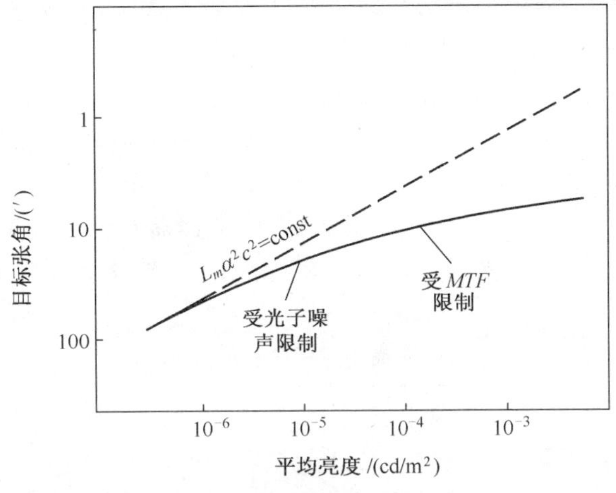

图 4－1　图像探测器的探测特性

人眼作为图像探测器，其性能和具有相同尺寸限制的理想探测器的特性相类似。勃来克韦尔等对微光下暗适应眼的视觉锐度的研究证实了这一点，图 4－2 给出了所测得的曲线。曲线 a 是在黑的背景中一个亮刺激下所测得的，曲线 b 是在亮背景中的一个暗刺激所测得的。将这些曲线同理想探测器特性方程 $L_m\alpha^2c^2 = \text{const}$ 直线进行比较，曲线 a 表明，在微光下暗适应眼的视觉敏锐度曲线与理想探测器锐度曲线相拟合，都遵循弗利斯-罗斯定律。只是在目标亮度减小时，曲线 a 逐渐落在直线的下方。产生这种偏离是由于在微光下人眼能在视网膜的较大面积上，依靠数量很多的杆状细胞积分信号来补偿微光下信噪比的降低，但这是以牺牲分辨力为代价的，而人眼这种空间积累能力是随着积累面积的增加而下降的。曲线 b 的情况则有所不同，由于背景是亮的，在相同的信号下，信噪比降低，所以，曲线 b 比曲线 a 更向下偏离。在亮背景条件下，对较小的 α 角，调制传递特性发生作用，因而造成较小 α 角处的较大偏离。

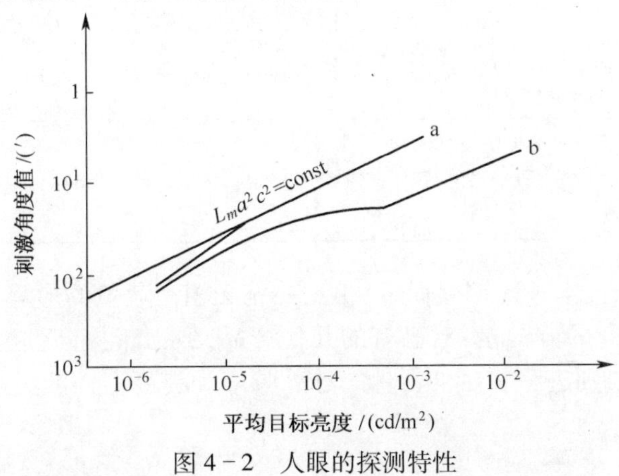

图 4－2　人眼的探测特性

4.3　直视型微光成像系统

4.3.1　直视型微光成像系统的结构

直视型微光成像系统又称为微光夜视仪。它利用光增强技术，可以大大改善人眼在微光下的视觉性能，以被动方式工作，靠夜天自然光照明景物，自身隐蔽性好。系统主要由微光光学系统（包括物镜、目镜、人眼）、微光像增强器和高压电源几个部分组成。工作时，夜天空的自然微光照射目标，经目标反射的微光进入光学系统的物镜，物镜把目标成像在位于其焦平面的像增强器的光电阴极面上，像增强器对目标像进行光电转换，并经电子成像和亮度增强，最终在荧光屏上显示出目标的增强图像，表 4－1 列出了它们的主要技术特征和性能。

表 4－1　微光夜视技术发展概况

代次、名次	主要技术特征	主要技术指标		年代
		灵敏度/($\mu A \cdot lm^{-1}$)	鉴别率/($lp \cdot mm^{-1}$)①	
零代主动红外夜视	红外变像管/探照灯	80	20	20 世纪 40 年代第二次世界大战、朝鲜战争时期
一代微光夜视	多碱光电阴极/光纤面板/三级级联/同心球 EO 系统	200	28	20 世纪 60 年代越南战争时期
二代微光夜视	多碱光电阴极/MCP 电子倍增/双近贴 EO 系统	225	32	20 世纪 70 年代
标准三代微光夜视	砷化镓 NEA 光电阴极/MCP 电子倍增/双近贴 EO 系统	800～1200	32～42	20 世纪 80—90 年代马岛战争时期
超二代微光夜视	高灵敏度多碱光电阴极/MCP 电子倍增/双近贴 EO	500～700	32～50	20 世纪 90 年代海湾战争前后
高性能三代微光夜视	砷化镓 NEA 光电阴极/MCP 电子倍增/双近贴 EO 系统	1200～1600	42～60	20 世纪 90 年代海湾战争前后
超三代微光夜视	砷化镓 NEA 光电阴极/低噪声 MCP /双近贴 EO 系统	1600～1800	50～64	1990—1995 年海湾战争前后
四代微光夜视	砷化镓 NEA 光电阴极/低噪声（无膜）MCP /双近贴 EO 系统/智能选通高压电源	1800～3000	64～90	20 世纪 90 年代末到 2003 年伊拉克战争前后

在与红外热成像技术长期相互促进、相互补充又相互竞争的形势下，微光成像器件的发展并未中止，其研究的方向是：对已有的几代产品，致力于提高性能、降低成本、扩大装备；对新的一代产品，则进一步延伸器件的红外响应和提高器件的灵敏度，使其能在更微

① $lp \cdot mm^{-1}$表示线对/毫米。

弱的光环境下有效工作。

4.3.2 直视型微光成像系统对像增强器的要求

1. 足够的亮度增益

像增强器工作在夜间微弱光条件下，输入的光信号非常弱，这就要求像增强器有足够的亮度增益，以便把每一个探测到的光子增强到人眼可观察到的程度。即入射到光电阴极面上的一个光子能在荧光屏上产生可以被人眼视网膜记录的多个光子。

假定像增强器的光子增益为 G_n ，则入射到光电阴极面上的一个光子能在荧光屏上产生 G_n 个光子。当充分暗适应的人眼通过目镜观察时，从 G_n 个光子中捕获的光子数为

$$n = G_n r^2 \sigma_e^2 / l^2 \tag{4-21}$$

式中：r 为暗适应眼瞳孔半径（常取 3.8mm）；l 为眼的明视距离（$l=250$mm）；σ_e 为目镜放大率。

按充分暗适应的视觉阈计算，至少要有 12 个光子被眼瞳捕获，才能在视网膜上产生一个“记录”。由此可得出，像增强器的最小增益为

$$(G_n)_{\min} \approx \frac{50000}{\sigma_e^2} \tag{4-22}$$

值得注意的是，在屏亮度较高的情况下，人眼探测和识别目标的速度较高，若增益不够高，则像管输出屏亮度降低，以致影响系统极限鉴别力；反之，若增益过大，会由于像管噪声加大而出现闪烁现象，观察效果变差。通常像增强器的增益值在几千到几万之间。

2. 低的背景噪声

像增强器会由于光电阴极热发射及信号感生等因素而造成附加背景噪声，这个附加噪声使荧光屏产生一背景亮度，从而使图像的对比度恶化，更有甚者，可能使目标信息淹没于该噪声中。

设像管荧光屏上的背景亮度为 L'_a ，目标亮度为 L_{ac} ，则图像对比度为

$$c' = \frac{(L_{ac} + L'_a) - (L_{ab} + L'_a)}{L_{ac} + L'_a} = \frac{L_{ac} - L_{ab}}{L_{ac} + L'_a} = c/(1+\gamma) \tag{4-23}$$

式中：L_{ab} 为荧光屏上与目标相邻的景物像亮度；c 为荧光屏上无附加背景时的图像对比度；c' 为有附加背景噪声时荧光屏上的图像对比度；γ 为对比度恶化系数，且 $\gamma = L'_a/L_{ac}$ ，$(1+\gamma)^{-1}$ 在 0~1 之间变化，它表征了图像对比度恶化程度。

低的背景噪声是像增强器的基本工作条件，为保证微光夜视系统有良好的像质，要求像增强器光电阴极面上对应于暗背景亮度的等效背景照度（EBI）值小于 10^{-7}lx 数量级。

3. 高的响应度

高的增益和低的背景是像增强器工作的基本条件，但像增强器的电子增强机构只能使已获得的目标信息增强而不能增加来自目标的任何信息。系统获得的目标信息的大小取决于像增强器光电阴极的响应度。响应度包括两个方面：像增强器光电阴极的光灵敏度；光电阴极的光谱响应与夜天空辐射光谱的匹配程度。由于无月夜空的自然微光光谱从 0.3~1.3μm 是急剧上升的，因此要求光电阴极的长波响应应向近红外延伸并能有高的响应。如果用光电阴极的辐射灵敏度表示响应度，则可表示为

$$R=\frac{\int_0^{\infty}R_\lambda \Phi_\lambda \mathrm{d}\lambda}{\Phi} \tag{4-24}$$

式中:R 为光电阴极的辐射灵敏度(A/W);R_λ 为光电阴极的单色辐射灵敏度(A/(W · μm));Φ 为入射到光电阴极面的辐射通量(W),且 $\Phi=\int_0^{\infty}\Phi_\lambda \mathrm{d}\lambda$;$\Phi_\lambda$ 为单色辐射通量(W/μm)。

此外,还要考虑荧光屏辐射光谱与人眼光谱特性的匹配、多级管中前一级荧光屏辐射光谱与后一级光电阴极光谱灵敏度之间的匹配等。总之,要求匹配系数尽可能大。图 4-3示出了像增强器光电阴极、夜天空辐射和某些材料的光谱特性。由图可以看出,S-25与 GaAs 光电阴极比较,后者的光谱灵敏度更高,并且和夜天光匹配也好得多。

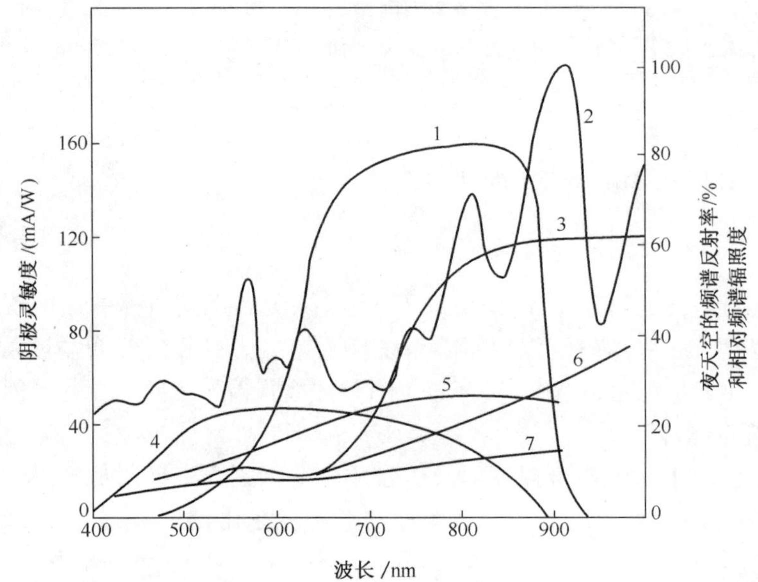

图 4-3 光电阴极与夜天空辐射和某些材料的光谱特性

1—GaAs 光电阴极;2—夜天空辐射;3—绿叶;4—S-25 光电阴极;5—黏土;6—绿军服;7—砂子。

4. 好的调制传递特性

像增强器的调制传递特性通常用调制传递函数 *MTF* 或对比传递函数 *CTF* 表示,它是评价像管图像清晰度的一种度量。*MTF* 是指成像器件对正弦波空间频率的振幅响应,而 *CTF* 是指它对方波空间频率的振幅响应。两者之间有如下关系:

$$MTF=\frac{\pi}{4}\left[C(f)+\frac{C(3f)}{3}-\frac{C(5f)}{5}+\frac{C(7f)}{7}-\cdots\right] \tag{4-25}$$

$$CTF=\frac{4}{\pi}\left[M(f)-\frac{M(3f)}{3}+\frac{M(5f)}{5}-\frac{M(7f)}{7}+\cdots\right] \tag{4-26}$$

在给定空间频率下,整个系统的 *MTF* 为各个分系统的 *MTF* 的乘积。用光纤面板耦合的像增强器的调制传递函数可表示为

$$MTF=(M_e \cdot M_f^2 \cdot M_s)^n \tag{4-27}$$

式中:M_e 为电子光学系统的调制传递函数;M_f 为光纤面板的调制传递函数;M_s 为荧光屏的调制传递函数;n 为级联像增强器的级数。

对于微通道板像增强器，则还要考虑微通道板的调制传递函数 M_P 及微通道板和荧光屏之间的近贴调制传递函数 M_b 。

5. 高的图像传递信噪比

像增强器在进行图像信息的转换和增强时，都伴随着附加噪声。像增强器产生噪声的主要因素有：输入光子噪声、光电阴极量子转换噪声和暗发射噪声、微通道板的探测效率及二次倍增量子噪声、荧光屏颗粒噪声等。上述因素综合成一个随机函数而使输出图像恶化，图像的噪声特性用输出信噪比表示，且

$$SNR_{\text{out}} = \frac{\overline{V} - \overline{V}_0}{\sqrt{V_N^2 - V_{N0}^2}} \tag{4-28}$$

式中：SNR_{out} 为像增强器输出信噪比；$\overline{V}$ 为有光输入时信号直流电压平均值；$\overline{V}_0$ 为无光输入时信号直流电压平均值；V_N 为有光输入时噪声交流电压值；V_{N0} 为无光输入时噪声交流电压值。

要使像管正常工作，必须保证其有高的输出信噪比。

6. 快的时间响应

如果成像系统的响应时间比人眼长，当输出图像运动时，则会使输出图像细节模糊。像管的时间响应特性主要由荧光屏的余辉决定。

4.3.3 直视型微光成像系统的性能

一、系统对人眼微光下视觉性能的改善

人眼所感受到的图像信息取决于人眼瞳孔捕获到的光子数、人眼量子效率和积累时间。在直视型微光成像系统中，系统所接收到的图像信息取决于物镜所捕获的光子数、像增强器量子效率和人眼积累时间。为了避免系统对运动目标的视觉损失，像增强器的积累时间应短于人眼的积累时间。

由于像增强器的增益不能增加来自目标的辐射，我们暂不考虑它。现假定像增强器系统和人眼视觉系统的量子效率分别为 η_S 和 η_E ，积累时间分别为 τ_S 和 τ_E ，对捕获相同的光子数 $N(\lambda)$，它们的有效积累分别为

$$\Phi_{eS} = \tau_S \int \eta_S(\lambda)\, N(\lambda)\, \mathrm{d}\lambda \tag{4-29}$$

$$\Phi_{eE} = \tau_E \int \eta_E(\lambda)\, N(\lambda)\, \mathrm{d}\lambda \tag{4-30}$$

微光系统实际捕获的光子数取决于其入射瞳孔的大小。设系统入瞳半径为 r_{iS} ，人眼入瞳半径为 r_{iE} ，则像增强器系统捕获的光子数为人眼视觉系统捕获光子数的(r_{iS}/r_{iE})^2 倍。系统对人眼提供的图像信息增益 G_s 为

$$G_s = (r_{iS}/r_{iE})^2 (\tau_s/\tau_E) \frac{\int_\lambda \eta_S(\lambda)\, N(\lambda)\, \mathrm{d}\lambda}{\int_\lambda \eta_E(\lambda)\, N(\lambda)\, \mathrm{d}\lambda} \tag{4-31}$$

人眼视觉大小取决于进入人眼视网膜单位面积上的光量。令像增强器目视系统对人眼的视觉增益为 G_v ，则 G_v 可表示为

$$G_v = G_s/\sigma_e^2 \tag{4-32}$$

式中：σ_e 为像增强器目视系统的放大率，且 $\sigma_e = \dfrac{f'_{物}}{f'_{目}}\beta$，$\beta$ 为像增强器的放大率。

根据近轴完善成像条件 $f'_{物} = y/\sin u'$，y 为入射光线高度，u' 为物镜像方孔径角，则可写成

$$\sigma_e = \beta \frac{D_0/2\sin u'}{D_E/2\sin u_E} = \beta \frac{D_0 \sin u_E}{D_E \sin u'} \tag{4-33}$$

又因 $\sin u' = [1 + 4(f'_{物}/D_0)^2]^{-1/2}$，则

$$\sigma_e = \beta \frac{D_0}{D_E}\left[1 + 4\left(\frac{f'_{物}}{D_0}\right)^2\right]^{1/2} \sin u_E \tag{4-34}$$

将式(4－31)和式(4－34)代入式(4－32)，可得到像增强器目视系统对人眼的视觉增益为

$$G_v = (\tau_s/\tau_E)\frac{\int_\lambda \eta_S(\lambda)\,N(\lambda)\,\mathrm{d}\lambda}{\beta^2 \sin^2 u_E[1 + 4(f'_{物}/D_0)^2]\int_\lambda \eta_E(\lambda)\,N(\lambda)\,\mathrm{d}\lambda} \tag{4-35}$$

由式(4－35)可以看出，像增强器直视系统对人眼提供的视觉增益大小与光电阴极的量子效率、物镜的相对孔径、像增强器的积累时间和放大率、目镜的物方孔径角等参数相关。综合起来，系统对人眼在微光下的视觉改善有以下几个方面：

(1) 可以比人眼更多地捕获和更有效地利用来自目标的光子。这是由于系统入瞳比人眼瞳孔大得多，捕获的光量按其倍数的平方增加，这也有利于补偿在微光条件下信噪比的降低。

(2) 利用光学系统可以增加物体的视角，这就相应提高了视距。

(3) 可大大提高人眼的视觉增益，因为像增强器光电阴极的量子效率高于暗适应人眼的量子效率，同时也扩大了人眼的光谱响应。

(4) 可以使人眼在不需暗适应情况下有更高的分辨能力。

(5) 在某些场合(如天文观察)可利用像增强器增加积累时间来提高视觉增益，这要以牺牲运动目标信息为代价。

二、理想像增强器系统的极限分辨特性

直视型微光成像系统性能受三个方面限制：光子噪声的限制、系统光学性能的限制和人眼视觉性能的限制。正确地设计和使用成像系统可使这些限制减到最小。这三个因素都和空间分辨率相联系，又都与光度水平有关。如果用 α_0 表示系统总分辨角，$\alpha_1, \alpha_2, \cdots, \alpha_n$ 为系统各部分的分辨角，$R_0, R_1, R_2, \cdots, R_n$ 为相应的空间分辨率，则它们之间的关系可用下面的经验公式表示：

$$\alpha_0^2 = \alpha_1^2 + \alpha_2^2 + \alpha_3^2 + \cdots + \alpha_n^2$$
$$\frac{1}{R_0^2} = \frac{1}{R_1^2} + \frac{1}{R_2^2} + \frac{1}{R_3^2} + \cdots + \frac{1}{R_n^2} \tag{4-36}$$

在纯光子噪声限制下，理想像增强系统(内部无噪声)的极限性能由下式给出：

$$\alpha_k = \frac{2SNR}{Dc}\sqrt{\frac{(2-c)\,e}{L_0 \tau t s}} \tag{4-37}$$

式中：α_k 为系统受光子噪声限制的极限分辨角；D 为物镜有效直径；c 为目标对比度；e 为电子电荷；L_0 为目标亮度；τ 为物镜透射率；t 为系统积累时间；s 为阴极的光灵敏度。

在较高输入光度下，像增强器的光学性能为主要限制因素，若像增强器光电阴极面上极限分辨率为 R，物镜焦距为 f'，则系统的最小光学分辨角

$$\alpha_l = 1/(Rf') \tag{4-38}$$

由式(4-36)、式(4-37)和式(4-38)可知，光子噪声和光学分辨率共同限制的理想系统极限分辨角为

$$\alpha_0 = (\alpha_k^2 + \alpha_l^2)^{1/2} = \left[\left(\frac{2SNR}{Dc}\right)^2 \frac{(2-c)e}{L_0 \tau ts} + \left(\frac{1}{Rf'}\right)^2\right]^{1/2} \tag{4-39}$$

由式(4-39)确定的极限分辨角随目标亮度变化曲线示于图4-4中。位于实曲线下面条件的物体细节是可分辨的，而该曲线上面所有目标细节是不可分辨的。当考虑光学系统和像增强器的 *MTF* 时，系统极限分辨率在不同目标亮度下都有所下降。

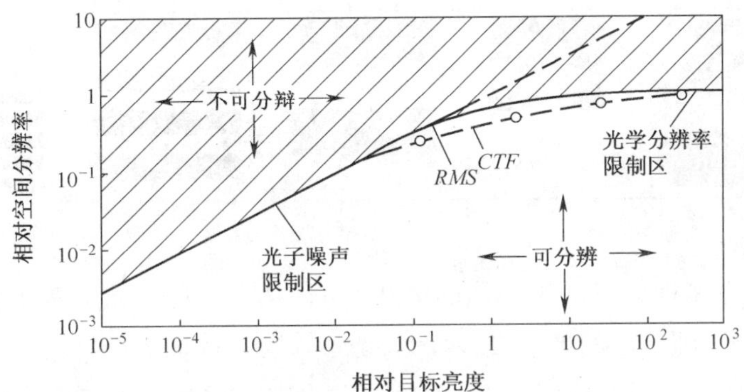

图4-4　理想像增强器系统的极限分辨特性

4.3.4　直视型微光成像系统视距估算

一、目标的探测和识别

人眼在搜索处于一定背景中的目标或成像系统显示器上的目标像时，眼睛的连续响应分成探测(发现)、分类、识别和辨别四个等级。这里，探测是指把一个目标同其所处背景或其他目标区别开来；分类是把探测出的目标大致分类，例如是车辆还是飞机；识别是把分类过的目标再细分，例如是坦克还是汽车；辨别是对已识别的目标进行辨认，例如是M-60坦克还是T-72坦克，这时可以看出目标的具体细节。

在对目标探测、分类、识别和辨别中，主要依靠人的主观判断，因而在目标搜索中存在着搜索概率问题。而搜索概率的大小，在一定程度上提供了对光电成像系统性能的评估。

搜索过程是非常复杂的，为了使这种困难的情况简化，而又尽可能地接近真实情况，建模时首先假定：在短时内所搜索的复杂视场中的目标是已知的，或者是提示过的且熟悉的目标，且目标在视场中确实存在。在上述假定下，搜索光电成像系统显示屏上目标像的过程是：①在一个完全确定的面积上谨慎地搜索；②根据所搜索目标与周围景物的亮度对比进行对比度探测；③根据对比度形成的外形轮廓进行识别，这是基于与记忆中的目标相比较的有意识的判定过程。通常显示的图像总是伴随着噪声出现，而噪声的存在，将干扰上述三个步骤的实施。

基于各种各样的实验，可分别导出完成上述每一步骤的概率和噪声衰减因子。

根据上述目标搜索的一般原理，目标的识别概率为

$$P_R = P_1 P_2 P_3 \eta_s \tag{4-40}$$

式中：P_R 为显示器上目标将被识别的概率；P_1 为搜索一个确定的包含有目标的面积中扫视到目标的概率；P_2 为扫视到的目标被探测到的概率；P_3 为探测到的目标被识别的概率；η_s 为总的噪声引起的衰减因子。

二、约翰逊（Johnson）准则

目标搜索过程的不同阶段对应于不同的探测水平，探测水平是将系统性能与人眼视觉相结合的一种视觉能力的评价方法，它需要通过视觉心理实验来完成。约翰逊根据实验把目标的探测问题与等效条带图案探测问题联系起来。许多研究表明，有可能在不考虑目标本质和图像缺陷的情况下，用目标等效条带图案可分辨率来确定成像系统对目标的识别能力。图4-5描述了这种等效条带图案的概念。

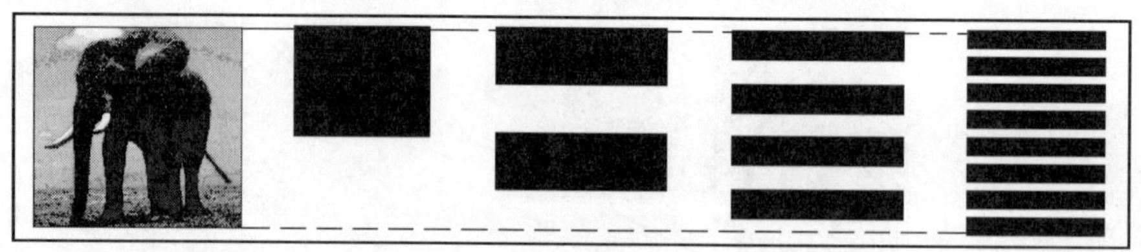

图4-5　等效条带图案示意图

目标的等效条带图案是一组黑白间隔相等的条带状图案，其总高度为基本上能被识别的目标临界尺寸，即目标的最小投影尺寸，条带长度为垂直于临界尺寸方向的横跨目标的尺寸。等效条带图案可分辨率为目标临界尺寸中所包含的可分辨的条带数，通常以“线对/目标临界尺寸”来表示。约翰逊论证了等效条带图案可分辨率能用来预测目标的探测识别，确定了各类目标的探测识别准则，如表4-2所列。通常称该准则为约翰逊准则。

表4-2　约翰逊准则

探测水平	定义	50%概率时的可分辨率/（线对/目标临界尺寸）
探测（发现）	在视场内发现一个目标	1.0±0.25
定向	可大致区分目标是否对称及方位	1.4±0.35
识别	可将目标分类（如坦克、卡车、人等）	4.0±0.8
辨别	可区分出目标型号及其他特征（如T-72坦克、“豹”2坦克等）	6.4±1.5

三、视距估算表达式

通常根据目标对成像系统张角 α，观察距离 l，及发现、识别和认清目标的等效条带可分辨准则来估算视距。在不考虑大气影响情况下，系统视距取决于像增强系统的极限空间分辨率（相应照度下）。

设目标的临界尺寸（最小高度或宽度）为 H，目标到系统距离为 l，则目标对系统张角 α' 为

$$\alpha' = H/l \tag{4-41}$$

根据约翰逊准则，发现、识别和认清目标所需的空间频率分别为 1、4、8 线对/目标临界尺寸，相应分辨角为

$$\alpha = H/nl \tag{4-42}$$

式中：n 为发现、识别和认清目标所需空间频率。

像增强器系统所能达到的最小分辨角 α 由物镜焦距 f' 和像增强器系统光电阴极上的分辨率 R 决定

$$\alpha = 1/Rf' \tag{4-43}$$

对应目标的发现、识别和认清有

$$\frac{H}{nl} = \frac{1}{Rf'}, \quad l = HRf'/n \tag{4-44}$$

把式(4-39)的 α_0 代入式(4-42)则可得到由系统各参数表示的视距估算表达式。

4.4 微 光 电 视

4.4.1 微光电视的特点

微光电视又称低照度电视(LLLTV)，它是利用月光、星光、气体辉光及其散射光所形成的自然环境照明，以获取被摄目标的可见光图像的电视系统。微光电视与广播电视在原理上没有区别，其优势仅在于它具有较高的灵敏度，可以在低于白天的照度下产生高质量的图像。严格来讲，应以摄像管靶面上的输入照度来区分广播电视和微光电视。摄像管靶面照度低于 1lx 的为微光电视，广播电视和用于生产管理上的工业电视系统，靶面照度要求在 1lx 以上。

微光电视是在微光像增强技术和电视技术相结合的基础上发展起来的，它具有以下特点：

(1) 在将图像转换成电信号以后，显像以前，将信号进行适当处理(如频率特性补偿、γ 校正等)，可以改善所显示图像的质量。

(2) 可实现图像的远距离传送，并可遥控摄像。

(3) 改善了观察条件，并可多人、多地点同时观察。

(4) 可录像，对被观察景物的图像信息做长时间存储，便于进一步分析研究。

(5) 在远距离观察的情况下，比人眼或其他光学器件具有更大的灵活性和适应性。

由于微光电视系统具有上述一系列优点，已在军事、公安、司法、医学、天文气象以及许多科研领域中得到广泛应用。在军事上，由于微光电视是一种被动式系统，保密性极好，可用来观察敌方的夜间活动和发现隐蔽的目标，并将观察到的敌方情况通过电视系统传输给有关情报部门，供作战指挥用。还可与红外前视装置、激光测距机、计算机等联网组成光电火控指挥系统和快速反应的侦查、射击指挥系统。在公安和司法方面，重要机关、机场、银行、军用仓库以及珍贵文物的保卫工作，普遍采用微光电视组成监视系统。此外，微光电视系统还可用于天文和气象上的夜间观察，海底世界的研究，对野生动物夜间习性的观察等。

4.4.2 微光摄像机

微光电视与广播电视、工业电视不仅在原理上基本相同,在系统的构成方面也基本相同,通常包括摄像机、控制器和显示器三个主要组成部分,其中摄像机是决定系统性能的关键部分。

微光摄像机的大部分电路与通用摄像机相同,所不同的是常规摄像机以提高图像清晰度为主要目标,而微光摄像机由于在低照度的特殊条件下工作,以提高灵敏度为主要目标。其主要技术特点如下:

(1) 动态范围极宽。现代微光摄像机的微光摄像器件,如二次电子传导摄像管(SEC)、硅增强靶摄像管(SIT)、像增强器耦合硅增强靶摄像管(ISIT)、像增强器(I^3V、I^3P)及微道板像增强器耦合视像管(MCPIV)、耦合 CCD 微光摄像器件(ICCD)等具有很高的灵敏度,但输出信号却很微弱。采用低噪声高增益的预放器后,灵敏度范围极宽,典型值可达到 $10^8:1$。增加各种自动控制系统后,从最低照度到白天直射阳光都能正常工作,大大超过人眼对黑夜(10^{-4}lx)到白天(10^5lx)的适应范围。为了达到这样的动态范围,微光摄像机应增加自动光亮控制(ALC)、自动高压控制(ATC)和自动增益控制(AGC)。例如,微光摄像机要通过高压发生器产生上万伏高压作为像增强器或光电阴极电源,并实现自动高压控制,保证整机在规定范围内稳定可靠工作。

(2) 具有强光自动保护装置。微光摄像机工作在高灵敏度状态下,若长期受到强光照射,容易灼伤或烧毁光电阴极,损坏微光摄像器件。设置强光自动保护电路后,投射到光电阴极面板上的光照度高于预设基准值时,阴极高压自动切断;当入射光再降至基准值之下时,高压又重新恢复。

(3) 选用特殊的微光电视镜头。为了适应夜视特点,微光摄像机通常采用特殊要求的微光电视镜头。例如,普通摄像机镜头可变光圈数是 1~32,而微光摄像机为了增大光圈的动态范围,还需在镜头内设置点滤色片,使光圈变化范围从 32 再扩大到 360,可使摄像机达到 60000:1 的光动态范围。另外,还要求微光电视镜头在较宽光谱范围内进行色差校正,尽量提高镜头传递函数 MTF 值等。

(4) 以探测能力作为微光摄像机的主要技术指标。所谓微光摄像机的探测能力主要是指观察视距。由于受夜间照度、环境、背景、目标、光谱特性、反射率、大气透过率、对比度等因素影响,微光电视无论是信噪比,还是在清晰度方面都不能与普通电视相比。实际应用中,一般将微光电视图像分成“发现”“识别”“看清”三个等级。

根据微光摄像机的技术特点,它主要包括以下几大部件:①摄像物镜。其作用是将景物成像在摄像管的靶面上。②摄像管及其附属电路。将靶面上的光学图像,在电子束聚焦电路和偏转电路的共同作用下,转换为视频信号。③扫描电路。包括行、场扫描电路,为水平和垂直偏转线圈提供线性良好的锯齿波电流,使摄像管中的电子束在其产生的均匀磁场作用下,对摄像管靶面进行扫描。④视放电路。将摄像管产生的微弱图像信号进行放大处理,变换为适合于传输的信号。⑤保护电路。控制电路和电源等。其中,摄像管是最重要的核心部分,它基本上决定和限制整个系统的各主要性能。

一、传统摄像管

1. 二次电子传导摄像管(SEC)

二次电子传导摄像管的结构如图 4-6 所示。它的前半部分为移像段,类似于一只像增强管,但以氯化钾(KCl)SEC 靶代替荧光屏;它的后半部分为扫描段,就是普通光导摄像管的电子枪扫描部分,在栅网和 SEC 靶之间加一个抑制栅。SEC 靶的结构包括三层,如图 4-7 所示。第一层是 Al_2O_3膜,起机械支撑作用;第二层是作为输出信号电极的金属铝膜,加正电位;第三层是在电子轰击下能产生传导的二次电子的 KCl 层,其密度只有固体的 1%~2%,因此呈疏松的纤维状态。

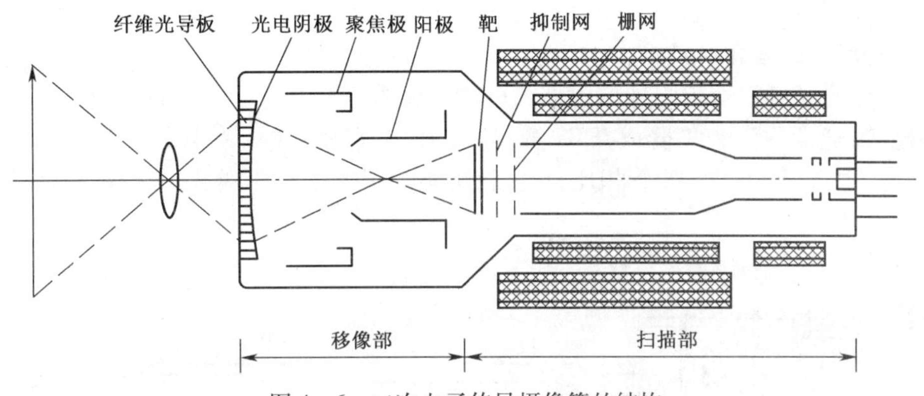

图 4-6 二次电子传导摄像管的结构

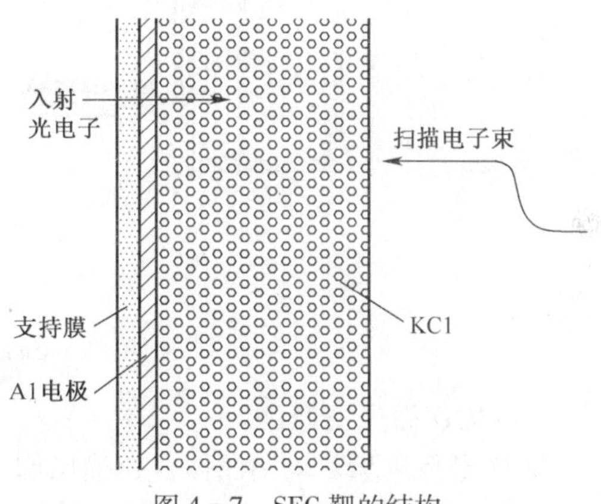

图 4-7 SEC 靶的结构

工作时,光电阴极按照投射在它上面的光学图像的亮度分布产生相应的光电子,并在聚焦电场的作用下,高速打在 KCl 靶上。因光电子受到几千伏高压的加速,上靶时速度极高,能穿过铝膜,轰击 KCl 层,产生大量二次电子。这些二次电子在靶内电场的作用下向靶的信号电极运动,而形成二次电子传导电流,同时在靶内留下了正电荷。其中部分二次电子将与正电荷复合而损失掉。但大部分正电荷将在一帧的时间内连续积累在靶上,由此形成了增强的电荷图像。当电子束扫描时,电子束着靶的电流正比于靶内积累的正电荷量,这一着靶电流经信号电极输出。

为防止电子枪聚焦电极和栅网也吸收二次电子,也为防止电子束着靶时因速度太高而造成二次电子发射,在靠近栅网和靶之间设置抑制栅网,加适量的正电压,形成一个减速场。但是抑制网距靶极很近,因此也容易使网格图像噪声叠加在信息图像上,且增大了分布电容,使分辨率降低,还会因振动和靶相接触。

对信息的积累和存储能力是 SEC 管的最大特点。SEC 靶是高绝缘物质,电阻率高达 $10^{18}\Omega\cdot cm$,漏电极小,暗电流也小,信号几乎随曝光时间线性增加,在数十秒乃至数分钟内仍可保持原清晰度,同时又可以长时间存储信号电荷,然后再扫描读出。因此,在摄取相对静止的弱照度的对象时,例如在天文学、原子核物理学、医疗、安全检查等方面,采用SEC管和存储器,以慢扫描或间歇扫描方式时,就可以通过积累达到较高的信噪比,从而达到探测的目的。

2. 硅增强靶摄像管(SIT)

SIT是一种光电灵敏度极高的摄像管,它可以在星光条件下摄像,从而在技术上开辟了微光电视的领域。SIT管的结构和工作状态与SEC管颇为相似,只是将SEC管中的KCl靶换成了硅靶。用硅靶代替KCl靶后,从光电阴极发射出的光电子,经过电子光学系统的加速和聚焦变成高能电子,轰击硅靶,产生大量电子空穴对,这里不同于二次电子传导,而是载流子在能带内运动。靶增益为SEC管的10倍以上,通过改变移像段的电压可以在一定程度上改变靶增益。

此外,用光学纤维面板将像增强器与硅增强靶管耦合在一起,就组成了超高灵敏度的硅增强靶管,通常称为ISIT管或IEBS管,如图4-8所示。由于光电阴极光谱响应的限制且经过两次电子透镜,与SIT管相比,长波段的相对灵敏度有所降低,分辨率也略低。

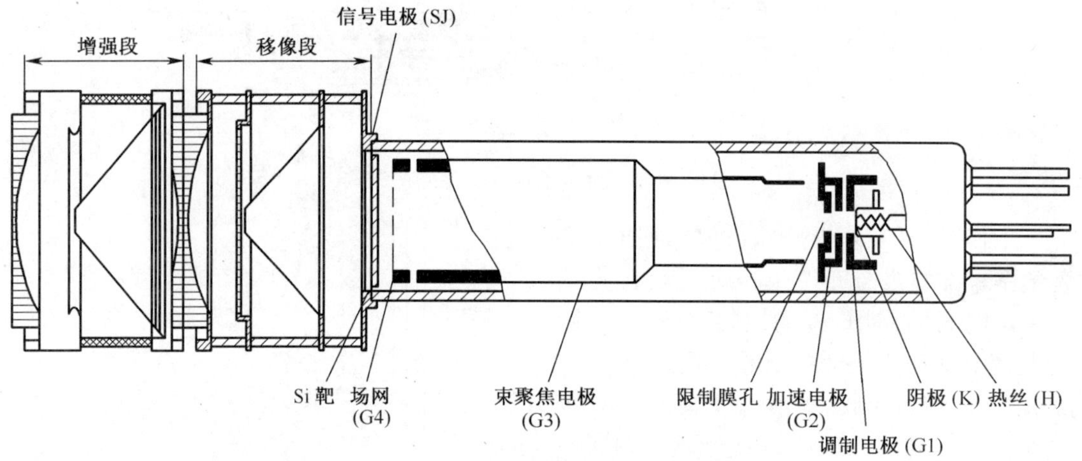

图4-8 ISIT管的结构原理图

二、CCD微光摄像机

CCD摄像机除了采用固体自扫描摄像器件外,在原理上与普通摄像机没有什么区别。摄像器件的光谱响应基本上由半导体材料的光电性质决定,硅CCD摄像器件的光谱响应包括整个可见光和部分近红外辐射,适合于利用月光、星光和夜天光摄取景物目标。但是,不能完全满足低照度下使用,主要限制是CCD的内部噪声和小的光敏元尺寸。因此,需要对到达CCD之前的光学图像进行倍增。产生倍增的方法有两种:一是用图像增强CCD;二是采用电子轰击模式CCD(EB-CCD)来获得倍增。

1. 图像增强CCD

这是一种混合式的结构,CCD器件可选用高可靠、性能良好的器件,而图像增强器的选择主要根据增益、MTF和噪声等性能来折衷考虑,可用一代、二代或三代像增强器。

在包含这两种器件的摄像头中,CCD接收的是增强了的光学图像。一代像增强器光增益一般较低,可采用缩小倍率的电子光学系统,进一步增强图像亮度;二代或三代像增强器由于加进了微通道板,亮度增益增大几百倍,与CCD耦合有利于提高探测灵敏度。

耦合的方法可采用光学透镜或光学纤维。比较起来，光纤耦合简便易行，且紧密性好，在微光条件下工作时，轻微图像质量下降不易发现，光纤耦合的光能利用率高于透镜耦合。两种耦合方法的优缺点归纳于，见表 4－3。

表 4－3　二代像增强器和 CCD 光纤耦合与透镜耦合的比较

	光纤耦合	透镜耦合
优点	紧密性、简易性、高分辨率、高透射比	像质好、放大倍率可调、透射特性可调
缺点	固定图像噪声、黑点、错位、光纤畸变和渐晕	笨重且结构复杂、较低的透射比、畸变和渐晕

2. 电子轰击 CCD(EB－CCD)模式

EB－CCD 的结构如图 4－9 所示。CCD 安装在像增强器荧光屏的位置上，直接探测加速电子。

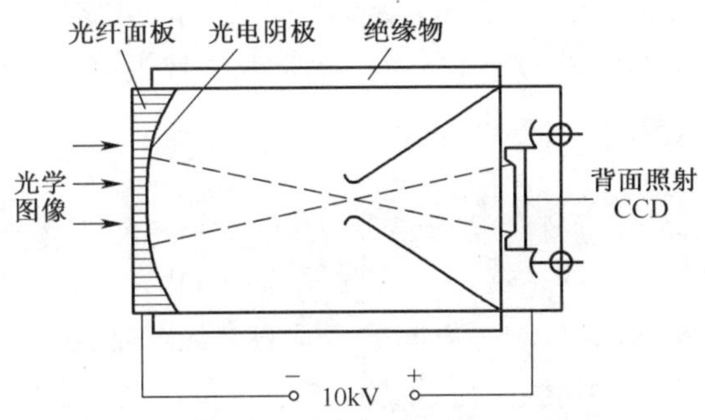

图 4－9　EB－CCD 的结构示意图

采用 EB－CCD 的摄像机具有灵敏度高和噪声小的优点，其缺点是工作寿命短。CCD 在 10~20keV 的电子轰击下会产生辐射损伤，使暗电流和漏电流增加，转移效率下降。将背面减薄到约 10μm，而使电子从背面轰击(背面辐照方式)，可以提高器件寿命，但需要增加加工步骤，成品率低。

4.4.3　微光电视系统的性能

一、电视系统的性能

衡量电视系统图像质量的好坏，通常有以下几个基本参数。

1. 灵敏度

电视系统的灵敏度是指保证图像质量所需的景物最低照度。这主要根据景物照度、反射比、观察距离和光学系统参数来确定。最主要的限制是摄像管的性能。有的摄像机系统给出了能分辨图像的极限灵敏度指标，即信噪比为 6dB，分辨率为 100TVL 时的照度。

2. 动态范围

电视系统的动态范围是指保证图像质量所需的景物最高照度与最低照度的范围。对于微光电视系统，要求全天候工作，也就是既要求在夜间低照度(10^{-5}lx)下，又要求在白天的高照度(10^5lx)下工作，其动态范围达 $10^{10}:1$。高动态范围是微光电视系统的特点。

3. 分辨率

电视系统分辨图像细节的能力称为电视系统的分辨率，又分垂直分辨率和水平分辨率。

垂直分辨率是指沿着屏幕的垂直方向分辨水平条纹的能力，主要取决于每帧的扫描线数目以及扫描轨迹与像素的不重合程度。显然，扫描线数越多，垂直分辨率越高，垂直分辨率用每帧中的电视行数来表示。它还取决于人眼分辨率对电视图像清晰度的要求，电视行数再多，若已经超过眼睛的分辨能力就没有意义了。如图 4－10 所示，眼睛所能分辨的条纹数为

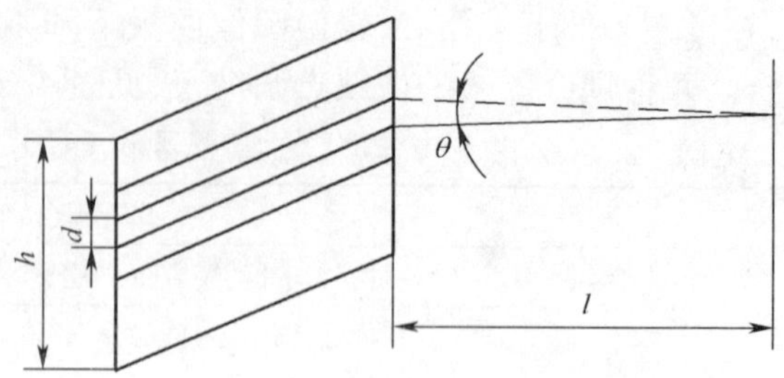

图 4－10　电视扫描行数的确定

$$Z = \frac{h}{d} = \frac{3438h}{\theta l} \tag{4-45}$$

式中：θ 为人眼的分辨角或视角，观看电视时易引起疲劳，一般取 $\theta = 1.5'$。考虑到当 $l = 5h$ 时，可获得最佳观察效果。将 $\theta = 1.5'$ 和 $h/l = 0.2$ 代入式（4－45），得

$$Z = \frac{3438 \times 0.2}{1.5} = 458\ (\text{线})$$

我国电视制式为 625 行，垂直分辨率系数为 0.7，则垂直分辨率为

$$N_V = 0.7 \times 625 = 437\ (\text{TVL})$$

水平分辨率指的是沿着屏幕水平方向分辨垂直条纹的能力。水平分辨率主要取决于电子束截面积的大小和频带宽度。实践证明，水平方向和垂直方向分辨率相等时，图像质量最佳。因此，对于屏幕宽高比为 4/3 时，水平分辨率为

$$N_H = 4/3 N_V = 582\ (\text{TVL})$$

4. 信噪比

在电视图像中，除了目标景像外有时还存在着像雪花一样密密麻麻的小点，这就是噪声。噪声的存在影响观看效果，通常以信噪比来衡量噪声的大小。

信噪比是指图像信号的峰-峰值与噪声的均方根值之比，用分贝表示。从经验得知，信噪比达 30dB 时，观察效果就比较好了，如果达到 40dB 时，则噪声可以被忽略。

5. 灰度等级

把图像的亮度从最亮到最暗分成 10 个亮度等级，该亮度等级称为灰度。图像上任何一点的亮度应该正比于被摄景物相应点的亮度，也就是重现了被摄物体各点间的灰度比。因此，电视图像能重现被摄景物的灰度等级数目越多，电视系统的图像层次越丰富，图像越逼真。经验认为灰度等级不应低于 6 级。

6. 非线性失真

景物经过电视系统成像后所产生的几何畸变，称为非线性失真。主要是由于摄像管与显像管偏转电场的不均匀，行、场扫描电流非线性，光学系统像差等因素造成的。一般工业电视规定，非线性失真不大于 5%～10%。

7. 惰性

当观察快速运动的目标，或快速移动摄像机时，发现显示屏上重叠着视场以外景物的图像，从而使图像变得模糊，这种残留图像的现象称为惰性，也称为滞后。通常用第三场

残余信号的大小来表示，主要由摄像管的惰性决定。

二、微光电视系统的性能

1. 微光电视系统的极限分辨率

当微光电视在低照度条件下工作时，由于被探测的光子数目很少，摄像管产生的信号极其微弱，所摄取的图像信号的信噪比将大大下降，严重影响低照度下观察的分辨率。当信号减弱到一定程度时，甚至有可能完全被噪声淹没。和微光直视系统一样，光子噪声是对微光电视系统在弱光下给出的最终极限。

微光电视系统视频信号的信噪比定义为峰值信号电流对噪声电流均方根值之比。峰值信号电流可由摄像管的输入端光电阴极的光电流信号分量乘以电子倍增的全过程的增益系数获得。设电子倍增过程的平均增益分别为 G_1、G_2、G_3、…、G_n，则峰值信号电流可表示为

$$I_s = 2E_m ch^2 sG_1 G_2 \cdots G_n \tag{4-46}$$

式中：E_m 为光电阴极上的平均照度；h 为光电阴极上像面高度；s 为光电阴极的灵敏度；c 为对比度。

总的噪声均方根电流由两部分组成：一是各电子倍增过程的随机起伏；二是其他噪声电流。

设电子倍增过程的随机起伏符合高斯分布，则这一部分噪声电流为

$$\overline{\Delta I_a^2} = 2e\bar{I}F(1 + G_n + G_n G_{n-1} + \cdots + G_n G_{n-1} \cdots G_1) \tag{4-47}$$

式中：$\bar{I}$ 为平均电流；e 为电子电荷；F 为带宽。

其他噪声电流按均方叠加，其值为

$$\overline{\Delta I_b^2} = \sum_m (i_N)_m^2 \tag{4-48}$$

所以，总的噪声均方根电流值为

$$\overline{I_N} = \left[2e\bar{I}F(1 + G_n + G_n G_{n-1} + \cdots + G_n G_{n-1} \cdots G_1) + \sum_m (i_N)_m^2\right]^{1/2} \tag{4-49}$$

于是，可以得到摄像系统输出信号的信噪比，即视频信号的信噪比为

$$SNR_{视频} = \frac{2E_m ch^2 sG_1 G_2 G_3 \cdots G_n}{\left[2e\bar{I}F(1 + G_n + G_n G_{n-1} + \cdots + G_n G_{n-1} \cdots G_1) + \sum_m (i_N)_m^2\right]^{1/2}} \tag{4-50}$$

若 $G_0 = G_1 G_2 \cdots G_n$，并设 G_1 足够大，将平均电流 $\bar{I} = E_m h^2 sG_1 G_2 \cdots G_n$ 代入式(4-50)，得

$$SNR_{视频} = \frac{2E_m h^2 csG_0}{\left[2eFE_m h^2 sG_0^2 + \sum_m (i_N)_m^2\right]^{1/2}} \tag{4-51}$$

若忽略其他噪声，只保留摄像管光电阴极面的噪声分量时，则可得摄像机的初始信噪比为

$$SNR_{初始} = \frac{2E_m h^2 csG_0}{(2eFE_m h^2 sG_0^2)^{1/2}} = \frac{(2E_m s)^{1/2} ch}{(eF)^{1/2}} \tag{4-52}$$

进一步将视频信噪比与每幅像面宽度中的线条数表示的极限分辨率加以联系。在光子噪声限制条件下，理想探测器的信噪比由式(4－17)给出，该式同样适用于受光子噪声限制的理想微光电视系统。即

$$SNR_{光子} = (2\pi\alpha^2 r^2 \tau t\eta PL_m c^2)^{1/2} = \alpha Dc\left(\frac{\pi\tau tL_m}{2}\frac{s}{e}\right)^{1/2} \tag{4-53}$$

式中：目标平均亮度 L_m 可用输入到光电阴极面上的平均照度 E_m 表示，即

$$L_m = \frac{4E_m}{\pi\tau}\left(\frac{f}{D}\right)^2 \tag{4-54}$$

在电视系统中，极限分辨角 α 可用物镜焦距 f 和光电阴极分辨的每幅相面高度 h 中包含的黑白线条总数 $n_{极限}$ 表示，即

$$\alpha = h/(fn_{极限}) \tag{4-55}$$

将式(4－54)和式(4－55)代入式(4－53)，得

$$SNR_{光子} = \frac{ch}{n_{极限}}\left(\frac{2E_m st}{e}\right)^{1/2} \tag{4-56}$$

由于探测出黑白线条图形所需的最小信噪比近似为1，故式(4－56)变为

$$n_{极限} = ch\left(\frac{2E_m st}{e}\right)^{1/2} \tag{4-57}$$

联系式(4－52)可得

$$n_{极限} = (Ft)^{1/2}(SNR)_{初始} \tag{4-58}$$

这就是在光子噪声限制条件下，摄取黑白线条图案的极限分辨率的一般表达式。它适用于白噪声、带宽为 F 和积累时间为 t 的情况。

以上的极限分辨率表达式是在考虑初始信噪比条件下导出的。如果考虑到实际的摄像器件，则应引入其他各项附加噪声，同时还要考虑到摄像系统各环节的调制传递特性。由于调制传递函数的影响会使图像对比恶化，可以用输入对比度 c_i 和摄像系统方波响应 $R(n)$ 的乘积代替公式中的对比 度 c，即 $c = c_iR(n)$ 。系统的带宽也应由摄像系统调制传递函数所确定的有效带宽所代替，有效带宽 F_{ef} 由下式确定：

$$F_{ef} = \frac{F_0}{1 + (n/n_0)^2} \tag{4-59}$$

式中：F_0 为视频放大器带宽；n_0 为系统的响应下降到0.5时所对应的每幅图像宽度的线条数。

假设极限分辨率与视频信噪比间关系符合式(4－58)。将对比度和带宽按实际确定的值代入式(4－51)的对应项，联立式(4－51)和式(4－58)，即可得出微光电视系统图像的极限分辨率与摄像管光电阴极面上平均入射照度的关系：

$$E_m = \frac{n^2 e}{4stc_i^2 R(n)^2 h^2}\left\{1 + \left[\frac{4c_i^2 R(n)^2 + \sum_m (i_N)_m^2}{n^2 e^2 F_{ef}^2 G_0^2}\right]^{1/2}\right\} \tag{4-60}$$

式(4－60)称为微光电视摄像系统的敏锐度公式，其中的噪声项随摄像管的类型而变化。

2. 微光电视系统动态范围控制

微光电视系统应具有很大的动态范围($10^{10}:1$)。它要求微光摄像机在低照度下既能有高灵敏度,又能适应环境照度的增加而获得高质量的图像。这在技术上实现起来比较困难。通常动态范围控制系统由三级组成,见图 4-11。第一级为自动光控制,它由一个带点状光衰减器的自动光圈镜头和相应的控制电路组成。它的功能是使输入到光电面上的照度保持恒定。第二级是靶增益自动控制电路。摄像管的靶增益是随加在移像段上的高压的变化而变化的,靶的增益随高压的增加而升高,即摄像机的灵敏度随着高压的升高而增大。当环境照度减小时,摄像管的靶增益自动升高,以保证摄像机输出信号的恒定。当高压达到最大值,环境照度进一步减小,输出信号下降到某一规定值时,第三级自动增益控制电路开始起作用,自动增加视频放大器的增益,使视频输出维持在所要求的最低电平上。

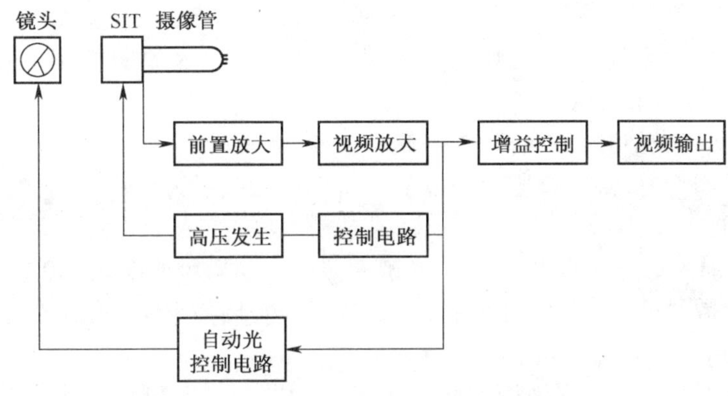

图 4-11 微光摄像机动态范围控制方框图

3. 微光电视摄像物镜的特殊要求

为了适应不同的被摄目标和不同的适用场合,微光摄像物镜除满足前述成像清晰、透过率高、像面照度均匀、图像畸变小、光圈可以调整等基本要求外,还应满足下列特殊要求:

(1) 微光摄像物镜要有大的集光能力,即有大的相对孔径。一般来说,当摄取室外夜间景物时,物镜的焦距都比较大,为了得到大的相对孔径,物镜的有效通光孔径也相应增大,而且有利于获取更多的光能量,所以微光摄像物镜一般具有大相对孔径和大通光孔径。

(2) 微光摄像物镜在光谱性能方面具有特殊要求。用于野外夜间摄像的微光电视系统,应该充分考虑夜天光的光谱分布和景物的光谱反射特性。景物的光谱反射特性随季节、气候、景物的类别和拍摄角度不同而异。此外,还应注意到摄像器件的光谱响应。

综合考虑夜天光光谱分布、景物的光谱反射特性以及摄像管的光谱响应特性等因素,为了提高夜间摄像的图像质量,要求微光摄像物镜在 0.4~1.0μm 的光谱范围内具有良好的透光性能和消色差,但主要波段范围是 0.5~0.9μm。所以良好的微光摄像物镜应采用对 C 光线(656.3nm)校正单色像差,而对 A' 光线(768.5nm)和 D 光线(589.3nm)进行消色差。

(3) 微光电视系统的动态范围一般都很大,为使光敏面上的照度基本保持恒定,通常采用自动光圈的摄像物镜。

4.4.4 微光电视系统的视距估算

一、摄像管的分辨率与光电靶面照度的关系

计算视距时，首先要给出被选用的摄像管的分辨率与光敏面照度的关系曲线，该曲线可由实验测得。用测试卡作为摄像管的目标，测试卡上有一组对比度为100%的黑白条纹，用物镜使条纹图案成像在光敏面上，通过改变测试卡上的照度来改变光敏面上的照度，测出摄像管的极限分辨率，并绘出曲线，如图4-12所示。

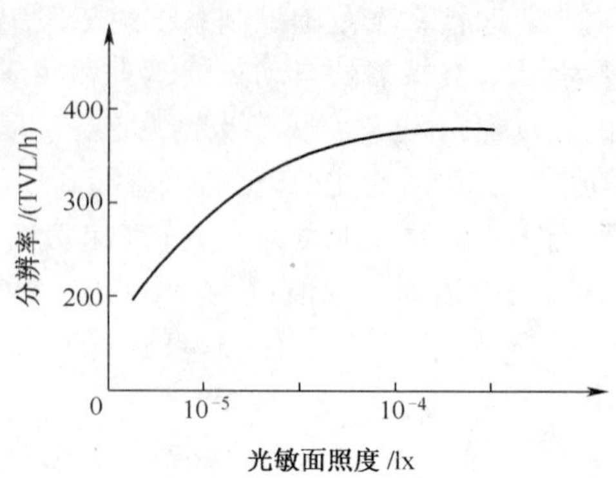

图4-12 典型的硅增靶管的极限分辨率曲线

实际上，景物对比度不是100%，大约为30%，和实验室测量用的对比度为100%的测试卡相差很大，所以在估算视距时应予以修正。

当观察效果不变时，摄像管靶面照度值与对比度的关系为

$$E_1c_1^2 = E_2c_2^2 \tag{4-61}$$

式中：E_1、E_2分别为对比度c_1和c_2时的光敏面照度。如果对比度从100%变到30%，则照度相应增加一个数量级。对于一个对比度很低的景物，例如10%，则需要将照度增加两个数量级，才能收到同样的观察效果。

当已知任意对比度c时光敏面的照度为E，由式(4-61)可换算成对比度为100%时的光敏面照度$E_{100\%}$，即

$$E_{100\%} = Ec^2 \tag{4-62}$$

二、摄像管光敏面照度的计算

已知摄像管靶面照度可用下式计算：

$$E = \frac{\pi}{4}L\tau\left(\frac{D}{f}\right)^2\frac{1}{(1+m)^2} \tag{4-63}$$

式中：L为被摄目标的亮度；τ为物镜的透过率；m为摄像管靶面上像对目标的放大率，即m=像高/物高=焦距/距离=f/R。当$R/f > 20$时，m可以忽略。

由光度学可知，光出射度$M = \pi L = E_0\rho$，故式(4-63)改写为

$$E = \frac{E_0\rho\tau}{4}\left(\frac{D}{f}\right)^2\frac{1}{(1+m)^2} \tag{4-64}$$

式(4-64)就是景物照度与光敏面照度的关系式。式中：E_0为景物照度；ρ为目标反射率。

将式(4-64)代入式(4-62)，得

$$E_{100\%} = \frac{E_0\rho\tau}{4}\left(\frac{D}{f}\right)^2\frac{c^2}{(1+m)^2} \tag{4-65}$$

上式忽略了大气衰减的影响，当气候条件较差时，还需乘以大气透过率τ_a。

景物照度可按实际使用环境确定，例如无月星光的景物照度为10^{-3}lx。景物反射率

随目标景物不同而异，表 4-4 中给出了某些景物的反射率。

表 4-4　各种景物的反射率

景物	雪	光亮 混凝土	淋湿的 褐色土地	干草	橘黄叶	绿草	风干的树	常绿的树
反射率	0.87	0.32	0.14	0.31	0.31	0.11	0.10	0.05

对比度 c 可根据表 4-4 中给出的不同目标物及相邻景物的反射率来计算，也可粗略地选取，自然界中景物对比度一般为 20%~50%，通常取对比度 33%较为合适。

光学系统的 D/f 和 τ 值，在光学设计完成后即可确定。将上述已知数据代入式(4-65)，就可以计算出摄像管光敏面上的照度。

三、视距计算

计算视距的几何图形如图 4-13 所示。

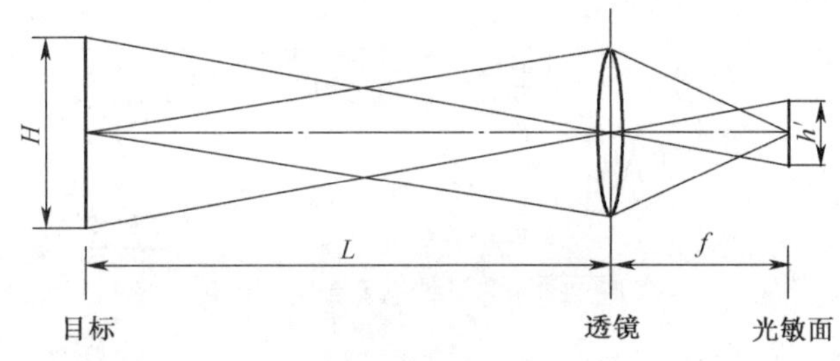

图 4-13　计算视距时目标与像的几何关系

图 4-13 中 H 为目标高度，h' 为目标像高，f 为光学系统焦距，则视距 L 为

$$L = fH/h' \tag{4-66}$$

设电视幅面为矩形，且内接摄像管有效工作的外圆，幅面高度为 h，在整个幅面高度 h 范围内的电视线总数为 N，目标所占有的电视线行数为 n，则

$$n = Nh'/h$$

或

$$h' = hn/N \tag{4-67}$$

代入式(4-66)得

$$L = fHN/hn \tag{4-68}$$

在计算视距之前，必须先确定不同观察等级下所需的电视线行数 n。目标的尺寸、形状、色调、高宽比和对比度等因素都影响对目标的观察效果。根据实践得知，要发现目标 n 取 5~6 行，识别目标取 10~16 行，认清目标则要求 n 值更高，为 20~22 行。

整个幅面高度中的电视线数 N 就是摄像管的极限分辨率。由式(4-65)计算得出光敏面上的照度，然后按照摄像管极限分辨率曲线查得 N 值。

目标高度 H 的选取要注意到，当高宽比不为 1 时，取短边尺寸，例如，观察人时，取 H 为 0.4m。

4.5　微光图像光子计数器

随着宇航技术的高速发展和国防科学的迫切需求，对极弱光目标的探测和成像技术变得极为重要。此外，在化学、生物学、物理学和量子电子学等学科的研究活动中，人们所要拾取和分析的事件信息也往往是一些照度极弱(10^{-9} lx,10^{-3} 光子/(cm^2 · s)以下)、持续时间非常短(≤10^{-9}s 以下)的光图像信号。这些需求都促成了微光图像光子计数器技术的诞生和发展。现代光子计数技术具有信噪比高、区分度高、测量精度高、抗漂移性好、时间稳定性好等诸多优点,并且可以将数据以数字信号的形式输出给计算机进行后续的分析处理,这是其他探测方法所不能比拟的。

4.5.1 微光图像光子计数器的工作原理

由于微光信号在时间域上表现得较为分散,因此探测器输出的电信号也是离散的。根据微弱光的这一特点,通常采用脉冲放大、脉冲甄别以及数字计数技术来对极弱光进行探测。图 4-14 为光子计数系统的结构图。由图可以看出,系统主要由光电探测器、前置放大器、脉冲幅度甄别器和计数器四个部分组成。

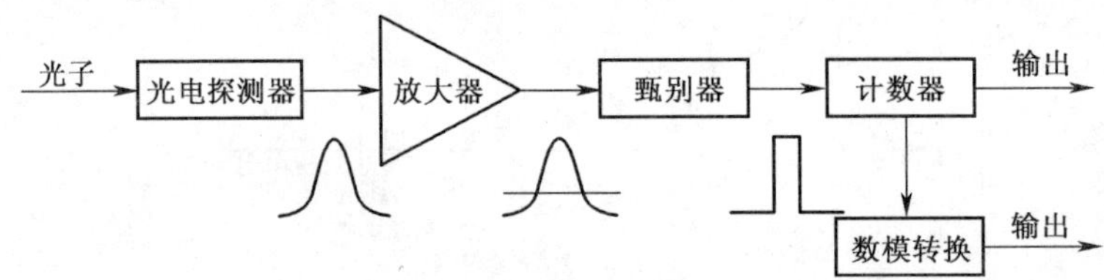

图 4-14 光子计数系统结构图

光子被探测器接收后转化为电脉冲,经过前置放大器后信号被放大,由于信号中常常伴随着噪声,该噪声可以通过脉冲幅度甄别器去除,去除后得到一个 TTL 电平信号供计数器计数。

对于成像来说,一幅图像实际上是一种二维空间的光强或光场的分布,光经过不同物体、不同表面反射后产生的非均匀光信号在探测器的不同像元进行能量积分,产生的光电流经过倍增、处理后得到不同灰度等级像素单元组成的图像。这幅图像可以被视为一个二维函数 $F(x, y)$,x 和 y 为空间坐标,(x, y) 对应图像中任意一个像素,$F(x, y)$ 则为该像素处图像的亮度或灰度。

若采用单个光电探测器进行扫描成像实验,从理论上讲只要满足奈奎斯特抽样定理,以门控方式对目标光场在空间和时间上进行二维逐点采样即可。具体过程大致如下:先设定好采样环境、采样点的数目、采样速度以及采样时间等参数,使用光子计数器依次对每一个采样点扫描,扫描后得到一个计数值,该计数值即是对该点亮度(灰度)的反映。扫描结束后会产生一个二维计数值矩阵。通过对该矩阵进行反演、增强、降噪等处理后,即可恢复出被测目标的图像。

4.5.2 微光图像光子计数成像系统

一、多阳极微通道板阵列(MAMA)光子计数成像系统

如图 4-15 所示,MAMA 光子计数系统主要包括两个部分:MAMA 探测器和后续的读出电路。其中 MAMA 探测器主要包括用于光电转换的阴极、用于电子倍增的微通道板和用于收集信号和地址编码的高密度阳极阵列;读出电路部分则由多个电荷放大器、脉冲甄别器以及高速解码电路、定时控制存储器和计算机组成。

MAMA 管可以用窗口材料封装起来,也可以做成开启式的结构。光电阴极材料可直

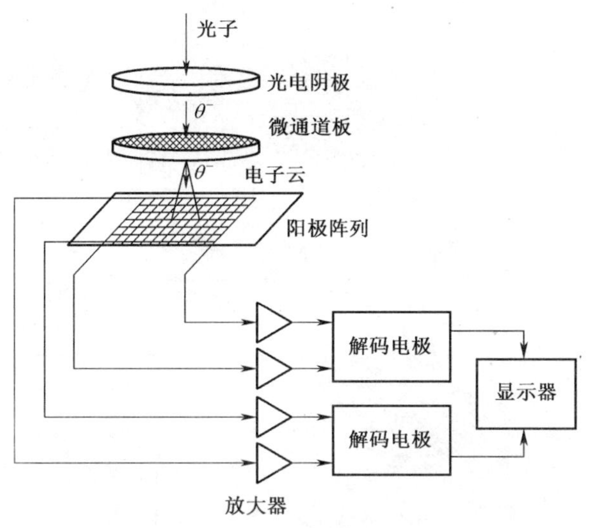

图 4-15　成像 MAMA 探测系统结构示意图

接蒸镀在微通道板(MCP)前表面或与微通道板近贴安装。在微通道板输出面的近贴聚焦处有两层结构精细的阳极。这两层阳极可以探测并确定由单光子事件产生的电子云的位置。MAMA 探测管的结构原理如图 4-16 所示。每层电极分成两组排列,这样可以通过一定数量的输出电路唯一地确定出高分辨率成像所必需的位置坐标。两层电极成正交布置,电子云的坐标位置通过每层中两组电极的重合信号可以唯一地确定。两层阳极之间由 SiO_2 介电层加以绝缘。上层与下层电极之间介电材料被刻蚀掉,这样可以使来自 MCP 电子云的低能量(约 30eV)电子同时被收集到每一层上。四组电极的输出信号,通过放大器和鉴别电路加以制约并馈送到数字逻辑电路中,从叠加的输出信号中解出电子云的坐标位置。

二、基于电子轰击 CCD 的光子计数成像系统

电子轰击 CCD 的探测元为对电子敏感的 EB-CCD,用它来代替通常的荧光屏,通过减薄方法去除 CCD 基片的大部分硅材料,仅对硅薄层有所保留,因为它们含有一些电路器件结构,这样就使得 CCD 背面的成像光子可以直接进入 CCD 完成光电转换和电荷累积的工作,而不需要经过多晶硅门电极,量子效率相比前照明 CCD 有了大幅提高,可达 90%,不仅体现在可见光区域,在紫外和 X 射线波段也有良好的效果,带有紫外增透射涂层的 EB-CCD 在波长 200 nm 附近的量子效率接近 50%。而前照明 CCD 的多晶硅电极几乎对所有的紫外光都吸收。电子轰击 CCD 具有增益高、噪声低、分辨率高的优点,可以在环境照度很低的情况下工作,在极限情况下甚至可以探测单光子。缺点是工艺上较为复杂,光电阴极必须在 CCD 封装在管内之后才可以制作,装架比较困难,而且要求光电阴极的制造工艺必须与 CCD 兼容,排气温度不能过高,否则会对阴极的灵敏度产生负面影响。

三、基于电子倍增 CCD(EM-CCD)的光子计数成像系统

EM-CCD 技术,又称作“片上增益”技术。Andor Technology Ltd 公司于 2001 年发布的 iXon 系列高端超高灵敏相机上首先采用了这项技术。它与普通的科学级 CCD 探测器

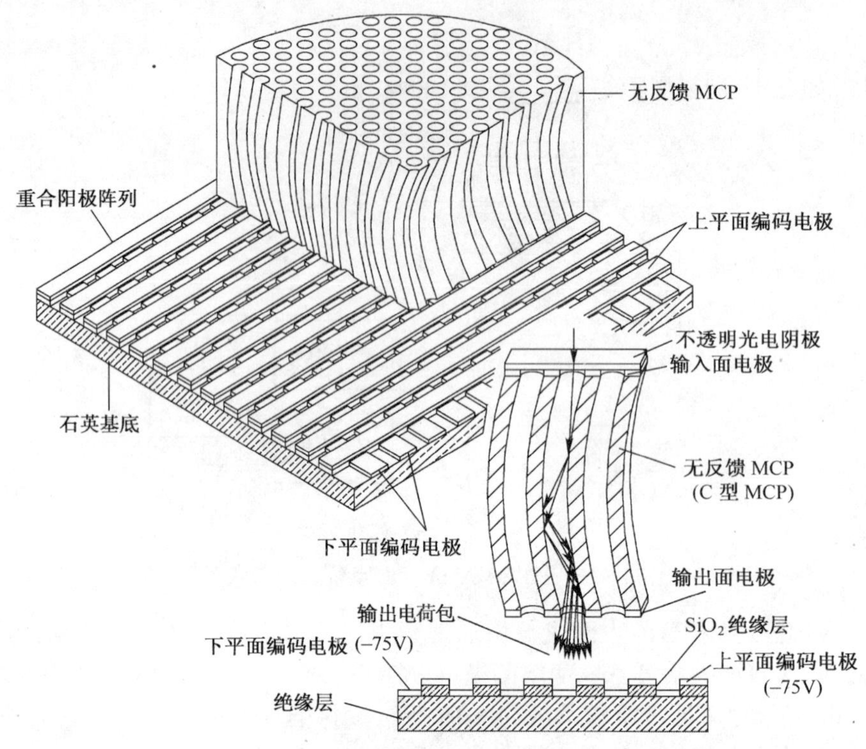

图 4－16　MAMA 探测管的结构原理

结构略有不同,比普通 CCD 多了一个“增益寄存器”,位置在转移寄存器之后,可以使电荷倍增放大。这也就是 EM－CCD 不需要电荷放大器的根本原因。电子倍增 CCD 具有灵敏度高、量子效率高、信噪比高、空间分辨率高的优点,能在较高的读出速率和帧速下运行,并且噪声很低,其有效读出噪声小于一个电子,使以前因为读出噪声过大导致限制器件工作频率的现象得到大大改观。由于 EM－CCD 的探测灵敏度很高,所以其在实时动态探测方面表现非常优秀,非常适合用于单光子探测。但与此同时,高增益也带来了一定弊端,CCD 芯片的暗电流噪声会不可避免地被放大,因此抑制暗电流成为了提高 EM－CCD 信噪比和探测灵敏度的关键所在。暗电流受温度影响很大,因此要降低暗电流必须选用具有良好制冷功能的 CCD 芯片,能够使温度稳定在一个较低的水平。

四、基于雪崩光电二极管(APD)及其阵列的光子计数成像系统

雪崩型光电二极管是一种高增益的光电探测器件,当它工作在盖革模式的时候具备单光子探测能力,与传统的光电倍增管(PMT)相比,APD 因为全固态结构、量子效率高以及在高增益下仍能保持良好信噪比的优点使其在微光探测领域比 PMT 更具优势。按照使用材料分类,雪崩光电二极管主要分为硅雪崩光电二极管(Si－APD)、锗雪崩光电二极管(Ge－APD)和铟镓砷雪崩光电二极管(InGaAs－APD)。

图 4－17 是某 Si－APD 的偏置电压与光电流的关系曲线。可以看出,该 APD 在不同的偏置电压下有三种工作模式:普通二极管模式(偏置电压<5V);雪崩模式(5V<偏置电压<26V);盖革模式(偏置电压>26V),此时可以实现单光子探测。

图 4－18 是以 APD 为探测核心的单光子探测器工作原理图。当 APD 工作于盖革模

式下时，光子照射在光敏面上，激发出的电子-空穴对在强电场的加速下，与晶格原子发生碰撞，晶格原子发生电离，产生新的电子-空穴对，新的电子-空穴在电场的作用下再与晶格原子碰撞，如此不断地碰撞就产生出大量的电子-空穴对，从而形成较大的光电流，经过后续电路的检测和甄别提取光子信号。

由于雪崩光电二极管工作在高反偏压，载流子发生雪崩倍增，运动速度相当快，光生载流子渡越时间短，一般为 10^{-10}s 数量级；结电容为几皮法，所以管子响应时间一般很小。如国外 APDS－3R 硅雪崩光电二极管结电容 3pF，响应时间只有 0.5ns，频率响应为 10^5MHz。

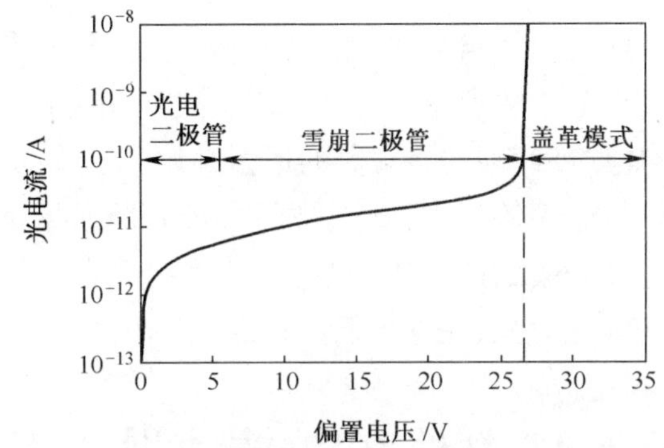

图 4－17　Si－APD 的偏置电压与光电流的关系曲线

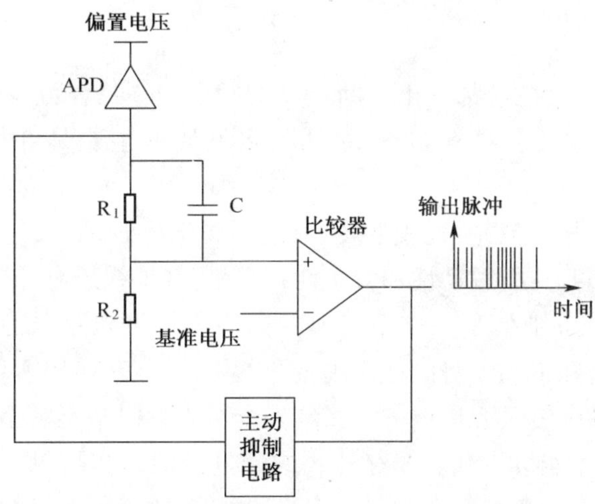

图 4－18　APD 单光子探测器工作原理图

第5章　红外图像成像系统

红外成像技术是一种把红外辐射转换为可见光的技术，利用景物本身各部分辐射的差异来获得图像的细节。与微光成像技术相比，红外成像产生过程较复杂且维护成本较高，但其在图像质量、夜间和白天应用领域、作用距离等方面具有明显的优势。

红外成像系统可分为主动式和被动式两种。主动式红外成像系统是通过红外光源主动辐照目标，并接收反射的红外线来实施观察的成像系统。这种系统具有背景反差好、成像清晰及不受外界照明条件影响等优点，缺点是因自带光源而易于暴露自己。被动式红外成像系统不主动发射红外光去辐照物体，它通过捕捉物体自身发出的红外热辐射来实现夜视，具有隐蔽性好、透雾能力强、耗电量低等特点。

5.1　红外辐射的基本理论

5.1.1　红外辐射特性

任何物质内部的带电粒子都处于不断运动的状态。当物体温度高于绝对零度时，会不断地向周围辐射电磁波。在常温下，物体的自发辐射主要是红外辐射，辐射波长在0.75～1000μm之间。

本质上，红外辐射与可见光、无线电波一样，同属于电磁辐射，它们都是横波，在真空中以相同速度传播，同样具有波动性和粒子性。但是，红外线还有一些与可见光不同的独有特性：①红外辐射的物理本质是热辐射，其热效应比可见光要强得多，且辐射量主要由物体的温度、表面形貌和材料本身的性质决定。其中，温度对热辐射现象起着决定性的作用，它决定了热辐射的强度及光谱成分。②红外线对人的眼睛不敏感，所以必须用对红外线敏感的红外探测器才能接收到。③红外线的光量子能量比可见光的小，例如10μm波长的红外光子的能量大约是可见光（0.5μm）光子能量的1/20。④大气、烟云等能够吸收可见光和近红外线，但是对3～5μm和8～14μm的热红外线是透明的，利用这两个红外线“大气窗口”的波段，可以在完全没有光照的夜晚，或是烟雾弥漫的情况下，清晰地观察到目标的情况。⑤在电磁波谱中，可见光谱的波长范围为0.38～0.76μm，只跨过一个倍频程；而红外波段为0.75～1000μm，跨过大约10个倍频程，因此，红外光谱区含有比可见光谱区更丰富的内容。

在红外技术领域中，通常把整个红外辐射波段按波长分为4个波段：$\lambda=0.75\sim3\mu m$，称为近红外（简称NIR）；$\lambda=3\sim6\mu m$，称为中红外（简称MIR）；$\lambda=6\sim15\mu m$，称为远红外（简称FIR）；$\lambda=15\sim1000\mu m$，称为极远红外（简称XIR）。

5.1.2 红外辐射度学基础

光度学是描述光源发出的可见光性能的重要表述方法，它以人眼对入射辐射刺激所产生的视觉为基础，其重要参量包括光通量、发光强度、照度等。对于电磁波谱中其他广阔的区域，如红外辐射、紫外辐射、X 射线等波段，必须采用辐射度学的概念和度量方法，它建立在物理测量的客观量——辐射能的基础上，不受人的主观视觉的限制。因此，辐射度学的概念和方法，适用于整个电磁波谱范围。

辐射度学主要遵从几何光学的假设，认为辐射的波动性不会使辐射能的空间分布偏离几何光线的光路，不需考虑衍射效应；且认为辐射能是不相干的，即不需考虑干涉效应。因此辐射度学的测量误差通常较大。

一、基本辐射量

1. 辐射能密度

辐射能密度是指辐射场中单位体积内的辐射能，用 u 表示，即

$$u = \frac{\partial Q}{\partial V} \tag{5-1}$$

式中：Q 为辐射能；V 为体积。

2. 辐射能通量

辐射能通量是指单位时间内通过某一面积的辐射能，用 Φ 表示，即

$$\Phi = \frac{\partial Q}{\partial t} \tag{5-2}$$

辐射能通量有时也叫辐射功率，二者可以混用。

3. 辐射强度

辐射强度用来描述点辐射源发射的辐射能通量的空间分布特性，如图 5-1 所示。它的定义是点辐射源在某方向上单位立体角内所发射的辐射能通量，用 I 表示，单位为瓦/球面度（W/sr），即

$$I = \lim_{\Delta\Omega \to 0} \frac{\Delta\Phi}{\Delta\Omega} = \frac{\partial\Phi}{\partial\Omega} \tag{5-3}$$

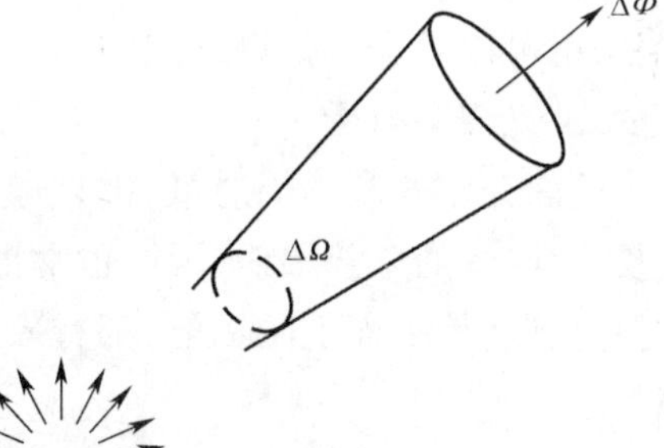

图 5-1 点源的辐射强度

对于各向同性的辐射源，I 为常数，$\Phi = 4\pi I$。在实际情况中，真正的点辐射源在物理上是不存在的。能否把辐射源看作点源，主要考虑的不是辐射源的真实尺寸，而是它对探测器（或观测者）的张角。一般说来，只要在比源本身尺度大 30 倍的距离上观测，即可把辐射源视作点源。

4. 辐亮度

对于扩展源（如天空），无法确定探测器对辐射源所张的立体角，而且，即使在给定某立体角时，扩展源的辐射率不仅与立体角的大小有关，还与源的发射表面积及观测方向有关。因此，不能用辐射强度描述源的辐射特性。

如图 5-2 所示,辐亮度是指扩展源在某方向上单位投影面积向单位立体角发射的辐射能通量,用 L 表示,单位为 $\mathrm{W\cdot m^{-2}\cdot sr^{-1}}$,即

$$L=\lim_{\substack{\Delta A_\theta\to 0\\ \Delta\Omega\to 0}}\left(\frac{\Delta^2\Phi}{\Delta A_\theta\Delta\Omega}\right)=\frac{\partial^2\Phi}{\partial A_\theta\partial\Omega}=\frac{\partial^2\Phi}{\partial A\partial\Omega\cos\theta}\tag{5-4}$$

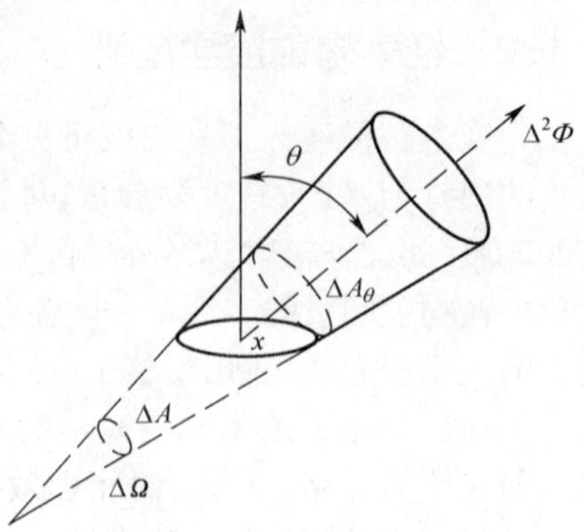

图 5-2 扩展源的辐亮度

5. 辐出度

辐出度的定义是扩展源在单位面积上向半球空间发射的辐射能通量,用 M 表示,单位是 $\mathrm{W\cdot m^{-2}}$,即

$$M=\lim_{\Delta A\to 0}\frac{\Delta\Phi}{\Delta A}=\frac{\partial\Phi}{\partial A}\tag{5-5}$$

式中:A 为源发射表面积。

6. 辐照度

辐照度是为了描述物体被辐照的情况而引入的物理量。其定义是被照物体表面单位面积上接收到的辐射能通量,用 E 表示,单位是 $\mathrm{W\cdot m^{-2}}$,即

$$E=\lim_{\Delta A\to 0}\frac{\Delta\Phi}{\Delta A}=\frac{\partial\Phi}{\partial A}\tag{5-6}$$

式中:A 为源发射表面积。

值得注意的是,辐照度和辐出度的定义式相同,但它们却具有完全不同的物理意义。辐出度是离开辐射源表面的辐射能通量分布,它包括源向 2π 空间发射的辐射能通量;辐照度是入射到被照表面上的辐射能通量分布,它可以是一个或多个辐射源投射的辐射能通量,也可以是来自指定方向的一个立体角中投射来的辐射能通量。

二、光谱辐射量

前面介绍的基本辐射量,都只考虑了辐射功率的分布特征,并认为这些辐射量包含了波长从 0~∞的全部辐射,因此也常把它们叫做全辐射量。然而,任何辐射源发出的辐射,或投射到物体表面上的辐射,都有一定的光谱分布特征。因此,上述各量均有相应的光谱辐射量。

设在波长 λ 附近,取一小的波长间隔 $\Delta\lambda$,若该波长间隔内的辐射量 X(泛指 Φ、I、L、M、E)的增量为 ΔX,于是 ΔX 与 $\Delta\lambda$ 之比的极限值就是光谱辐射量,即

$$X_\lambda=\lim_{\Delta\lambda\to 0}\frac{\Delta X}{\Delta\lambda}=\frac{\partial X}{\partial\lambda}\tag{5-7}$$

如果对全部波长($\lambda=0\sim\infty$)积分,就得到相应的全辐射量,即

$$X=\int_0^\infty X_\lambda\,\mathrm{d}\lambda\tag{5-8}$$

根据式(5-7),可得到各光谱辐射量,如表 5-1 所列。

表 5-1　各光谱辐射量的表达式

物理量	符号	表达式	单位
光谱辐射能通量	Φ_λ	$\Phi_\lambda = \lim_{\Delta\lambda\to 0}\frac{\Delta\Phi}{\Delta\lambda} = \frac{\partial\Phi}{\partial\lambda}$	$W \cdot \mu m^{-1}$
光谱辐射强度	I_λ	$I_\lambda = \lim_{\Delta\lambda\to 0}\frac{\Delta I}{\Delta\lambda} = \frac{\partial I}{\partial\lambda}$	$W \cdot sr^{-1} \cdot \mu m^{-1}$
光谱辐亮度	L_λ	$L_\lambda = \lim_{\Delta\lambda\to 0}\frac{\Delta L}{\Delta\lambda} = \frac{\partial L}{\partial\lambda}$	$W \cdot m^{-2} \cdot sr^{-1} \cdot \mu m^{-1}$
光谱辐出度	M_λ	$M_\lambda = \lim_{\Delta\lambda\to 0}\frac{\Delta M}{\Delta\lambda} = \frac{\partial M}{\partial\lambda}$	$W \cdot m^{-2} \cdot \mu m^{-1}$
光谱辐照度	E_λ	$E_\lambda = \lim_{\Delta\lambda\to 0}\frac{\Delta E}{\Delta\lambda} = \frac{\partial E}{\partial\lambda}$	$W \cdot m^{-2} \cdot \mu m^{-1}$

三、光子辐射量

对红外辐射的探测，常使用光子探测器，它们对入射辐射的响应是以每秒接收（发射或通过）的光子数来计量的。因此，常用每秒接收（发射或通过）的光子数来定义各辐射量，称为光子辐射量，即

$$N_p = \int \mathrm{d}N_p = \frac{1}{hc}\int \lambda Q_\lambda \mathrm{d}\lambda \text{（无量纲）} \tag{5-9}$$

根据式（5-9），可得到各光子辐射量，如表 5-2 所列。

表 5-2　各光子辐射量的表达式

物理量	符号	表达式	单位
光子通量	Φ_p	$\Phi_p = \frac{\partial N_p}{\partial t}$	s^{-1}
光子强度	I_p	$I_p = \frac{\partial \Phi_p}{\partial \Omega}$	$s^{-1} \cdot sr^{-1}$
光子亮度	L_p	$L_p = \frac{\partial^2 \Phi_p}{\partial\Omega\partial A\cos\theta}$	$s^{-1} \cdot m^{-2} \cdot sr^{-1}$
光子出射度	M_p	$M_p = \frac{\partial \Phi_p}{\partial A}$	$s^{-1} \cdot m^{-2}$

（续）

物理量	符号	表达式	单位
光子照度	E_p	$E_p = \dfrac{\partial \Phi_p}{\partial A}$	$s^{-1} \cdot m^{-2}$

5.1.3 红外辐射的基本定律

一、基尔霍夫定律

基尔霍夫定律为：在热平衡条件下，所有物体在给定温度下，对某一波长来说，物体的发射本领和吸收本领的比值与物体自身的性质无关，它对于一切物体都是恒量。即使辐出度 $M(\lambda,T)$ 和吸收比 $\alpha(\lambda,T)$ 两者随物体不同且都改变很大，但 $M(\lambda,T)/\alpha(\lambda,T)$ 对所有物体来说，都是波长和温度的普适函数。基尔霍夫定律的数学表达式为

$$\frac{M_1(\lambda,T)}{\alpha_1(\lambda,T)} = \frac{M_2(\lambda,T)}{\alpha_2(\lambda,T)} = \cdots = \frac{M_n(\lambda,T)}{\alpha_n(\lambda,T)} = \frac{M_B(\lambda,T)}{\alpha_B(\lambda,T)} = M_B(\lambda,T) = f(\lambda,T) \tag{5-10}$$

式中：$\alpha = \Phi_a/\Phi_i$，Φ_i 为辐射能通量，Φ_a 为吸收辐射能通量；n 代表第 n 种物体；B 代表黑体，$\alpha_B(\lambda,T) = 1$。

基尔霍夫定律是一切物体热辐射的普遍定律。该定律表明，吸收本领大的物体，其发射本领也大；如果物体不能发射某波长的辐射能，则它也不能吸收该波长的辐射能。而绝对黑体对于任何波长在单位时间、单位面积上发出或吸收的辐射能都比同温度下的其他物体要多。

二、普朗克辐射定律

为了推导出黑体辐射出射度的具体表达式，普朗克对黑体做了两点假设：①黑体是由无穷多个各种固有频率的简谐振子构成的发射体，而每个频率的简谐振子的能量只能取一些分立的值，它们是最小能量 $h\nu$ 的整数倍：$h\nu$、$2h\nu$、…、$nh\nu$，其中，ν 是简谐振子的频率，h 是普朗克常数；②简谐振子不能连续发射或吸收能量，只能以 $h\nu$ 为单位进行跳跃式跃迁，跃迁时伴随着辐射能的发射或吸收。

由于热平衡时谐振子能量满足麦克斯韦-玻耳兹曼统计分布，因此，在上述假定下，能量为 $nh\nu$ 的谐振子数应与 $\exp(-nh\nu/kT)$ 成正比。现假设频率为 ν 的简谐振子总数为 N，则

$$\begin{aligned} N &= A + A\exp(-h\nu/kT) + A\exp(-2h\nu/kT) + \cdots \\ &= A/[1 - \exp(-h\nu/kT)] \end{aligned} \tag{5-11}$$

式中：A 代表能量为零的谐振子数；$A\exp(-h\nu/kT)$ 代表能量为 $h\nu$ 的谐振子数；$A\exp(-2h\nu/kT)$ 代表能量为 $2h\nu$ 的谐振子数，依此类推。

全部谐振子的总能量 W 为

$$\begin{aligned} W &= Ah\nu\exp(-h\nu/kT) + 2Ah\nu\exp(-h\nu/kT) + 3Ah\nu\exp(-2h\nu/kT) + \cdots \\ &= Ah\nu\exp(-h\nu/kT)/[1 - \exp(-h\nu/kT)]^2 \end{aligned} \tag{5-12}$$

于是，每个谐振子的平均能量为

$$\overline{E}=\frac{W}{N}=\frac{h\nu\exp(-h\nu/kT)}{1-\exp(-h\nu/kT)}=\frac{h\nu}{\exp(h\nu/kT)-1} \tag{5-13}$$

根据三维空间振动的驻波理论可以证明，在单位体积、频率间隔 $d\nu$ 中，可以存在的稳定振动的频率数目为

$$dn=\frac{8\pi\nu^2}{c^3}d\nu \tag{5-14}$$

则 $d\nu$ 内的辐射能密度为

$$u_\nu=dn\overline{E}=u_{\nu0}d\nu \tag{5-15}$$

式中：$u_{\nu0}$ 为黑体在单位面积、单位时间内辐射的光谱辐射功率。考虑到辐射能以光速 c 传播，则黑体在单位频率、单位面积、单位立体角中传播的辐射功率为 $cu_{\nu0}/4\pi$ 。由于绝对黑体是朗伯体，光谱辐射出射度与光谱辐亮度之间的关系为 $M_{\nu0}=\pi L_{\nu0}$ ，因此，有

$$\begin{aligned}M_{\nu0}d\nu&=\frac{cu_{\nu0}d\nu}{4}\\&=\frac{c}{4}\frac{8\pi\nu^2}{c^3}\frac{h\nu}{\exp(h\nu/kT)-1}d\nu\\&=\frac{2\pi}{c^2}\frac{h\nu^3}{\exp(h\nu/kT)-1}d\nu\end{aligned} \tag{5-16}$$

式中：各符号的脚标“0”表示绝对黑体，可以省略，因此，式(5－16)可写为

$$M_\nu=\frac{2\pi}{c^2}\frac{h\nu^3}{\exp(h\nu/kT)-1} \tag{5-17}$$

式(5－17)就是以频率表示的普朗克公式。

普朗克公式也可以用波长来表示，换算时必须使光谱间隔不变，才能保证其辐射出射度不变，即

$$M_\lambda d\lambda=M_\nu d\nu \tag{5-18}$$

将式(5－17)代入式(5－18)，得

$$M_\lambda=\frac{2\pi hc^2\lambda^{-5}}{\exp(hc/\lambda kT)-1} \tag{5-19}$$

式(5－19)就是以波长表示的普朗克公式。有时为了简化公式的系数，引入两个常数 c_1 和 c_2。其中，$c_1=2\pi hc^2=3.7418\times10^{-16}\ \mathrm{W\cdot m^2}$，称为第一辐射常数；$c_2=hc/k=1.4388\times10^{-2}\ \mathrm{m\cdot K}$，称为第二辐射常数。因此，式(5－19)可简写为

$$M_\lambda=\frac{c_1}{\lambda^5}\frac{1}{\exp(c_2/\lambda T)-1} \tag{5-20}$$

普朗克公式也可用辐亮度表示，根据式(5－19)，辐亮度可写为

$$L_\lambda=\frac{2hc^2\lambda^{-5}}{\exp(hc/\lambda kT)-1} \tag{5-21}$$

普朗克公式计算的结果与实验结果完全符合。图 5－3 给出了根据式(5－21)计算得到的 200~6000K 黑体的光谱曲线。

由图 5－3 可知，黑体辐射具有如下特征：

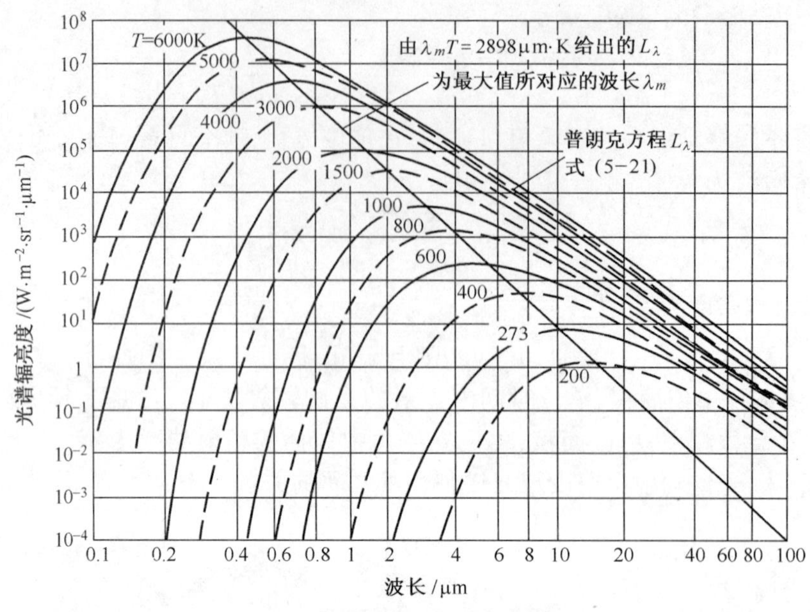

图 5-3　黑体光谱辐亮度曲线

(1) 光谱辐亮度 L_λ 随波长 λ 连续变化,每条曲线只有一个极大值。

(2) 对于不同温度的各条曲线彼此不相交。在任一波长上,温度越高,光谱辐亮度越大,反之亦然。

(3) 随着温度的升高,曲线峰值所对应的波长(峰值波长 λ_m)向短波方向移动,这表明黑体辐射中短波部分所占比例增大。

(4) 波长小于 λ_m 部分的能量约占 25%,波长大于 λ_m 部分的能量约占 75%。

普朗克公式代表了黑体辐射的普遍规律,由这个定律很容易推导出黑体辐射的其他定律。例如,将普朗克公式进行微分,求出极大值,就可获得维恩位移定律;而对普朗克公式从零到无穷大的波长范围进行积分,就可获得到斯忒藩-玻耳兹曼定律。

三、维恩位移定律

普朗克公式表明,当提高黑体温度时,辐射谱峰值向短波方向移动。维恩位移定律则以简单形式给出这种变化的定量关系。

将普朗克公式(5-20)对波长 λ 求导数,即

$$\frac{dM_\lambda}{d\lambda} = -5c_1\lambda^{-6}\left[\exp(c_2/\lambda T)-1\right]^{-1} + c_1\lambda^{-5}\exp(c_2/\lambda T)$$

$$\left[-c_2/(T\lambda^2)\right](-1)\left[\exp(c_2/\lambda T)-1\right]^{-2}$$

$$= c_1\lambda^{-6}\left[\exp(c_2/\lambda T)-1\right]^{-2}\{-5\left[\exp(c_2/\lambda T)-1\right] + c_2\lambda^{-1}T^{-1}\exp(c_2/\lambda T)\}$$

令 $dM_\lambda/d\lambda = 0$,并令 $c_2/\lambda T = x$,则

$$5 + xe^x = 5e^x \tag{5-22}$$

利用图解法或逐次逼近法求解上式,可得

$$x = c_2/\lambda_m T = 4.9651142 \tag{5-23}$$

由此得到维恩位移定律的表达式为

$$\lambda_m T = b \tag{5-24}$$

式中:b 为常数,其值等于 2898μm · K。该定律指出,当黑体的温度升高时,其光谱辐射的峰值波长向短波方向移动。

若将维恩位移定律的 $\lambda_m T$ 值代入普朗克公式(5-20),则可得到黑体光谱辐出度的峰值,即

$$
\begin{aligned}
M_{\lambda m} &= c_1 (b/T)^{-5} [\exp(c_2/b) - 1]^{-1} \\
&= BT^5
\end{aligned}
\tag{5-25}
$$

式中:B 为常数,$B = c_1 b^{-5} [\exp(c_2/b) - 1]^{-1} = 1.2867 \times 10^{-11}\ \mathrm{W \cdot m^{-2} \cdot \mu m^{-1} \cdot K^{-5}}$。式(5-25)称为维恩最大辐射定律。它表明,黑体的光谱辐出度与其热力学温度的五次方成正比。

四、斯忒藩-玻耳兹曼定律

将普朗克公式(5-20)对波长 λ 从 0 到 ∞ 积分,便得到黑体的全辐出度与温度的关系,即

$$
\begin{aligned}
M &= \int_0^\infty M_\lambda \mathrm{d}\lambda = \int_0^\infty \frac{c_1}{\lambda^5} \frac{1}{\exp(c_2/\lambda T) - 1} \mathrm{d}\lambda \\
&= \frac{\pi^4}{15} \frac{c_1}{c_2^4} T^4 = \frac{2\pi^5 k^4}{15 c^2 h^3} T^4
\end{aligned}
\tag{5-26}
$$

令

$$
\sigma = \frac{2\pi^5 k^4}{15 c^2 h^3}
$$

则

$$
M = \sigma T^4 \tag{5-27}
$$

式(5-27)称为斯忒藩-玻耳兹曼定律。式中:常数 $\sigma = 5.67 \times 10^{-8}\ \mathrm{W \cdot m^{-2} \cdot K^{-4}}$,称为斯忒藩-玻耳兹曼常数。该定律表明:黑体全辐射的辐出度与其温度的四次方成正比。因此,当黑体温度有很小的变化时,就会引起辐出度的很大变化。利用斯忒藩-玻耳兹曼定律,容易计算黑体在单位时间内,从单位面积上向半球空间辐射的能量。例如,氢弹爆炸时,可产生高达 3×10^7K 的温度,物体在此高温下,从 $1\mathrm{cm}^2$ 表面辐射出的能量将是它在室温下辐射出的能量的 10^{20} 倍,这么巨大的能量,可在 1s 内使 2×10^7t 冰水沸腾。

5.2 主动红外成像系统

5.2.1 系统组成和工作原理

主动红外成像系统是采用红外辐射源照明场景、以红外变像管作为光电转换器件对红外图像进行光谱转换的直视光电成像系统。

主动红外成像系统原理如图 5-4 所示。红外探照灯发出的红外辐射照射前方目标,由光学系统的物镜接收被目标反射回来的红外辐射,并在红外变像管的光电阴极面上形成目标辐射的红外图像。变像管对目标的红外图像进行光谱转换和亮度增强,最后在荧光屏上显示出目标的可见光图像。

主动红外成像系统的工作波段在 0.76~1.2 μm 的近红外光谱区,其长波限由变像管

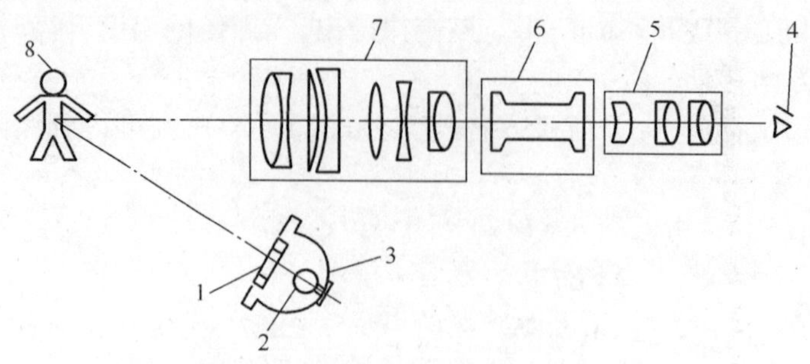

图 5-4　主动红外成像系统原理图

1—红外滤光片;2—光源;3—反射镜;4—人眼;5—目镜组;6—变像管;7—物镜组;8—目标。

光电阴极决定。主动红外成像系统能充分利用军事目标和自然界景物之间反射能力的显著差异,在一定程度上识别伪装。图 5-5 示出了自然界生长的绿色植物(绿色草木)和人造物体(粗糙混凝土和暗绿色漆)在可见光和近红外辐射光谱区内反射率的变化。从图中看到,在可见光区域,绿色草木和暗绿色漆的光谱反射积分量相似,因此,可见光接收器(包括人眼)对这两类目标是难以区分的;而在近红外光区域,绿色草木的反射率要比暗绿色漆高得多。主动红外系统正是利用了这一差异而获得目标与背景的高对比度图像。

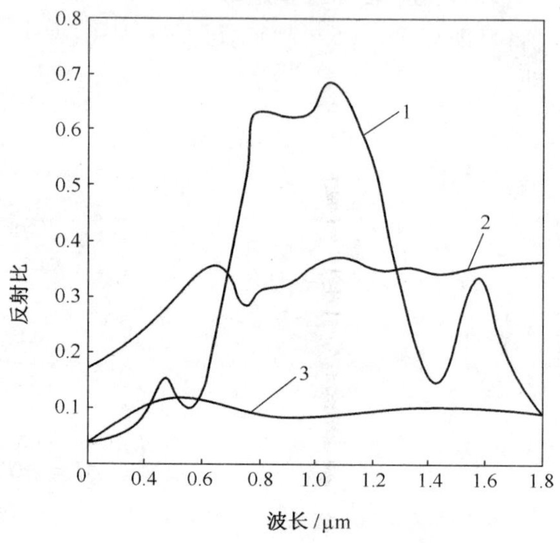

图 5-5　典型目标的反射光谱曲线

1—绿色草木;2—混凝土;3—暗绿色漆。

主动红外系统还可利用某些植物的绿叶在离开树木几小时后其红外反射率急剧下降的特点,而在一定程度上识别绿叶伪装的目标。此外,由于在同样大气条件下(有雾等恶劣天气除外),近红外辐射较可见光受大气影响小,易于通过大气层,所以可在全黑条件下进行观察、瞄准。同时,主动照明还可以充分利用红外探照灯的狭窄光束照明目标,使目标在视场中突出出来,造成与背景较大的反差,从而获得较为清晰的图像。

主动红外系统也存在一定的局限性。因为它需要配备光源,因而除体积大、笨重外,其灯源本身也成了对方侦察的目标。例如,在 1973 年的中东战争中,埃及和以色列双方的坦克都配备有主动红外夜视仪,其中许多坦克就是因为使用了红外探照灯而被对方发现并击毁的。由于这一致命弱点,20 世纪 70 年代后它已逐步由被动式系统所取代。但由于其独特的优点,在特殊场合(如夜间作业)仍能发挥作用,所以国外尚有少量生产。

5.2.2　红外探照灯

红外探照灯是主动红外夜视系统的重要组成部分。主动红外夜视系统首先要由红外探照灯“主动”发射出红外辐射照射目标,才能进行观察和瞄准。目前使用的探照灯一般由光源、抛物面反射镜、红外滤光片和灯座组成。

一、对红外探照灯的基本要求

红外探照灯的轴向光强、光束散射角、光谱特性和滤光片的红外透过率等对主动红外夜视系统的总体性能有重要影响。

探照灯的轴向光强 I 取决于光源亮度 L、反射镜的光孔面积 S 及反射率 ρ，如光源为非球状，则计算较复杂。一般估算可用下式：

$$I = \rho LS \tag{5-28}$$

对于实际探照灯，应将可能的光能损失考虑进去。用 K 表示光能损失系数，则可写为

$$I = KLS \tag{5-29}$$

实际上，常用测量方法获得探照灯的轴向光强。采用与红外变像管光电阴极有相同光敏层的光电接收器在大于探照灯的全发光距离 l（光强度不再随距离变化的距离）处，测量相应的照度值 E，再用平方反比定律计算 I，$I = El^2$。也可取下滤光片，用硒光电池照度计（光源为白炽灯）或硅光电池照度计（光源为砷化镓发光二极管）测出照度后，进行轴向光强的计算。

在一定的照射范围，探照灯发出的光束的散射角应与成像系统的视场角基本吻合。这样既保证了系统观察目标所要求的照明，又减少了自身暴露的范围。光束散射角的大小与光源线度对焦距的比例有关。实际上，由于反射镜不可能做得完全理想，存在像差，所以散射角比理想的要大。

探照灯的辐射光谱（光源与滤光片的组合光谱）要与变像管光电阴极的光谱响应有效的匹配，并在匹配的光谱范围内有高的辐射效率。图 5-6 为匹配示意图。图中阴影部分为三者的匹配结果。它表示主动红外成像系统的变像管光电阴极所能接收并响应的相对值。阴影部分面积越大，则匹配情况越好。

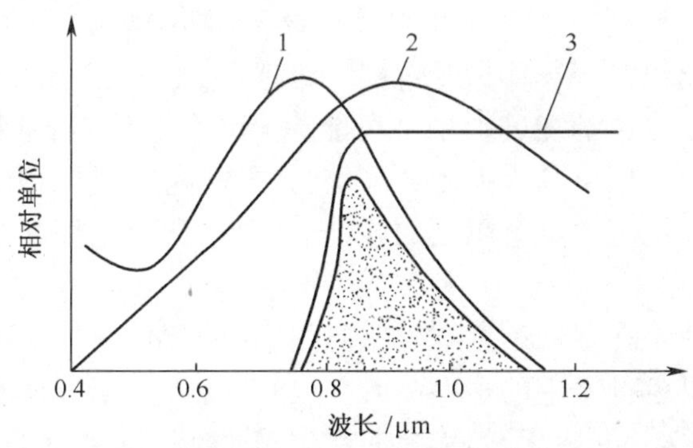

图 5-6 光源、滤光片和光电阴极光谱曲线匹配示意图

1—银氧铯光电阴极；2—光源；3—红外滤光片。

同时，红外探照灯还应满足夜视系统探照灯发现红光距离的要求。发现红光距离是指观察者在夜间由远至近向探照灯靠近，在探照灯光轴方向能发现红光时观察者与探照灯之间的距离。为保证在对方不使用同类仪器情况下自身的隐蔽性，发现红光距离应尽可能短。因此，滤光片的光谱特性应起峰陡、红外透过率高。此外，因探照灯工作时，灯内温度升高，滤光片温度相应升高，所以对其光谱透过的热稳定性也应有一定的要求。

除上述基本性能要求外，探照灯应尽量做到体积小、重量轻、寿命长、工作可靠，在结

构上应保证容易调焦,滤光片和光源更换方便等。

二、红外光源

主动红外夜视系统对光源的要求是:光源光谱分布与系统工作的光谱范围匹配;启动快,即接通电源后能迅速达到稳定的辐射状态;辐射效率高;寿命长;成本低;使用方便等。在配单兵武器或手持使用时,还要求重量轻、体积小。

红外探照灯中所用光源种类很多,一般可根据主动红外夜视系统的配置情况(车载、机载、配单兵武器或手持等)选择其类型、功率及工作电压。常用的有:电热光源(如白炽灯)、气体放电光源(如高压氙灯)、半导体光源(如砷化镓发光二极管)和激光光源(如砷化镓激光二极管)四大类。

通常,红外观察仪使用10W强氙灯,作用距离为50~200m;步兵武器用的夜视瞄准镜,使用30W强氙灯,作用距离约为100~300m;红外观察仪使用大于200W的强氙灯,作用距离约为400~1200m;坦克火炮用的夜视瞄准镜,作用距离可达800m。由于多数场合对仪器的体积、重量都有一定的限制,即红外光源不能太大,所以红外夜视仪的作用距离一般在300m左右,主要用于近距离侦察、枪炮夜间射击和车辆夜间驾驶。

三、红外滤光片

红外滤光片是一种光学滤波器,主要作用是滤除光源辐射光谱中的可见光成分,仅让近红外辐射通过。主动红外成像系统对红外滤光片的要求是:光在红外波段光能损失小,而对其他波段的辐射全部吸收或反射;光谱透射比与光电阴极光谱灵敏度曲线红外部分相匹配;热稳定性好,防潮性和力学性能好,并要耐光源工作时的高温。

在红外探照灯中,目前已利用的红外滤光片主要有两类:一类是玻璃型红外滤光片;另一类是贴膜式红外滤光片。它们都属于利用物质对光的吸收作用而制成的吸收滤光片。

玻璃型红外滤光片是利用透近红外玻璃经着色而制成的。着色剂为铜、钴等金属离子,也可用硒化锑、硒化镉等半导体做着色剂。对理想的红外滤光片来说应全部滤掉可见光且起峰要陡。但由于着色剂在玻璃中不可能完全均匀,并有杂质能级的影响而使起峰不太陡。经压膜钢化处理后可承受振动和高温,力学性能好,便于批量生产。存在的问题是其透射特性不能和变像管中光电阴极的光谱响应很好地匹配,热稳定性差,随温度上升起峰移向长波。

贴膜式红外滤光片是在普通透近红外辐射的钢化玻璃上贴上可吸收可见光的膜层而制成。膜层为用有机染色剂染色的塑料膜或有机胶膜。这种滤光片红外透射比比前一种稍高。塑料膜用赛珞珞染色后用胶水贴在钢化玻璃上,膜和胶的耐热性差,温度高于100℃时易起皱,所以通常用在小功率探照灯上。

四、反射镜

红外探照灯中的反射镜接收光源在一定立体角范围内发出的辐射通量,并使其聚焦成沿光轴方向射出的光束。红外探照灯中通常采用抛物面反射镜。

反射镜由镜基和镀层两部分组成。镜基有金属和玻璃两种。金属镜基机械强度高、散热性好,为确保镜面形状,通常较厚,重量重,通常用于小型探照灯中。玻璃镜基机械强度低,易碎,但表面加工性能好,可获得高精度、高光洁度的反射面,且镜面不易变形,因此现在大多数反射镜都采用玻璃镜基。

为进一步提高反射性能,通常在镜基表面镀一层高反射率涂层。镀层是制造反射镜的重要环节。镀层材料有银、铝、金、铜等,镀层工艺常采用高真空蒸镀。镀层除要求有较高的反射率外,还应要求有高的机械强度、附着力和热稳定性。

5.2.3 红外变像管

红外变像管是主动红外成像系统的核心,其功用是完成从近红外图像到可见光图像的转换并把图像增强。从结构材料上分,红外变像管分为金属型和玻璃型;从工作方式上分,又分为连续工作方式和选通工作方式。而选通工作方式的选通变像管主要用于选通成像和测距。

红外变像管与微光像增强器结构类似,一般由光电阴极、电子光学系统和荧光屏组成。当红外辐射图像形成在光电阴极面上时,面上各点产生正比于入射辐射强度的电子发射,形成电子图像。电子光学成像系统将光电阴极上的电子像传递到荧光屏上,并在传递过程中将电子像增强。荧光屏受电子轰击发光,形成可见图像,完成电光转换。

像管常用的光电阴极按阴极材料可分为银-氧-铯光电阴极、锑-碱类光电阴极和Ⅲ-Ⅴ族负电子亲和势光电阴极三大类。

红外变像管中的电子光学系统为静电聚焦系统,通常玻璃型变像管为双圆筒式静电电子聚焦透镜,而金属结构的红外变像管为准球面对称静电聚焦系统。

红外变像管荧光屏常用的荧光物质有硫硒化锌-铜[Zn(S,Se)·Cu]、硫化锌镉-银[(ZnCd)S·Ag]及硫化锌-铜[ZnS·Cu]等。

5.2.4 大气后向散射和选通原理

主动红外夜视系统在配单兵武器或手持使用时,一般将其设计成红外探照灯安装在主镜身(接收器)附近。在照射远距离目标时,探照灯光轴非常接近系统光轴。照射目标的光束通过大气时被大气散射,其中一部分后向散射辐射进入观察系统,在仪器像面上造成一个附加背景而降低了图像的对比度和清晰度。在能见度较差的条件下,这一影响将成为限制主动红外成像系统成像性能的一个基本因素。本节将讨论大气后向散射对主动红外成像系统的影响和选通技术原理。

一、大气后向散射通量的计算

用主动红外成像系统观察物体时,被观察景物的固有对比度在通过景物和系统之间的大气层后会有所下降。大气对探照灯光束的后向散射是造成这种下降的原因之一。后向散射辐射通量的计算是一个复杂的问题,它和多种因素有关:大气散射系数和散射角分布;接收器和照明器之间的距离;接收器视场角;照明器的照明视场。

为计算简便做如下假定:接收器光轴在通过大气的路程上是水平的;散射粒子在路程上分布均匀(散射系数为常数);照明光束均匀照射;照明器与接收器视场开始交叠的位置离两者的距离远大于两者之间的距离(近似同轴)。

满足以上条件的后向散射计算如图5-7所示。考虑接收器视场内一个立体角元Ω的情况。设照明器的辐射强度为I_0,则在l处立体角元Ω内的辐射通量为

$$\Phi_l = I_0 \Omega \exp(-\beta l) \tag{5-30}$$

式中:β为衰减系数;l为读出区长度。

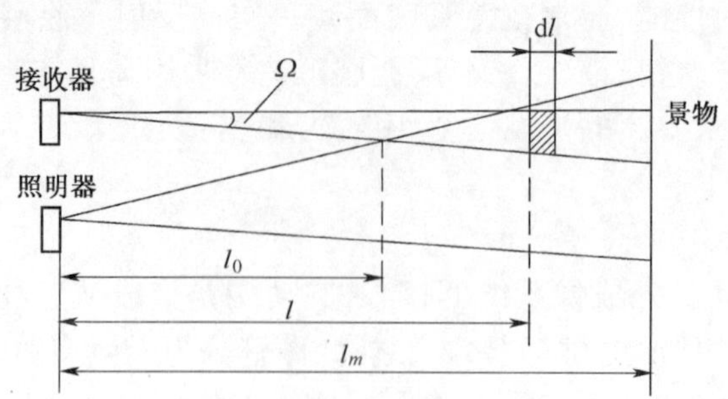

图 5-7 大气后向散射计算图

经过 dl 路程,损失的通量写为

$$\mathrm{d}\Phi(l)=I_0\beta\Omega\exp(-\beta l)\mathrm{d}l \tag{5-31}$$

在 $l+\mathrm{d}l$ 处的辐射通量为

$$\Phi_{l+\mathrm{d}l}=\Phi_l-\mathrm{d}\Phi(l)=I_0\Omega\exp(-\beta l)(1-\beta\mathrm{d}l) \tag{5-32}$$

式中,损失的通量由大气吸收和散射两个因素造成。但在可见光和近红外波段,大气对红外辐射的吸收很小,可以忽略不计。因此可认为该光谱段内辐射衰减是由大气散射造成的。

大气对辐射的散射在整个空间有一角分布 $\sigma(\theta)$,衰减系数 β 与 $\sigma(\theta)$ 有如下关系:

$$\beta=\iint\sigma(\theta)\mathrm{d}\Omega=2\pi\int_0^{\pi}\sigma(\theta)\sin\theta\mathrm{d}\theta \tag{5-33}$$

式中:θ 为辐射散射方向与照明方向的夹角;$\sigma(\theta)$ 为 θ 方向上单位立体角内的散射系数。实际上所关心的是 $\theta=180°$方向上的散射系数 σ(180°),经测量得到在轻霾和晴朗大气条件下为

$$\sigma(180°)=\beta/(8\pi) \tag{5-34}$$

将式(5-33)和式(5-34)代入式(5-31),得到在距离 l 处 dl 路程间隔上接收器所张立体角 Ω_0 内的后向散射通量值 $\Delta\Phi(l)$ 为

$$\begin{aligned}\Delta\Phi(l)&=I_0\Omega\exp(-\beta l)\left[\iint\sigma(180°)\mathrm{d}\Omega_0\right]\mathrm{d}l\\&=I_0\Omega\exp(-\beta l)\frac{\beta}{8\pi}\Omega_0\mathrm{d}l\end{aligned} \tag{5-35}$$

若接收器口径为 D,则 $\Omega_0=\pi D^2/4l^2$,有

$$\Delta\Phi(l)=I_0\Omega\exp(-\beta l)\frac{\beta}{8\pi}\frac{\pi D^2}{4l^2}\mathrm{d}l \tag{5-36}$$

这部分反向散射通量在返回接收系统时还要经过再次散射而受到衰减。因此接收器所接收到的有效后向散射通量为

$$\Delta\Phi_b=\frac{\beta D^2}{32l^2}I_0\Omega\exp(-2\beta l)\mathrm{d}l \tag{5-37}$$

在 l_0 和 l_m 之间积分,立体角元 Ω 内后向散射并进入接收器的总通量为

$$\Phi_b=\frac{\beta D^2}{32}I_0\Omega\int_{l_0}^{l_m}\frac{\exp(-2\beta l)}{l^2}\mathrm{d}l \tag{5-38}$$

设在立体角元 Ω 内景物为朗伯面、反射率为 ρ,景物相邻背景部分反射率为 ρ',则可计算在 l_m 处景物和背景回到接收器的反射通量 Φ_s 和 Φ_s',分别加上反向散射通量 Φ_b,即

可得接收器接收到的目标与自然背景图像的对比度为

$$C_R = \frac{(\Phi_s + \Phi_b) - (\Phi_s' + \Phi_b)}{(\Phi_s + \Phi_b)} \tag{5-39}$$

或

$$C_R = \left(1 + \frac{\Phi_b}{\Phi_s}\right)^{-1}\left(\frac{\rho - \rho'}{\rho}\right) \tag{5-40}$$

式中:$(\rho - \rho')/\rho$ 为目标与相邻景物之间的固有对比度 C_0,于是得到对比度的变化为

$$\frac{C_R}{C_0} = \left(1 + \frac{\Phi_b}{\Phi_s}\right)^{-1} \tag{5-41}$$

根据 Φ_b/Φ_s 值即可计算出大气后向散射对景物与目标对比度的影响。

二、选通技术

选通技术是利用发出短脉冲光的探照灯和在相应时间工作的选通型变像管,以时间的先后分开不同距离上的散射光和目标的反射光。设计时,一方面要使由被观察目标反射回来的辐射脉冲刚好在变像管选通工作的时间内到达像管并成像;另一方面要使由辐射脉冲在投向目标过程中所产生的后向散射辐射到达接收器时,变像管恰处于非工作状态,从而减小后向散射对成像系统的影响。

脉冲探照灯光源常用激光光源。选通像管通常为静电电子聚焦型,在光电阴极和加速极间加一选通电极,该电极既可作选通电极又可作聚焦电极。当电极被施加相对于光电阴极更负的电位时,其发射的电子不能到达荧光屏;当选通电极上施加聚焦成像所需电位时,像管正常工作而选通成像。

图 5-8 给出了观察 1220m 处目标时理想选通成像的时间关系图。由于辐射脉冲在 1220m 上来回渡越时间是 8μs,选通工作时间应在辐射脉冲前沿后延迟 8μs。

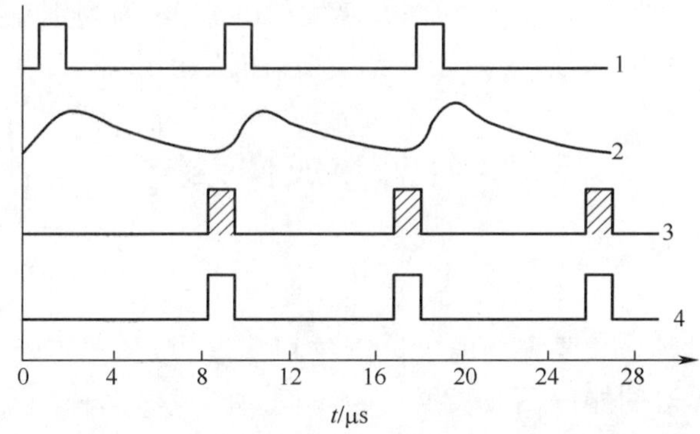

图 5-8　$l = 1220$m 处的理想选通成像关系图

1—脉冲光源照明输出;2—脉冲光投向目标过程中产生的后向散射辐射;
3—辐射脉冲由目标返回到接收器上的反射辐射;4—接收器的选通脉冲。

在选通工作时间内将后向散射通量减少到最小,可在荧光屏上得到高对比度目标像,且利用荧光物质的滞后性质可对人眼获得连续图像。所看景物深度与脉冲传播纵深距离有关,如脉冲传播纵深距离为 40m,则只能观察目标前后±20m 内的景物。选通技术的另一优点是可以精确测得从辐射发出到返回接收器的时间,从而确定目标到观察者距离。

5.2.5 主动红外夜视系统的视距

主动红外夜视成像系统的视距是衡量其总体性能的重要指标。影响主动红外夜视系统工作的主要因素有:

(1) 环境因素。包括大气辐射透射率 τ_0(它取决于气候条件)和目标的辐射反射率 ρ 。

(2) 系统性能因素。为使像管光电阴极面上获得大的照度值,尽可能选用大相对孔径的物镜;在远距离观察时,应采用大功率的光源和大孔径的抛物面反射镜;此外,还应考虑反射镜涂层、滤光片的红外透过率、探照灯发散角及红外变像管的灵敏度、暗背景、分辨率等。

(3) 人眼和目标的因素。在较大的目标张角和荧光屏亮度条件下,人眼的对比灵敏度相应提高,人眼因素对系统的限制较小。目标不同,视距不同。如某头盔式车用红外驾驶仪,观察汽车(或坦克)的距离为 100m;观察人时距离为 70m;观察路标的距离为 30m。

红外夜视系统的观察距离可通过探照灯作用下的目标照度、目标反射辐射亮度、像管光电阴极面上的照度、像管荧光屏的发光亮度进行估算。计算过程中应考虑背景亮度、目标与背景的对比度、视觉积累时间、像的移动速度以及目标视角大小等因素的影响。且为了简化计算过程,假设被观察目标为位于与系统瞄准线垂直平面内的小尺寸平面物体;目标为朗伯体;气候条件为一般晴朗天气,即不考虑系统辐射源的大气后向散射,最终推导出红外夜视系统的最大观察距离表达式为

$$l_{\max} = \frac{\tau_a D}{2f'}\sqrt{\frac{\delta\rho I\tau_0 S_H}{j_D\xi}} \tag{5-42}$$

式中:τ_a 为大气透射率;D/f' 为物镜相对孔径;ρ 为目标反射率;I 为探照灯轴向光强;τ_0 为物镜透过率;S_H 为红外灵敏度;j_D 为像管暗发射电流;ξ 为列别克条件,是在一定目标视角下,与背景亮度有关的系数;δ 为红外亮度增益的修正系数。

5.3 红外热成像系统

5.3.1 概述

自然界中的一切物体,只要它的温度高于绝对零度,总是在不断地发射辐射能,且辐射体的温度不同,其辐射的能量及波长成分也不同。热成像系统的基本原理就是基于目标与背景的温度及辐射发射率的差异,利用辐射测温技术对目标逐点测定辐射强度,从而形成可见的目标热图像。

热像仪的工作波段可达到中、远红外区域,但由于大气波长对 3~5μm 和 8~14μm 以外的红外线有强烈的衰弱作用,所以热像仪主要工作在 3~5μm 和 8~14μm 两个红外波段。

一、系统组成及工作原理

图 5-9 为光机扫描型热成像系统的工作原理图。整个系统主要包括四个组成部分:光学系统、红外探测器、电子信号处理系统和显示系统。光学系统将目标发射的红外辐射

收集起来，经过光谱滤波之后将景物的辐射通量分布会聚并成像到单元探测器所在的光学系统焦平面上。光学扫描器包括两个扫描镜组，一个作垂直扫描，一个作水平扫描。扫描器位于聚焦光学系统和探测器之间。当扫描器转动时，从景物到达探测器的光束随之移动，在物空间扫出像电视一样的光栅。当扫描器以电视光栅形式将探测器像扫过景物时，探测器逐点接收景物的辐射并转换成相应的电信号。或者说，光机扫描器构成的景物图像依次扫过探测器，探测器依次把景物各部分的红外辐射转换成电信号，经过视频处理的信号，在同步扫描的显示器中显示出景物图像。

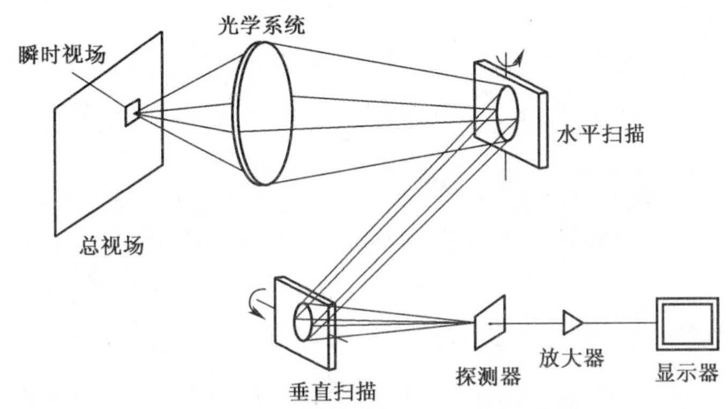

图 5-9　热成像系统的工作原理图

二、热成像系统分类

目前的热成像系统可分为两种类型：光机扫描型和非扫描型。

光机扫描型称为第一代热像仪，其工作原理是借助光机扫描器使单元探测器依次扫过景物的各部分，形成景物的二维图像。在光机扫描热成像系统中，探测器把接收的辐射信号转换成电信号，可通过隔直流电路把背景辐射从目标信号中消除，从而获得对比度良好的热图像。

非扫描型热成像系统是利用多元探测器面阵，使探测器中的每个单元与景物的一个微面元对应，因此可取消光机扫描。采用凝视型红外光电转换焦平面阵列技术的第二代热像仪就属于这种类型。

热释电摄像系统也属于非光机扫描型热成像系统。采用热释电材料作靶面制成热释电摄像管，这种摄像管与普通的光导摄像管类似，可以直接利用电子束扫描技术，制成电视摄像型热像仪，完全取消了光机扫描，从而使结构简化，又不需要致冷，成本也随之降低。

三、热成像系统的基本参数

热成像系统的基本参数有：

1. 瞬时视场(IFOV)

瞬时视场指的是探测器线性尺寸对系统物空间的两维张角，它由探测器的形状、尺寸和光学系统的焦距 f' 决定。若探测器为矩形，尺寸为 $a \times b$，则瞬时视场的平面角 α'、β' 为

$$\alpha' = a/f',\ \beta' = b/f' \tag{5-43}$$

一般情况下，瞬时视场表示了系统的空间分辨率，单位为弧度或毫弧度。

2. 总视场(TFOV)

总视场是指系统所能观察到的物空间二维视场角。总视场由物方空间大小和焦距决定。设总视场在垂直方向和水平方向的分量为 $W_{\alpha'}$ 和 $W_{\beta'}$,则系统的一帧图像中包含的像元素的总数 S 为

$$S=\frac{W_{\alpha'}W_{\beta'}}{\alpha'\beta'} \tag{5-44}$$

S 越大,探测器的尺寸越小,系统的分辨率越高。

3. 帧周期和帧频

系统扫过一幅完整画面所需的时间称为帧周期,或帧时,记为 T_f (单位:s)。系统 1s 扫过画面的帧数称为帧频,或帧速,记为 f_p (单位:Hz)。二者的关系为

$$f_p=1/T_f \tag{5-45}$$

4. 扫描效率

热成像系统对景物扫描时,由于同步扫描、回扫、直流恢复等要占时间,这个时间内不产生视频信号,称为空载时间,用 T_f' 表示。帧周期与空载时间之差(T_f-T_f')称为有效扫描时间。有效扫描时间与帧周期之比,就是系统的扫描效率 η_{sc} ,即

$$\eta_{sc}=(T_f-T_f')/T_f \tag{5-46}$$

5. 驻留时间

驻留时间是光机扫描热成像系统的一个重要参数。热成像系统所观察的景物可以看成若干个发射辐射的几何点的集合。在成像过程中,探测器相对于这些几何点源是运动的,在与探测器前沿相交的瞬间到与探测器后沿脱离的瞬间所经历的时间就是探测器的驻留时间 τ_d 。换言之,探测器驻留时间是扫过一个探测器张角所需的时间。当扫描速度为常数,系统的空载时间为零时,单元探测器的驻留时间为

$$\tau_{d1}=\frac{T_f}{S}=\frac{T_f\alpha'\beta'}{W_{\alpha'}W_{\beta'}}\ (\mathrm{s}) \tag{5-47}$$

式中:S 为一帧图像中的像元数。

若探测器为 n 元并联线列探测器时,则驻留时间 τ_d 为

$$\tau_d=n\tau_{d1}=\frac{nT_f\alpha'\beta'}{W_{\alpha'}W_{\beta'}}\ (\mathrm{s}) \tag{5-48}$$

实际上,系统的空载时间不为零,设计时应乘以扫描效率,并要注意,探测器驻留时间应大于探测器的时间常数。

四、热成像系统的优点

与其他夜间观察仪器相比,热成像系统具有以下优点:

(1) 与主动红外夜视仪的成像原理不同,热成像系统不需要红外光源,也不像微光夜视仪那样借助夜天光,而是靠目标与背景的辐射差产生景物图像。因此,热成像系统是全被动式的,不易被对方发现和干扰,可全天候工作。

(2) 借助计算机软件,热成像系统可实现图像处理和图像运算等功能,以改善图像质量。

(3) 热成像系统产生的信号可以转换为全电视信号,实现与电视兼容,使其具有与电视系统一样的优越性,如多人同时观察,可以录像等。

(4) 与人眼和可见光传感器相比,红外辐射具有更强的透过雾、霾、雨、雪的能力,因而热成像系统的作用距离远,可达数千米,甚至更远。

(5) 在战场上,不会由于炮口火焰的强闪光和炸弹硝烟而产生迷盲效应。

(6) 能透过伪装,探测出隐蔽的热目标,甚至能识别出刚离去的飞机和坦克等所留下的热痕轮廓。

由于上述优点,热成像系统在军事、工业、医学和科学研究等领域得到广泛应用。在军事方面,可用于战略预警、战术报警、侦察、观瞄、导航、制导等;在工业方面,可用于冶金行业的炼铁炉、炼钢炉、加热炉的炉壁、炉料热分布检测及电子行业中集成电路热故障诊断等;医学方面,可对癌症和各种病变进行普查和早期诊断、外科手术血管接通状况等检查;科研方面,可对飞机和航天器工作状态热分布进行测量,航空航天模型风洞试验热分析等。其他应用如森林防火、空海救援、环境污染监测、资源勘探等不胜枚举。

5.3.2 光机扫描热成像系统

在热成像系统中,红外探测器所对应的瞬时视场通常只有零点几毫弧度或几毫弧度。为了得到总视场中出现的景物的热图像,必须对景物进行扫描。这种扫描通常由机械传动的光学扫描部件来完成,故称为光机扫描。

一、扫描方式

根据扫描器在系统中的安放位置,光机扫描方式可分为两种:物方扫描和像方扫描。

物方扫描是指扫描器位于聚光光学系统前面,或置于无焦望远系统压缩的平行光路中的扫描方式。由于扫描器在平行光路中工作,故又称为平行光束扫描。这种扫描方式产生的是平直扫描场,其优点是大多数扫描器不产生附加像差,且扫描器光学质量对系统聚焦性能影响较小,像差校正容易。图 5-10 为物方扫描的实例。旋转反射镜鼓完成水平方向快扫,摆动反射镜完成垂直方向慢扫。这种扫描方式通常需要一个比聚光光学系统口径更大的扫描镜,口径随聚光光学系统的增大而增大。由于扫描器比较大,不易实现高速扫描。

像方扫描是指扫描器位于聚光光学系统和探测器之间的光路中,对像方光束进行扫描。由于扫描器在会聚光路中工作,故又称为会聚光束扫描。图 5-11 为像方扫描的实

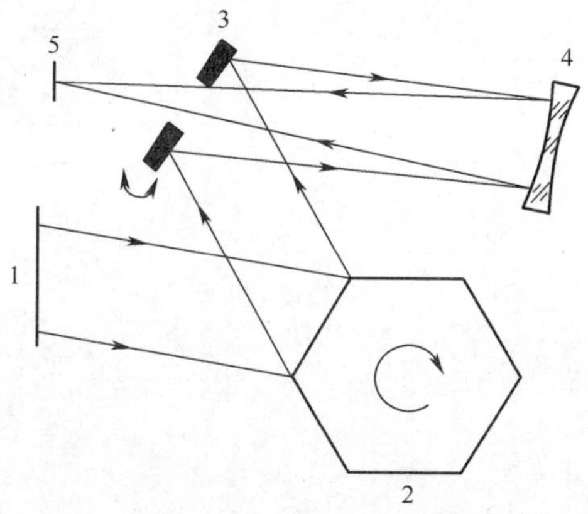

图 5-10 物方扫描实例图

1—物;2—旋转反射镜鼓;3—摆动反射镜;4—透镜系统;5—探测器。

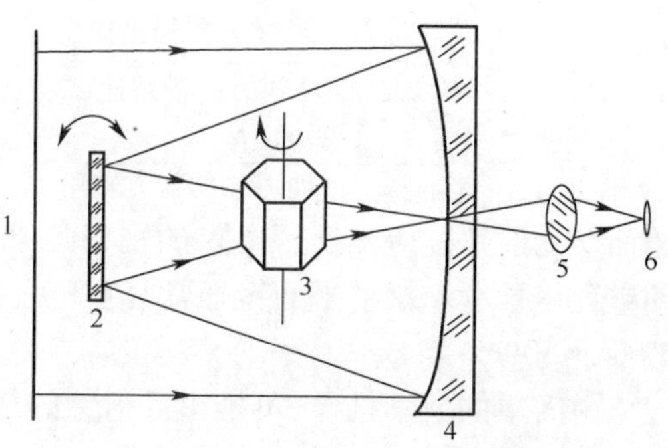

图 5-11 像方扫描的实例图

1—物;2—摆动平面反射镜;3—旋转折射棱镜;4—透镜系统;5—场镜;6—探测器。

例。摆动平面反射镜和旋转折射棱镜置于会聚光路中，扫描器可以做得比较小，易于实现高速扫描。这种扫描方式产生的是弯曲扫描场，需要使用后截距长的聚光光学系统。而且由于在像方扫描，将导致像面的扫描散焦，所以对聚光光学系统有较高的要求。扫描视场不宜太大，像差修正比较困难，扫描角度受到限制。

二、光机扫描器

用于热成像系统中的扫描器大部分是产生直线扫描光栅。热成像系统对光机扫描器的基本要求是：扫描器转角与光束转角呈线性关系；扫描器扫描时对聚光系统像差的影响尽量小；扫描效率高；扫描器尺寸尽可能小，结构紧凑。在讨论其工作特性时，主要考虑以下四个方面：扫描部件转角 γ 与物方入射光束偏转角 α_1 的关系；扫描部件造成的像差；扫描效率；扫描部件尺寸。

在光机扫描方式的热成像系统中，常采用的扫描部件有：摆动平面反射镜、旋转反射镜鼓、旋转折射棱镜、旋转折射光楔等。下面针对前述四个方面对常用的扫描部件进行简单介绍。

1. 摆动平面反射镜

摆动平面反射镜在指在一定范围内周期性地摆动以完成扫描。这种扫描器既可用作平行光束扫描器，又可用作会聚光束扫描器。这里只介绍其用于平行光束扫描的工作特性。

根据反射镜的光学原理，摆动反射镜使光线产生的偏转角二倍于反射镜摆角，如图 5－12 所示。当平面反射镜用作物扫描时，其入射光线即是物方光线，则镜面转角 γ 与物方入射光束偏转角 α_1 的关系为

$$\alpha_1 = \theta = 2\gamma \ (\text{rad}) \tag{5-49}$$

光学部件的像差是指光学部件出射波阵面的偏差，或者说是由光学部件产生的光程差。平面反射镜摆动时，对入射的平行光束不引起光程差，出射波阵面仍是平面，因此平面反射镜用作平行光束扫描时无像差。

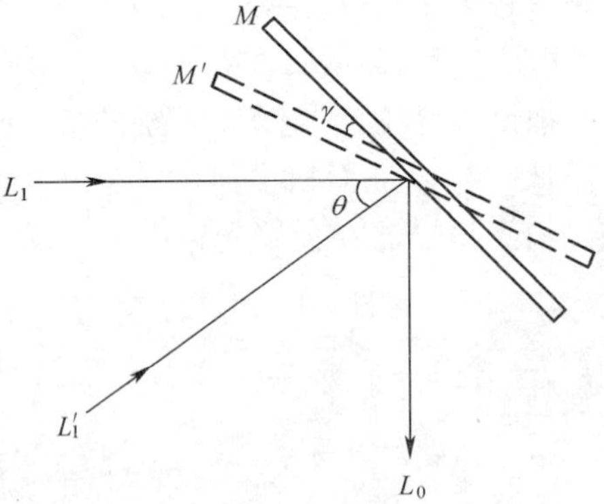

M
M'
γ
L_1
θ
L_1'
L_0

图 5－12　镜面偏转角与入射光线偏转角的关系

根据扫描效率的定义，当反射镜匀速摆动时，有

$$\eta = \frac{T_{fov}}{T_f} = \frac{T_{fov} \times \text{物方扫描角速度}}{T_f \times \text{物方扫描角速度}} = \frac{\text{视场角}}{\text{镜面扫描一周对应的物方转角}} \tag{5-50}$$

镜面摆动的角度应根据所要求的视场角来设计，使空程尽量小。摆动平面镜通常只在正程使用，回程不用，所以平面反射镜的扫描效率一般低于 50%。

由简单的数学推导，可推出反射镜的最小尺寸 l 为

$$l = \frac{D}{\sin(\alpha - \gamma_m)} \quad (\text{mm}) \tag{5-51}$$

式中：D 为入射光束的宽度；α 为镜面基准角，即镜面基准位置（当入射光束平行于光轴时

的镜面位置)同光轴的夹角；γ_m 为镜面相对基准位置的最大偏转角。

摆动平面镜是周期性往复运动的，因为机构有一定惯性，所以速度不宜太高，而且在高速摆动的情况下，视场边缘变得不稳定，并且要求较高的电机传动功率，所以总体来说不适合高速扫描。

2. 旋转反射镜鼓

在高速扫描的情况下，经常采用旋转反射镜鼓。镜鼓是由 n 个矩形平面反射镜组成的棱柱，可绕轴做连续转动，因而比较平稳，其结构如图 5－13 所示。

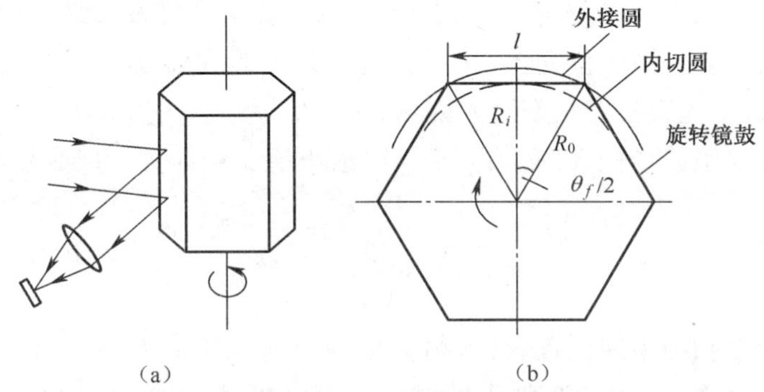

图 5－13　旋转反射镜鼓的结构示意图

设镜鼓有 m 个反射面，则每个镜面对镜鼓中心的张角为

$$\theta_f = 2\pi/m \tag{5-52}$$

镜面宽度 l 为

$$l = 2R_0 \sin\frac{\theta_f}{2} \tag{5-53}$$

式中：R_0 为镜鼓外接圆半径。

R_0 与镜面内切圆半径 R_i 之间的关系为

$$R_0 = R_i\left(\cos\frac{\theta_f}{2}\right)^{-1} \tag{5-54}$$

镜鼓在转动过程中，镜面除有转动外，还要发生法向平移。图 5－14 表示任意反射镜面中心点随镜面转角 γ 变化的情况。

设镜面从位置①到位置②的旋转角为 γ ，则镜面的位移量 δ 为

$$\delta = R_i(1-\cos\gamma) = R_0\cos\frac{\theta_f}{2}(1-\cos\gamma) \tag{5-55}$$

上式表明，镜面中心随旋转角 γ 而移动。若用于会聚光束时，这种镜面的法向平移运动会使焦点位置随旋转角 γ 而变化，这会引起严重的散焦。因此镜鼓主要用作平行光束扫描。

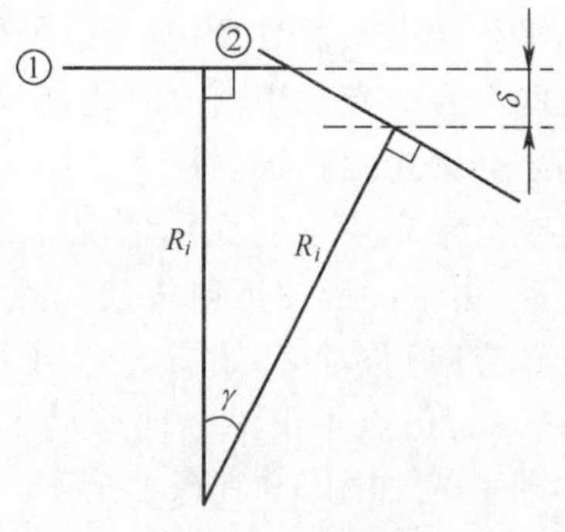

图 5－14　镜鼓转动时镜面位移量

镜鼓在用作平行光束扫描器时，物方光线转角 α_1

与镜鼓转角 γ 的关系以及像差情况和摆动平面镜的结论相同。

设视场角为 α_1，根据式(5-50)，当对平行光束扫描时，镜鼓用作物扫描的扫描效率为

$$\eta_{物} = \frac{\alpha_1}{2\theta_f} = \frac{\gamma_0}{\theta_f} \tag{5-56}$$

式中：γ_0 为有效偏转角，是使物方光线的偏转角等于视场角时所需扫描部件转过的角度。该式表明，要提高扫描效率，应减小 θ_f（即增加面数 n）。但因镜面宽度 l 受入射光束宽度 D 的限定，减小 θ_f 就需增大 R_0，所以扫描效率与入射光束宽度及转鼓尺寸相互制约。

由于镜鼓在转动时，镜面位置还发生切向位移，因此在转动过程中，镜面位移会使扫描区边缘部分的入射光束不能全部进入视场，而产生渐晕。为保证不产生渐晕，在入射光束宽度确定时，反射镜鼓半径 R_0 必须大于某一最小值。经计算，R_0 必须满足

$$R_0 \geqslant \frac{D}{2\cos\dfrac{\theta}{2}\sin\left(\dfrac{\theta_f - \gamma_0}{2}\right)} \ (\text{mm}) \tag{5-57}$$

式中：θ 为镜面处于扫描中间位置时，入射光束与出射光束的夹角。由上式可知，镜鼓的有效转角 γ_0 不能太接近于 θ_f，否则 R_0 将过大。而由式(5-56)又可知，γ_0 不能比 θ_f 小太多，否则扫描效率将太低。

镜鼓的转速受镜鼓材料强度的限制，不能过大。根据材料力学理论计算，得到镜鼓的最大转速为

$$\omega_{\max} = \frac{1}{2\pi R_0}\sqrt{\frac{8M}{\rho(3+\mu)}} \tag{5-58}$$

式中：ρ 为材料密度；μ 为材料的泊松比；M 为镜鼓材料的抗拉强度。

上式是单纯从材料强度观点出发的。实际上，在镜面破坏以前，由于高速转动引起的镜面变形足以影响系统的正常工作，所以，最大允许转速要比式(5-58)计算得出的值低得多。

3. 旋转折射棱镜

旋转折射棱镜为 $2n$ 面棱柱（$n = 1, 2, 3, \cdots$），绕中心轴旋转进行扫描，如图 5-15 所示。对于具有平行界面的折射体，当平行光束入射时，出射光束仍是平行光束且方向与入射光束相同。因此，旋转折射棱镜只用于会聚光束扫描。图 5-16 示出了折射棱镜在会聚光束中的应用情况。当棱镜放入系统后，由于棱镜的折射将使焦点发生纵向（沿光轴方向）移动 Z，如图 5-16(a) 所示。棱镜旋转后，焦点不仅沿纵向移动了 Z，又沿横向移动了 Y，如图 5-16(b) 所示。

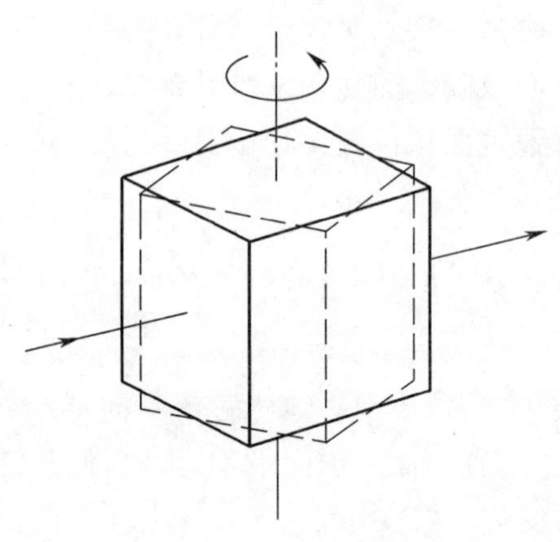

图 5-15　旋转折射棱镜结构示意图

根据图 5-16 可计算出

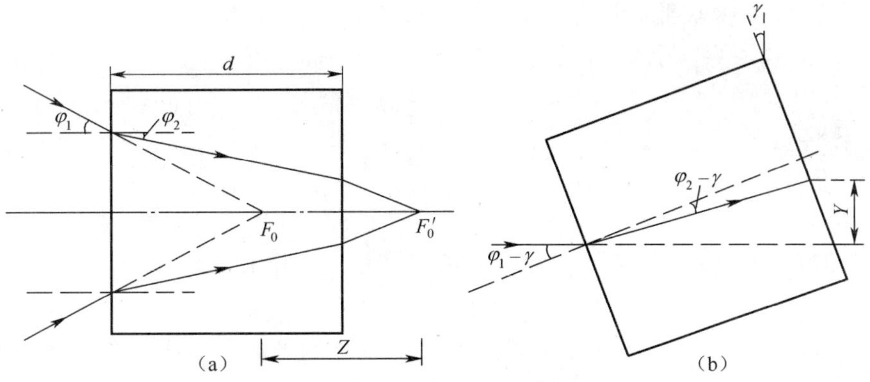

图 5-16　旋转折射棱镜的焦点位移

$$\Delta F_0 = |F_0' - F_0| = d\left[1 - \frac{\cos\theta_1}{\sqrt{n^2 - \sin^2\theta_1}}\right] \tag{5-59}$$

$$\Delta F_x = d\cos\gamma\left[\frac{\sin\theta_i}{\cos\theta_i} - \frac{\sin\theta_i}{\sqrt{n^2 - \sin^2\theta_i}}\right] \tag{5-60}$$

$$\Delta F_y = d\cos\gamma \cdot \tan\theta_i \cdot \left[\frac{\sin\theta_i}{\cos\theta_i} - \frac{\sin\theta_i}{\sqrt{n^2 - \sin^2\theta_i}}\right] \tag{5-61}$$

式中：$\theta_1 = \varphi_1$；$\theta_i = \varphi_1 - \gamma$。由以上各式可知，折射棱镜扫描时，焦点的纵向位移 ΔF_y 随棱镜转角 γ 而变，引起散焦，由于折射率 n 与波长有关，产生色差，并因为球面会聚光束中各光线的入射角不同，使 ΔF_0 因入射角的不同而异。因此用折射棱镜作扫描部件时，对像差的消除尤为重要。

对于折射棱镜的扫描效率，可推得与反射镜鼓相一致的结果，即

$$\eta = \frac{\gamma_0}{\theta_f} \tag{5-62}$$

折射棱镜的扫描效率同棱镜尺寸及光束宽度的制约关系，类同于对镜鼓的分析结论。

旋转折射棱镜扫描器由于用于会聚光束中，其尺寸可以做得很小，机械噪声小，能够高速、平稳地转动，宜用于高帧速成像系统中。缺点是对物镜系统消像差要求较高，增加了设计难度。

5.3.3　凝视型热成像系统

单元红外探测器靠行、场光机扫描机构去摄取有 m 个面元的景物时，一帧周期 T_f 内，器件摄取其中一个面元的时间 τ_d 为 T_f/m，相应带宽为 $\Delta f_{单元} = m/T_f$。如果采用 n_V 个单元竖直排列的线阵红外探测器，每个单元行扫一行，以同样的帧周期 T_f 扫完整幅像面，此时 $\tau_d = n_V T_f/m$，$\Delta f_{线} = m/(T_f n_V) = \Delta f_{单元}/n_V$。景物面元在探测器单元上的驻留时间增加到原值的 n_V 倍，带宽减小到原值的 $1/n_V$，输出信噪比提高到原值的 $\sqrt{n_V}$ 倍。如果在水平方向也有 n_H 个单元的探测器来覆盖所要求的空间范围，取代低帧速扫描，则探测器变为 $n_V \cdot n_H$ 个单元的焦平面阵列，此时景物面元在探测器单元上的驻留时间增加到原值

的 $n_V \cdot n_H$ 倍，带宽减小到原值的 $1/n_V \cdot n_H$，输出信噪比提高到原值的 $\sqrt{n_V \cdot n_H}$ 倍。显然，当焦平面阵列探测器个数 $n_V \cdot n_H$ 足够多时，景物面元在探测器单元上的驻留时间会远远长于后续信号处理器的采样时间，此时，视觉神经好像是在固定注视景物一样，故称为"凝视"器件。

与第一代光机扫描型热像仪相比，第二代红外焦平面凝视成像系统在温度灵敏度、成像大小和成像质量上均有了较大的提高。同时采用了超大规模集成电路，系统体积也有了明显减小。在相同的工作条件下，红外焦平面凝视成像系统的作用距离是第一代红外成像系统的 1.5~2 倍。目前，国外发达国家已经大规模地在部队装备了第二代红外热成像设备。

在凝视型热成像系统中，红外焦平面阵列是系统的核心。它包括探测器阵列和读出信号处理电路两部分：探测器阵列接收光信号，实现光信号到电信号的转换；读出信号处理电路抽取探测器产生的电信号，并对其进行转换、放大、去噪和成像处理。按照探测器阵列和读出信号处理电路的连接方式来分类，焦平面可以分为以下几种。

1. 单片式红外焦平面阵列

单片式红外焦平面阵列的结构特征是红外探测器和读出电路的材料相同（如 InSb 和 HgCdTe 等），且二者集成在一起，如图 5-17(a)所示。这种结构的集成度高、成本低、系统整体性能好。但由于探测器光敏面积受到读出电路面积限制，探测器的占空因子较小。

2. 直接混成式红外焦平面阵列

如图 5-17(b)所示，探测器通过铟柱直接连接到读出电路阵列。直接混成式有较好的可生产性，高密度的凝视或扫描成像阵列探测器通常都用直接混成的焦平面结构。直接混成需要在每个探测器下为读出信号处理电路留出足够的单元面积，因此，功能受到较大限制。

3. 间接混成式红外焦平面阵列

间接混成是用一块电路板把探测器连接到读出集成电路上，如图 5-17(c)所示。因为电路尺寸不再受探测器下部有限空间的限制，尺寸较大、功能更完善的前端读出电路和信号处理电路可以在较大单元中制造。间接混成也可以减小探测器与读出电路材料间的热失配引起的应力。

4. z 平面红外焦平面阵列

所谓 z 平面，是一块立体的焦平面阵列，将信号读出及处理功能的芯片（包括低噪声前放、滤波器和多路传输等）采用叠层的方法组装起来，形成信号处理模块，再把模块与探测器和输入/输出线等连接在一起，其结构如图 5-17(d)所示。这种结构对增加焦平面器件的信号处理功能很有好处。

z 平面技术可用于光导型、光伏型等各种探测器信号的读出、处理。此外，由于它的数据预处理能力，对于抑制噪声，提高灵敏度及缩小整机体积都具有较好性能，尤其适用于多目标识别和成像跟踪。但是，z 技术目前尚未成熟。

5. 环孔技术

环孔技术把探测器材料粘接到硅读出芯片，再将探测器材料减薄。探测单元通常是二极管或 MIS 器件，它们通过环孔与底层的读出电路连接，其结构如图 5-17(e)所示。

5.3.4 热释电红外成像系统

根据探测机理的不同，红外探测器可分为两大类：光电型和热敏型。前者利用光电效

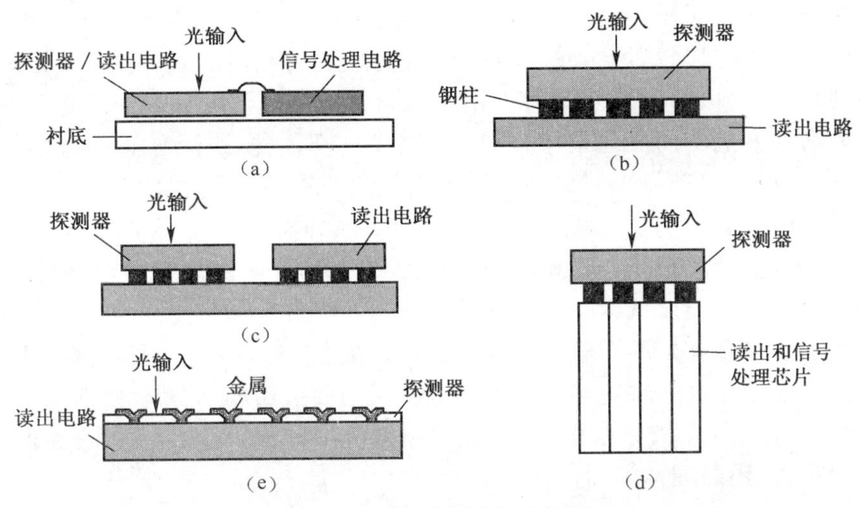

图 5-17　焦平面结构分类图

应工作,响应快,检测特性好;但需要冷却,使用不方便,且器件的检测灵敏度与红外波长有关。热释电器件属于后者,它工作在室温条件下,响应快,检测灵敏度高,且与辐射波长无关,可探测功率只受背景辐射的限制。因此,研制可在室温下工作的热释电非制冷红外焦平面阵列(简称热释电 UFPA)已成为热点。

一、热释电效应

介质材料中存在不同的电偶极矩。其中,由于分子间正负电荷中心不重合而产生的偶极矩为固有电偶极矩,具有这种偶极矩的材料称作热释电材料。热释电材料同普通的热探测器材料不同,它们有自极化效应,即使在没有外电场的情况下,也存在电偶极矩。经研究发现,在晶体的 32 种点群的 21 种非对称结构中有 10 种点群晶体具有热释电性。

具有热释电效应的晶体称为热释电晶体。对热释电晶体来说,在热平衡态时,自极化产生的表面束缚电荷被来自晶体内部和外部空间的自由电荷所屏蔽,因此晶体对外不显电性。当温度变化时,晶胞键角及格点间的距离产生变化,引起晶胞的偶极矩改变,从而使晶体的宏观极化强度 P 变化,因而束缚电荷面密度也随着变化,由此在晶体表面产生过剩(或缺欠)自由电荷,使晶体呈现出带电性。若 $\mathrm{d}t$ 时间内,热释电材料吸收热辐射,温度变化 $\mathrm{d}\Delta T$,极化强度变化 $\mathrm{d}P$,则材料单位面积产生的电流可表示为

$$J = \frac{\mathrm{d}P}{\mathrm{d}\Delta T} \cdot \frac{\mathrm{d}\Delta T}{\mathrm{d}t} \tag{5-63}$$

式中:P 为宏观极化强度;$\mathrm{d}P/\mathrm{d}\Delta T$ 称为热释电系数,常用 p 表示。

热释电材料分为两类。一类的自发极化强度的方向不随外电场改变,称作非铁电体。另一类的极化强度 P 与外加电场 E 的关系呈现电滞回线形状,如图 5-18 所示,称为铁电体。热释电摄像管所用的材料均属于铁电体。铁电体具有一个临界温度值 T_C,称作居里温度。当温度超过 T_C 时,材料的自发极化消失。

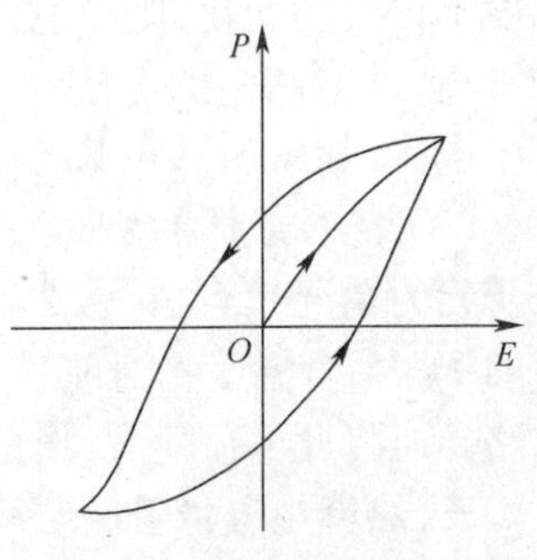

图 5-18　铁电体的电滞回线

热释电材料的自极化强度与温度有关。热释电晶体

的自发极化只存在于居里温度 T_C 以内,若温度高于 T_C 则自发极化消失。根据居里温度与器件工作温度的比较,用于热释电红外探测阵列的铁电材料主要有:①钛酸铅(简称 PT)系列铁电材料,如:PT、PZT 等。由于该材料的居里温度远高于工作温度,热释电系数在较大的温度范围内变化很小,所以,传统的热释电模式探测器不需要恒温器,也不需要加偏压,但必须进行人工极化。②钛酸钡(简称 BT)系列铁电材料,如:BST、PST 等。该材料的居里温度与工作温度相近。因 BT 系列材料居里温度较低,工作温度在居里温度附近自发极化很小(如图 5-19 曲线 A 所示);但在加偏置电压的情况下,材料的介电常数 ε 会随温度的改变而有很大的变化(如图 5-19 曲线 B 所示),对材料的热释电信号响应会有额外的贡献,此现象称为场增强热释电效应,利用该性质工作的红外探测器通常称为介电测辐射热计。在该模式下工作,探测器信号响应就由自发极化(传统的热释电部分)和诱导极化(诱导热释电部分)两部分组成。另外,为保证探测器工作的最佳状态,还需加恒温器。

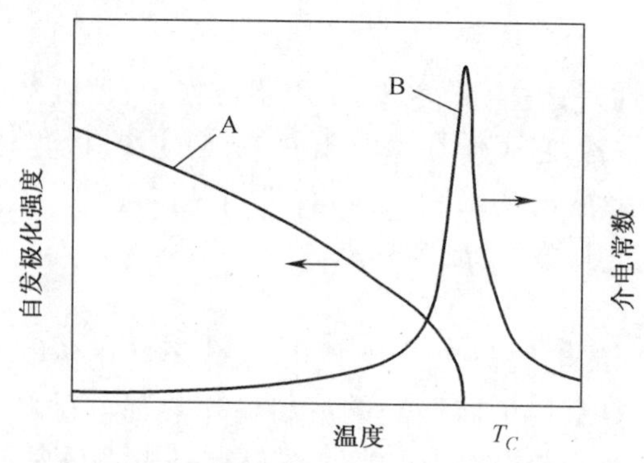

图 5-19 热释电材料自发极化强度、介电常数与温度的变化关系

二、热释电体的工作模式

根据热释电效应,当热释电体的两端面间处于开路状态时,若温度变化 ΔT ,则两端面上将具有净电荷密度 $\Delta\sigma$,两端面间电压为 ΔU 。若温度不再继续变化,则一定时间(1~1000s 量级)后,表面上的自由电荷将与束缚电荷达到新的平衡,两端面间的电压为零,如图 5-20(a)所示。

热释电器件在实际运用时,主要有两种不同的工作模式:

(1) 热释电体的两端面始终由外电路所接通(非电子束扫描的分立探测器的情况)。若温度变化 ΔT ,则两端面上产生的净电荷密度 $\Delta\sigma$ 将通过外电路泄放,形成电流 i 。若温度不再继续变化,则净电荷经外电路的泄放使两端面上的自由电荷与束缚电荷达到新的平衡,外电路中的电流为零。因此,只有当温度不断变化时,才可能在外电路中不断地产生电流,如图 5-20(b)所示。

(2) 热释电体的两端面每隔 T_f 时间被外电路接通 Δt 时间(热释电摄像管靶面上每个分辨元的情况),且 $\Delta t \leqslant T_f \leqslant \tau$ 。在 Δt 中,外电路的导通使表面达到电荷的平衡。在之后的 T_f 内,若温度相对前一 T_f 变化了 ΔT ,则两端面产生净电荷密度 $\Delta\sigma$,下一 Δt 中,外电路导通将此电荷泄放,形成电流 i 。此种工作模式的情况示于图 5-20(c)中。

三、热释电摄像管的结构及工作原理

热释电摄像管通过扫描电子束同靶面的相互作用来产生视频信号,其典型结构如

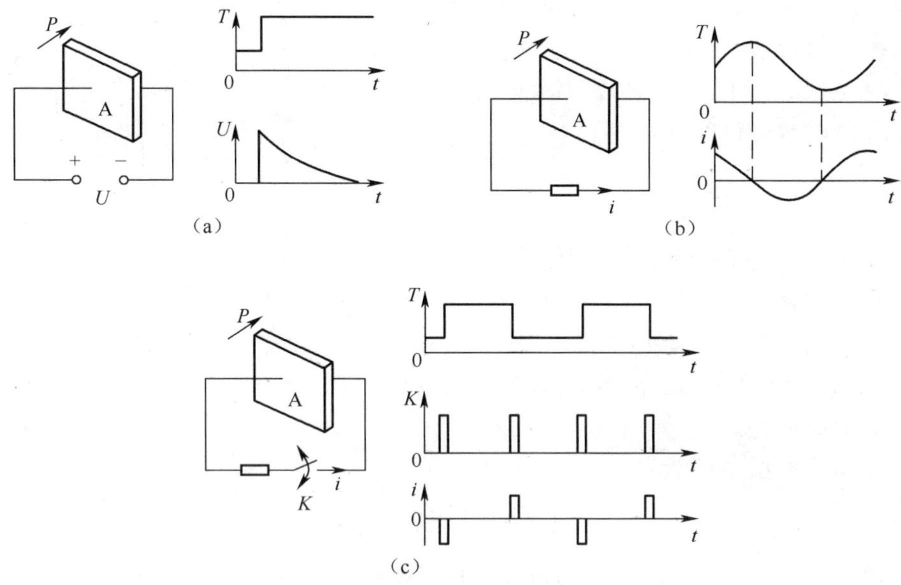

图 5－20　热释电体的工作模式

图 5-21 所示。电子从阴极表面发射，依次通过控制极、加速极和聚焦极，最终聚为直径约 0.01mm 的细束；筛网电位高于聚焦极一、二十伏，产生均匀电场，使电子束垂直上靶；偏转线圈使电子束做光栅扫描；窗口通常采用锗或三硫化砷等，以透过 2μm 以上的红外辐射；靶环作为信号的引出线，靶面是用热释电材料制成的单晶片，厚度约 30μm；靶前表面蒸涂有金属层作为信号电极和红外辐射吸收层。

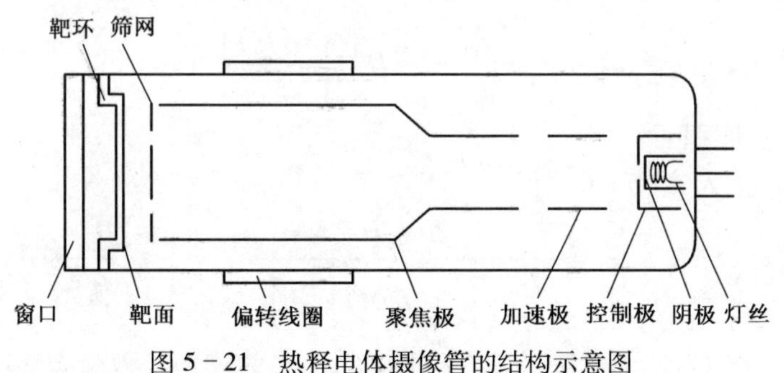

图 5－21　热释电体摄像管的结构示意图

5.3.5　热成像系统的性能评价

对热成像系统来说，系统性能的综合量度是温度分辨率。描述温度分辨率的参数有三个：噪声等效温差（*NETD*）、最小可分辨温差（*MRTD*）、最小可探测温差（*MDTD*）。

一、噪声等效温差（*NETD*）

用热成像系统观察标准试验图案，图案上的目标与背景之间能使基准化电路输出端产生峰值信号与均方根噪声之比为 1 时的温差，称为噪声等效温差—— *NETD*。*NETD* 是表征热成像系统受客观信噪比限制的温度分辨率的一种量度。

用来测量 *NETD* 的标准试验图案如图 5－22 所示。目标与背景均为黑体，目标宽度 W 为热像仪分辨元的数倍，T_T 为目标温度，T_B 为背景温度，且 $T_T > T_B$ 。实际测量时，为了取得良好的结果,通常要求目标尺寸 W 超过系统瞬时视场若干倍,目标和背景的温差 ΔT 超过 $NETD$ 数十倍,使 $V_s \gg V_n$。其中,V_s 为信号峰值电压,V_n 为均方根噪声电压,则 $NETD$ 可用式(5-64)计算 。

$$NETD = \frac{\Delta T}{SNR} = \frac{\Delta T}{V_s/V_n} \tag{5-64}$$

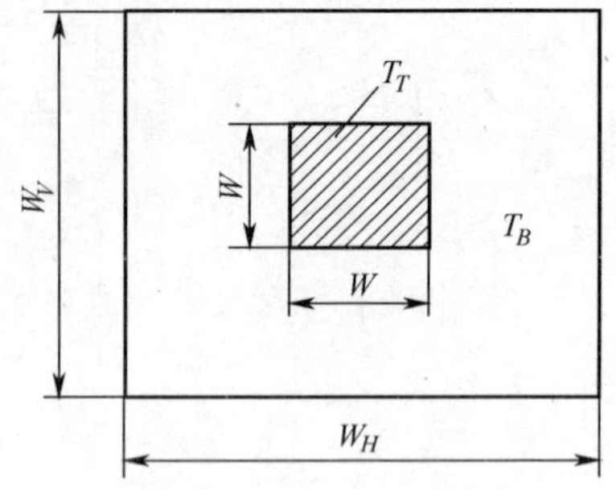

图 5-22　$NETD$ 的测试图案

根据定义,当入射到热成像系统探测器上的景物辐射通量存在差异时,所产生信号电压为

$$V_s = \Delta \Phi_\lambda R \tag{5-65}$$

式中:R 为探测器的响应度(V/W);$\Delta \Phi_\lambda$ 为目标与背景的单色辐射通量差。

系统噪声均方根电压为

$$V_n = \left[\int_0^\infty s'(f) MTF_e^2 \mathrm{d}f\right]^{1/2} \tag{5-66}$$

式中:$s'(f)$ 为系统的噪声功率谱;MTF_e 为电子滤波器的传递函数。

于是,热成像系统的信噪比为

$$SNR = \frac{V_s}{V_n} = \frac{\Delta \Phi_\lambda R}{\left[\int_0^\infty s'(f) MTF_e^2 \mathrm{d}f\right]^{1/2}} \tag{5-67}$$

假定测量比探测率 D^* 时的噪声电压为 V_{n1} ,即测量点为 f_0 处单位带宽($\Delta f = 1$)内的噪声电压,且 $V_{n1} \approx \sqrt{s'(f_0)\Delta f}$,则

$$R = \frac{D^* V_{n1}}{(A_d \Delta f)^{1/2}} = D^* \left[\frac{s'(f_0)}{A_d}\right]^{1/2} \tag{5-68}$$

式中:A_d 为探测器面积。

将式(5-68)代入式(5-67)得

$$SNR = \frac{V_s}{V_n} = \frac{\Delta \Phi_\lambda D^*}{A_d^{1/2}\left[\int_0^\infty s(f) MTF_e^2 \mathrm{d}f\right]^{1/2}} = \frac{\Delta \Phi_\lambda D^*}{A_d^{1/2} \Delta f_n^{1/2}} \tag{5-69}$$

式中:$s(f) = s'(f)/s'(f_0)$,为归一化噪声功率谱;Δf_n 为噪声等效带宽。

如图 5-23 所示,在探测器扫过的任一瞬间,探测器接收到目标元的辐射通量为

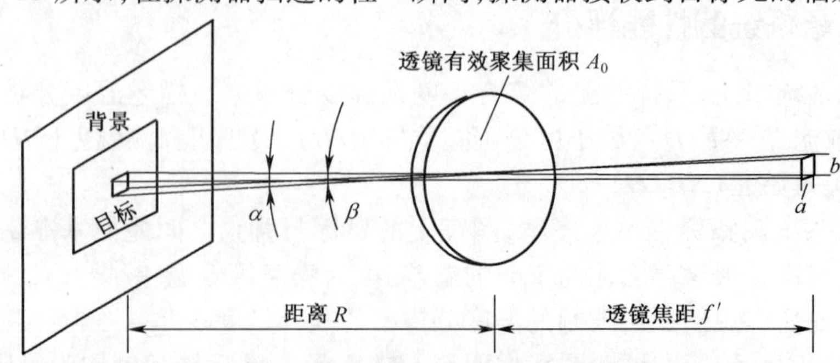

图 5-23　景物与探测器的几何关系

$$\Phi_{\lambda} = \frac{\varepsilon M_{\lambda}}{4} D_0^2 \alpha\beta\tau_a\tau_0(\lambda) \quad (\mathrm{W \cdot \mu m^{-1}}) \tag{5-70}$$

式中：D_0 为光学系统通光口径；τ_a 为路径长度上的大气光谱透射比；$\tau_0(\lambda)$ 为光学系统的光谱透射比。

令目标的辐射比为 ε_T，背景辐射比为 ε_B，则目标与背景在探测器上的光谱辐射通量差为

$$\Delta\Phi_{\lambda} = \frac{D_0^2}{4} \alpha\beta\tau_a\tau_0 [\varepsilon_T M_{\lambda}(T_T) - \varepsilon_B M_{\lambda}(T_B)] \tag{5-71}$$

当 T_T 与 T_B 相差不大时，式(5－71)可改写为

$$\Delta\Phi_{\lambda} \approx \mathrm{d}\Phi_{\lambda} = \frac{D_0^2}{4} \alpha\beta\tau_a\tau_0 \left[\varepsilon_B \frac{\partial M_{\lambda}(T_B)}{\partial T} \Delta T + \Delta\varepsilon M_{\lambda}(T_B)\right] \tag{5-72}$$

式中：$\Delta\varepsilon$ 为目标与背景辐射比差，$\Delta\varepsilon = \varepsilon_T - \varepsilon_B$；$\partial M_{\lambda}/\partial T$ 为 T_B 时光谱辐射出射度相对温度的变化率。

在进一步推导 *NETD* 前，假定：①目标和背景都是黑体，$\varepsilon_T = \varepsilon_B = 1$；②探测器与整个光敏面上的响应度一致；③ D^* 与噪声等效温差表达式中的其他参数无关；④目标与系统间的大气透过损失忽略不计，即 $\tau_a \approx 1$；⑤电子处理线路不产生附加噪声。

于是，式(5－72)简化为

$$\Delta\Phi_{\lambda} = \frac{D_0^2}{4} \alpha\beta\tau_0 \frac{\partial M_{\lambda}}{\partial T} \Delta T \tag{5-73}$$

热成像系统通常工作在某一波长范围［λ_1, λ_2］，考虑积分效果，并将式(5－73)代入式(5－69)得

$$SNR = \Delta T \frac{\alpha\beta D_0^2}{4(A_d \Delta f_n)^{1/2}} \int_{\lambda_1}^{\lambda_2} D^* \tau_0(\lambda) \frac{\partial M_{\lambda}(T_B)}{\partial T} \mathrm{d}\lambda \tag{5-74}$$

假定在系统工作波段内，$\tau_0(\lambda)$ 近似为常数 τ_0，且考虑串扫将使 *SNR* 提高 $\sqrt{n_s}$ 倍(n_s 为串扫元数)，则

$$NETD = \frac{\Delta T}{V_s/V_n} = \frac{4F^2(\Delta f_n)^{1/2}}{A_d^{1/2} n_s^{1/2} W_T(T_B)\tau_0} \tag{5-75}$$

式中：$F = f'/D_0$，f' 为焦距，D_0 为光学系统通光口径；$W_T(T) = \int_{\lambda_1}^{\lambda_2} D^* \frac{\partial M_{\lambda}(T_B)}{\partial T} \mathrm{d}\lambda$ 。式(5－75)就是热成像系统 *NETD* 的普遍表达形式，适合于串、并扫探测器。

NETD 作为系统性能的综合量度存在一些不足之处，表现在：

(1) *NETD* 的测量点是在基准化电路的输出端，没有考虑测量点到显示器之间的噪声源或滤波作用的影响，因而不能表征整个系统的性能。

(2) *NETD* 反映的是客观信噪比限制的温度分辨率，没有考虑视觉特性的影响，但人眼对图像的分辨效果与视觉信噪比有关。

(3) 单纯追求低的 *NETD* 值并不意味着一定有好的系统性能。例如，增大工作波段 $\lambda_1 \sim \lambda_2$ 的宽度，显然会使 *NETD* 减小。但在实际应用场合，可能会由于所接收的日光反射成分的增加，使系统测出的温度与真实温度的差异增大。

(4) *NETD* 反映的是系统对低频景物(均匀大目标)的温度分辨率,不能表征系统用于观测较高空间频率景物时的温度分辨性能。

因此,*NETD* 作为系统性能的综合量度是有局限性的。但是 *NETD* 物理意义清楚,测量容易,目前仍在广泛采用。尤其在系统设计阶段,采用 *NETD* 作为系统各参数的选择标准是有用的。

二、最小可分辨温差(*MRTD*)

在热成像系统中,*MRTD* 是综合评价系统温度分辨力和空间分辨力的重要参数,它不仅包括了系统特性,也包括了观察者的主观因素。*MRTD* 的定义是:目标与背景均为黑体,由成像系统对某一组四条带图案成像(图 5-24),调节 T_T 相对 T_B 的温差,从零逐渐增大,直到在显示屏上刚能分辨出条带图案。此时的温差就是在该组目标基本空间频率 f_T 下的最小可分辨温差。分别对不同基频的条带图案重复上述测量过程,可得到 $MRTD(f_T)$ 曲线。

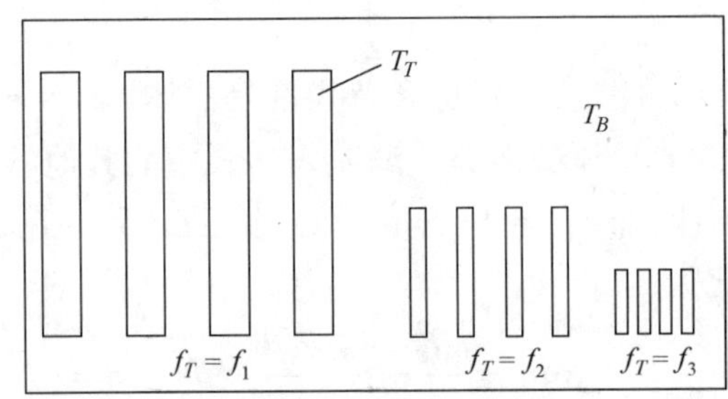

图 5-24 *MRTD* 测试图案

推导 *MRTD* 的基本思想是根据图案特点及视觉特性,将客观信噪比修正成视觉信噪比,从而得到与图案测试频率有关的在极限视觉信噪比下的温差值,即 *MRTD*。

由前已知,在基准化电路输出端测得的客观信噪比为

$$SNR_0 = \Delta T / NETD \tag{5-76}$$

在显示器的输出端,一个条带图像的信噪比 SNR_i 为

$$SNR_i = R(f)\frac{\Delta T}{NETD}\left[\frac{\Delta f_n}{\int_0^{\infty} s(f)\cdot MTF_i^2(f)\cdot MTF_m^2(f)\,\mathrm{d}f}\right]^{1/2} \tag{5-77}$$

式中:$R(f)$ 为系统的方波响应(对比传递函数);$MTF_i(f)$ 为电子放大器和视频处理电路的调制传递函数;$MTF_m(f)$ 为显示器的调制传递函数;Δf_n 为噪声等效带宽。

由于 *NETD* 是在基准滤波器下测得的电子电路的等效噪声,因此,式(5-77)中方括号项实际是把 *NETD* 表达式中的 Δf_n 替换成了实际系统带宽。对于 $R(f)$,利用对比传递函数与调制传递函数的关系,并取第一项近似,有

$$R(f) \approx \frac{4}{\pi} MTF_s(f) \tag{5-78}$$

式中:$MTF_s(f)$ 为系统调制传递函数。

当观察者观察目标时,将从以下四个方面来修正显示信噪比 $SNR_i(f)$ 而得到视觉信噪比。

(1) 眼睛萃取条带图案,在可分辨信号的情况下,滤去高次谐波,保持一次谐波,此时

信号峰值衰减为 $\frac{2}{\pi}R(f)=\frac{8}{\pi^2}MTF_s(f)$ 。

（2）由于时间积分，信号将按人眼积分时间 $t_e(=0.2\text{s})$ 一次独立采样积分，同时噪声按根号叠加，因此信噪比将改善 $(t_e f_p)^{1/2}$ ，f_p 为帧频。

（3）在垂直方向，眼睛将进行信号空间积分，并沿线条取噪声的均方根值，利用垂直瞬时视场 β 作为噪声的相关长度，得到视觉信噪比的改善为

$$\left(\frac{L}{\beta}\right)^{1/2}=\left(\frac{\varepsilon W}{\beta}\right)^{1/2}=\left(\frac{\varepsilon}{2f_T\beta}\right)^{1/2} \tag{5-79}$$

式中：L 为条带长（角宽度）；W 为条带宽（角宽度）；ε 为条带长宽比（$=L/W=7$）；f_T 为条带空间频率（c/mrad，c 代表周）。

（4）对有频率为 f_T 的周期矩形线条目标存在时，人眼的窄带空间滤波效应近似为单个线条匹配滤波器，人眼滤波器为 $\mathrm{sinc}(\pi f/2f_T)$ 。

在水平方向，人眼的积分效应可以通过把实际系统带宽换为考虑眼睛匹配滤波器作用的噪声带宽 Δf_{eye} ，且

$$\Delta f_{\text{eye}}(f_T)=\int_0^{\infty}s(f)MTF_i^2(f)MTF_m^2(f)\,\mathrm{sinc}^2(\pi f/2f_T)\,\mathrm{d}f \tag{5-80}$$

信噪比改为

$$\left[\frac{\int_0^{\infty}s(f)\,MTF_i^2(f)\,MTF_m^2(f)\,\mathrm{d}f}{\Delta f_{\text{eye}}(f_T)}\right]^{1/2}$$

将上述四种效应与显示信噪比结合，就得到视觉信噪比 SNR_v 为

$$SNR_v=\frac{8}{\pi^2}MTF_s(f)\,\frac{\Delta T\sqrt{t_e f_p}}{NETD}\left(\frac{\varepsilon}{2f_T\beta}\right)^{1/2}\left(\frac{\Delta f_n}{\Delta f_{\text{eye}}}\right)^{1/2} \tag{5-81}$$

令观察者能分辨线条的阈值视觉信噪比为 SNR_{DT} ，则由上式解出的 ΔT 就是 $MRTD$ 表达式

$$MRTD(f)=\frac{\pi^2}{8}\,\frac{NETD\,(2f\beta)^{1/2}Q(f)SNR_{DT}}{(t_e f_p\varepsilon)^{1/2}MTF_s(f)} \tag{5-82}$$

式中：$Q(f)=[\Delta f_{\text{eye}}(f)/\Delta f_n]^{1/2}$ 。

若设 $s(f)=1$，且 $MTF_i(f)=MTF_m(f)=1$，则式（5-82）可写为

$$MRTD(f)=\frac{\pi^2}{4\sqrt{14}}SNR_{DT}f\,\frac{NETD}{MTF_s(f)}\left[\frac{\alpha\beta}{\tau_d t_e f_p\Delta f_n}\right]^{1/2} \tag{5-83}$$

该式在已知 $MTF_s(f)$ 后，可通过手工计算出 $MRTD$，因此，在一些初始的手工计算时很有效。

三、最小可探测温差（*MDTD*）

MDTD 是综合评价热成像系统性能的重要参数之一。它与 *MRTD* 的相同之处是反映了系统的热灵敏特性和空间分辨力；不同之处在于 *MRTD* 是空间频率的函数，而 *MDTD* 是目标尺寸的函数。*MDTD* 的定义为：当观察者的观察时间不受限制，在热成像系统显示屏上恰好能分辨出一定尺寸的方形或圆形目标及其所处的位置时，目标与背景间的温差称为对应目标尺寸的最小可探测温差 *MDTD*。

设目标为角宽度为 W 的方形，显示器上显示的目标图像平均值为 $\overline{I(x,y)} \cdot \Delta T$，其中，$\overline{I(x,y)}$ 是振幅规格化为 1 的方块目标的像，ΔT 是目标与背景的温差。于是，图像每帧可得的显示信噪比为

$$SNR_i = \frac{\overline{I(x,y)}\Delta T}{NETD}\left[\frac{\Delta f_n}{\int_0^{\infty} s(f) \cdot MTF_i^2(f) \cdot MTF_m^2(f)\mathrm{d}f}\right]^{1/2} \tag{5-84}$$

当观察者观察目标图像时，视觉信噪比改善表现在：

(1) 时间积分使信噪比改善 $(t_e f_p)^{1/2}$。

(2) 垂直方向的空间积分，设在 y 方向的系统线扩展函数的大小为 $|r_y|$，则空间积分对信噪比的改善为 $[(W + |r_y|)/\beta]^{1/2}$。

(3) 人眼频域滤波作用，用 Δf_{eye} 代替实际系统带宽。

综合上述因素，则视觉信噪比为

$$SNR_p = SNR_i\,(t_e f_p)^{1/2}\left[\frac{W + |r_y|}{\beta}\right]^{1/2}\left[\frac{\int_0^{\infty} s(f) \cdot MTF_i^2(f) \cdot MTF_m^2(f)\mathrm{d}f}{\Delta f_{\mathrm{eye}}}\right]^{1/2} \tag{5-85}$$

设观察者刚好可探测的视觉阈值信噪比为 SNR_{DT}，则对应的 ΔT 就是 $MDTD$，即

$$MDTD\left(f_T = \frac{1}{2W}\right) = SNR_{DT}\frac{NETD}{\overline{I(x,y)}}\left(\frac{\beta\Delta f_{\mathrm{eye}}}{t_e f_p \Delta f_n}\right)^{1/2}\left(\frac{1}{2f} + |r_y|\right)^{-1/2} \tag{5-86}$$

若忽略 $|r_y|$ 项，则 $MDTD$ 表达式为

$$MDTD(f) = \sqrt{2}\,SNR_{DT}\frac{NETD}{\overline{I(x,y)}}\left[\frac{f\beta\Delta f_{\mathrm{eye}}(f)}{t_e f_p \Delta f_n}\right]^{1/2} \tag{5-87}$$

第 6 章　激 光 成 像

激光成像的原理是利用激光束对目标场景进行扫描,接收场景反射的激光信号,产生连续的模拟电信号,然后在显示器上将电信号还原成实时原场景的图像。与合成孔径、毫米波、红外、可见光等其他成像模式相比,激光成像的抗电磁干扰能力强,对地物和背景有很强的抑制能力,不像红外和可见光成像那样易受环境温度及阳光变化的影响;抗隐身能力强,能穿透一定的遮蔽物、伪装和掩体,并可对反射截面很小的目标尤其是红外隐身目标进行有效探测;具有高的距离、角度和速度分辨率,能同时获得目标的多种图像(如距离像、强度像、距离-角度像等),图像信息量丰富,自动目标识别算法大为简化,目标区分能力突出,易于判别目标类型,特别是目标的易损部位。本章将对激光雷达成像系统、激光全息照相系统及激光显示等进行逐一介绍。

6.1　激光成像雷达

6.1.1　激光成像雷达系统

激光成像雷达是激光、雷达、光学扫描及控制、高灵敏度探测及高速计算机处理的综合技术。图 6-1 是激光成像雷达系统的工作原理图。激光器发出激光,经整形和扩束后发射,通过扫描系统照明扫描区域;接收的激光回波信号通过接收系统耦合到接收机的探测器,探测器的输出信号由计算机提取目标的有关信息并进行数据处理,提供目标的位置、距离、速度和轮廓图像,并以适当方式存储。

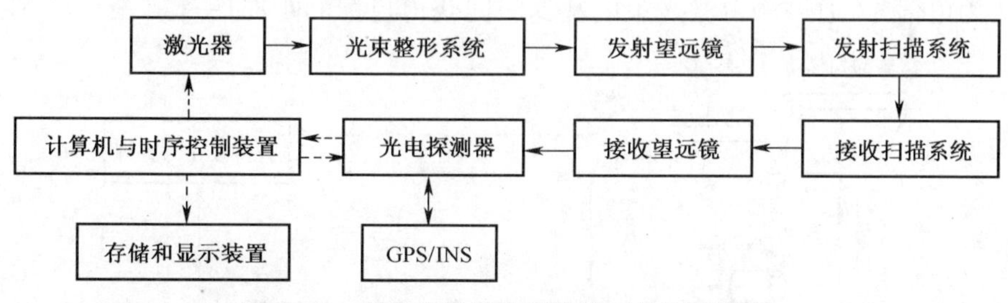

图 6-1　激光成像雷达系统的工作原理框图

激光雷达的工作基础是通过测量信号在扫描器与被探测目标之间的传播时间来测量距离。它有两种测量方式:连续波模式和脉冲模式。

在连续波模式下,激光器发射的激光信号经过调制形成具有一定波形的连续信号,系统通过发射、接收信号间波形的相位差来确定信号的传播时间。传播时间为

$$t = \frac{\varphi}{2\pi}T + mT \tag{6-1}$$

式中：T 为周期；φ 为相位差；m 为波传播过程中包含波的整周数。这种方式可以通过提高频率来提高精度。

在脉冲模式下，系统直接测量信号的传播时间，传播时间为

$$t = 2s/c \tag{6-2}$$

式中：s 为扫描器与目标的距离；c 为真空中的光速。

脉冲激光系统具有大功率、高精度测距的特点。脉冲激光测距及成像的基本工作原理如图 6－2 所示。在激光雷达扫描场景期间，雷达先后接收到场景相邻面元(x_1,y_1)和(x_2,y_2)的回波信号电压差，反映了景物的对比度或灰度分布。利用激光测距原理，可以获得场景相邻面元(x_1,y_1)和(x_2,y_2)距离接收机的距离差，经归一化校正后可计算出它们之间的高程差。各面元相对于某基准平面的高程差，提供了该面元的第三维位置信息 z 值。回波信号的空间矩阵可表示为 $\boldsymbol{I}(x_k,y_k,z_k)$，该数字矩阵经一系列解算处理和可视化重构后，可显示为被扫描场景的三维灰度图像。

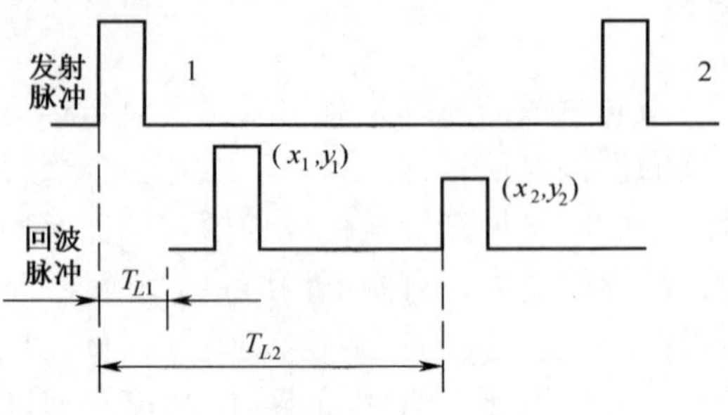

图 6－2　脉冲激光成像原理示意图

激光雷达种类繁多，按运载平台分，有手持式激光雷达、地面固定式激光雷达、车载移动式激光雷达、机载激光雷达、船载激光雷达、星载激光雷达等；按激光发射波形分，有脉冲激光雷达、连续波激光雷达和混合型激光雷达等；按激光介质分，有固体激光雷达、气体激光雷达、半导体激光雷达、二极管激光泵浦固体激光雷达等；按激光波段分，有紫外激光雷达、可见光激光雷达和红外激光雷达等；按扫描方式分，有扫描和非扫描成像雷达。本节仅对扫描和非扫描成像雷达的工作原理进行介绍。

激光扫描成像雷达系统的工作原理如图 6－3 所示。激光器发射激光束，经过扫描系统后将激光束指向目标，对目标进行逐点扫描，由探测器接收反射回来的光波信号，将光信号转化为电信号，通过测得激光束的往返时间获得目标的距离信息。

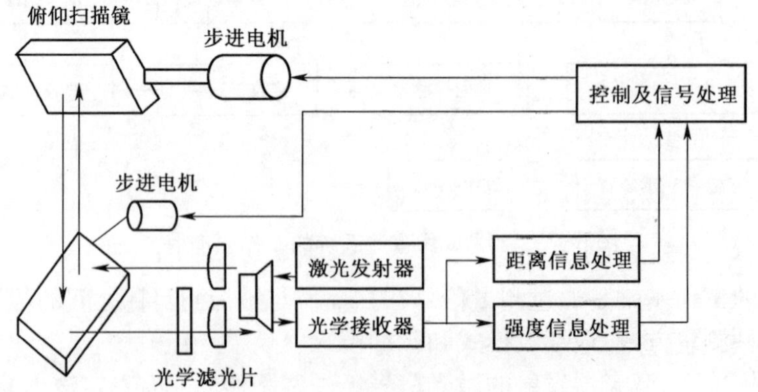

图 6－3　激光扫描成像雷达系统结构图

非扫描成像雷达系统是由强度调制器将激光器发射的光束进行调制，控制激光束使之能够大范围地照射到目标上，或同时照射许多不同的目标，然后利用面阵探测器来接收

回波信号,得到目标的距离和强度信息,再将信息传送至计算机进行处理,获得目标的强度和距离像。非扫描激光成像雷达具有如下特性:先进的实时图像处理功能,包括各种图像跟踪、成像的综合和目标自动识别;可以和被动探测(红外系统)相结合,组合为集成系统,充分发挥各种技术的优势;作用距离远,可达到10km左右。

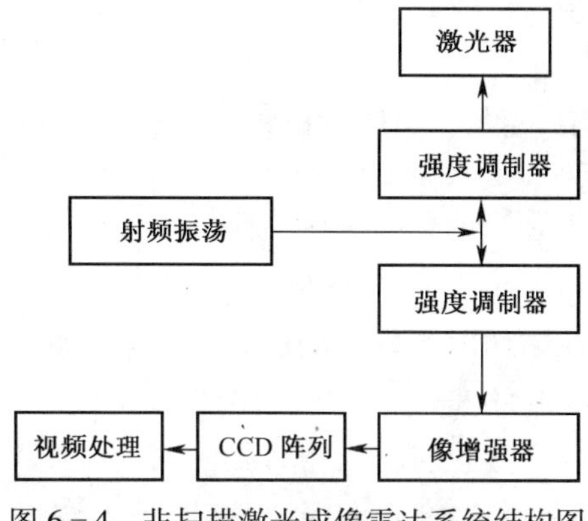

图6-4 非扫描激光成像雷达系统结构图

图6-4是Sandia实验室提出的一种非扫描成像激光雷达。这种成像技术不需要扫描器,但由于面阵探测器的使用,不但能够提高成像速率,还能提高每像素的光电积分时间(提高倍数为总像素数)。在非扫描成像雷达系统中,在CCD的前级增加了像增强器,使系统灵敏度大大提高。

6.1.2 激光成像雷达系统的性能评价

激光成像雷达系统的主要指标是作用距离、距离分辨率、成像速率和图像分辨率。针对某些应用,还要满足体积、重量等的要求。激光雷达探测方程是确定上述指标的基础。激光和微波是频率不同的电磁波,根据微波雷达探测方程推导出来的激光雷达探测方程为

$$P_r = \eta_{\text{sys}} P_t \frac{\sigma D^2}{4\pi R^4 \theta_t^2} T_{\text{atm}}^2 \tag{6-3}$$

式中:P_r 为探测器接收到的光功率;P_t 为激光发射功率;η_{sys} 为光学系统透过率;σ 为目标散射截面积;R 为探测距离;θ_t 为激光光束发散角;T_{atm} 为双向大气传输系数;D 为接收天线孔径。

目标散射截面积 σ 的表达式为

$$\sigma = 4\pi\rho_{\text{brfd}} A_{\text{target}} \cos\theta \tag{6-4}$$

式中:ρ_{brfd} 为目标的双向反射密度函数;$A_{\text{target}}\cos\theta$ 为相对于激光发射方向的目标投影面积。

只有激光回波的能量达到一定值,探测器才能响应,根据上面的公式可以估算出激光雷达的有效工作距离。同时,如果想要增加探测距离,也可以适当改变式(6-3)中的参数,如增加激光发射功率、增大天线孔径或者压缩激光光束发散角。

影响激光雷达成像系统性能的关键因素如下。

1. 激光雷达接收机的灵敏度、噪声系数及带宽

灵敏度表示接收机接收微弱信号的能力。灵敏度越高,接收微弱信号的能力越强,激光雷达的作用距离越远。要提高接收灵敏度,首先要提高接收机的增益。然而,加大接收机的增益并不能无限地提高灵敏度。灵敏度的极限受到接收机外部干扰和内部噪声的限制,因此,提高接收机灵敏度的关键是在提高放大量的同时,尽量减小内部噪声。

为了衡量接收机内部噪声的大小,通常用噪声系数 NF 表示,其表达式为

$$NF = \frac{SNR_{\mathrm{in}}}{SNR_{\mathrm{out}}}(\mathrm{dB}) \tag{6-5}$$

式中：SNR_{in} 为接收机输入端信号与噪声功率比；SNR_{out} 为接收机输出端信号与噪声功率比。

激光雷达接收机的通频带很宽，要保证发射脉冲很窄(10ns)的波形不失真，其带宽须达 60MHz 以上。但加大跟踪距离，提高跟踪信噪比时，须适当压缩带宽，以减小噪声，提高测距精度。压缩的原则是让主要频谱能量不降低或降低很小，从而保证信噪比的提高。

2. 激光雷达接收机的恢复时间

当接收机输入信号很强时，由于自动增益控制取样电路的后拖，造成接收机增益很低，甚至暂停工作。这段时间称为接收机的恢复时间。要接收紧随在强信号之后的微弱信号，就必须缩短恢复时间。

3. 激光雷达接收机的抗干扰能力

激光雷达的突出优点是抗干扰能力强，但也存在阳光背景、杂散光、人为干扰及无线电波干扰问题，因此要求接收机必须采取有效措施，提高抗干扰能力，经得起一切人为干扰和自然干扰。

4. 激光雷达接收机多通道的一致性

多通道的一致性是脉冲激光雷达要求的重要指标之一。动态运用下的一致性更难于实现。由于元器件的离散性、非线性和不同的温度特性，一致性是很难保证的，因此需要采取很多措施，如单通道技术和计算机修正补偿技术等。

5. 激光雷达接收机的稳定性和可靠性

要保证系统有足够的可靠性，必须具备良好的工作稳定性。由于接收机频带很宽，很容易产生自激，必须采取有效措施防止自激；其次是参数的稳定性，在使用过程中不应因环境条件的改变而发生变化，导致工作性能变坏或不能工作。

6.1.3 机载激光雷达成像系统

机载激光雷达(LIDAR)成像系统是一种集激光测距、全球定位系统(GPS)和惯性导航系统三种技术于一体的系统，可用于获得数据并生成精确三维地形。它以飞机为载体，通过接收和处理飞机上的激光光源照射到目标并返回的回波来得到相对于飞机的距离、方位等观测数据，从而实现目标信息的提取以及三维场景的重建。由于激光本身具有非常精确的测距能力，其测距精度可达毫米级。

典型的机载激光雷达系统结构如图 6-5 所示。系统由激光发射、接收、数据处理和三维重构与再现等子系统组成。整个系统的工作原理是：激光脉冲控制电路触发产生一系列满足一定脉冲重复频率的阵列激光束脉冲序列，阵列激光束经光学发射天线整形、准直后照射到目标上，光学接收天线接收反射回波并聚焦到 APD(雪崩光电二级管)阵列，APD 阵列把接收到的光信号转换为电信号，再通过模拟-数字信号转换为数字信号，从而得到强度图像。同时，通过激光脉冲飞行时间计算照射目标表面上多点的距离，再根据 GPS 定位系统确定的位置完成目标表面点坐标的换算，最后结合强度图像实现目标三维重构和再现。

与传统摄影技术和微波雷达相比，机载激光雷达成像系统的优势主要表现在：

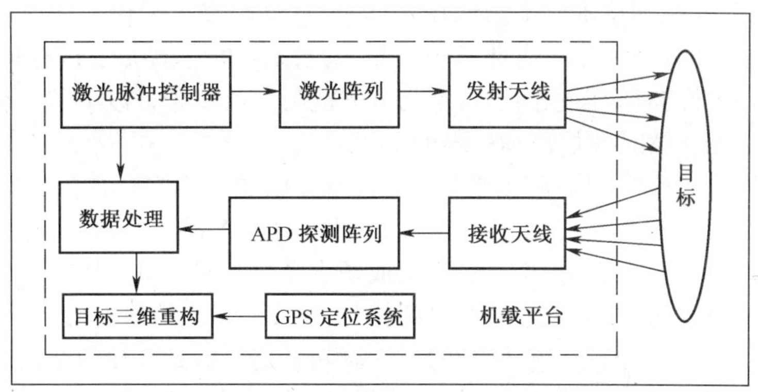

图 6-5　机载激光雷达系统结构图

（1）快速性。应用激光雷达能快速获取大面积目标空间信息，也可及时测定形体表面立体形貌，提高测量效率；具有数据采集速度快、测量数据精度高、外场作业工作量少、外场作业成本低和数据处理自动化程度高等优点。

（2）非接触性。这一特征解决了危险领域及对柔性目标的测量、需要保护的对象（如文物）的测量和人员不可到达位置的测量等，是目前唯一能测定森林覆盖地区地面高程的可行技术。

（3）穿透性。是一种直接主动式测量方法，受天气条件的影响很少。激光能穿透不太浓密的植被，到达目标表面，由于激光扫描技术能在一瞬间得到大量的采样点，这些采样点能描述目标表面的不同层面的几何信息。

（4）主动性。主动发射测量信号，通过探测自身发射出的光的反射来得到目标信息。

（5）高密度、高精度。机载激光雷达测量系统采集的激光点云数据非常密集，精度也高，通常激光点间距离 1~2m，平面绝对精度 0.3m，高程绝对精度 0.2m。如果采用直升机为载体，激光点密度和精度将更高，点密度可以达到每平方米几十甚至上百个点。

（6）高效性。可以不用事先埋设控制点进行控制测量，只需在测区附近地面已知点上安置 GPS 基准站即可，而且数据采集和处理过程高度数字化、自动化，大大提高了作业速度。

（7）数据产品丰富。基于直接采集获取的激光点云数据和数码影像数据，经加工处理后，可以得到 DEM、DOM、DTM、DSM 等数据产品，在相关专业软件的支持配合下，还可以制作其他数据产品，如城市建模三维模型等。

多种机载激光雷达系统已经成功应用到了商业和军事上。例如：美国诺斯罗普·格鲁门公司提供的机载激光水雷探测系统（ALMDS），由 MH-60S 直升机控制，利用一种光探测和测距的蓝-绿激光器，探测、定位和区分沉底雷、锚雷和漂雷；而机载激光雷达快速灭雷系统（RAMCS）则是根据激光探雷直升机所提供的水雷分布情况，利用绿波段的激光雷达对海面进行定点扫描、探测，发现并识别水雷，为火炮指示水雷位置，摧毁水雷。

6.1.4　条纹管激光成像

条纹管激光成像系统是一种新型的闪烁式非扫描激光成像系统，它利用条纹管的时间分辨能力，获取目标距离像，较之扫描成像有不可比拟的优势。

从本质上讲,条纹管技术属于示波技术,因为它是用来显示信号随时间的变化过程。但它又不同于通常的示波技术,通常的示波技术是以加在偏转系统上的电压波形为信号载体,只能给出一维的时间信息而没有空间分辨能力。条纹管是以电子束为信号的载体,可同时给出一维的连续时间信息和一维的空间信息。

图 6-6 是条纹管的工作原理图。条纹管由光电阴极(PC)、加速系统(M)、聚焦系统(F)、偏转系统(D)和荧光屏(PS)等部分组成。物镜将瞬态光源 A 的像成在狭缝上,狭缝取出 A 的一维空间信息通过中继透镜成像在条纹管的光电阴极上。当光电阴极上的狭缝部分被 A 所发出的光脉冲照明时发射光电子,光电子的瞬态发射密度正比于该时刻的光脉冲强度,所产生的光电子脉冲的持续时间就是入射光脉冲的持续时间,电子脉冲从阴极上发出,经静电聚焦系统聚焦后,进入偏转系统。偏转系统上加有随时间线性变化的斜坡电压,不同时刻进入偏转系统的电子受到不同偏转电压的作用,电子束到达荧光屏时,沿垂直于狭缝的方向展开,这一方向对应于时间轴,得到沿狭缝每一点展开的时间信息。为了保证电子脉冲和斜坡电压的同步,在光路中引入分束器,该分束器将一部分光送入物镜,另一部分光送入 PIN 管,由于 PIN 输出的电脉冲经可变延时器延时后触发斜坡电压发生器。电子经前面的系统加速后轰击荧光屏,转换为可见光。荧光屏输出的狭缝扫描图像,采用接触式照相机或 CCD 实时读出系统记录。由于电子束比任何机械结构在运动中具有小得多的惯性,而利用超快速开关元件很容易产生瞬变电场所需的电压波形,所以条纹管技术可以获得很高的时间分辨率。

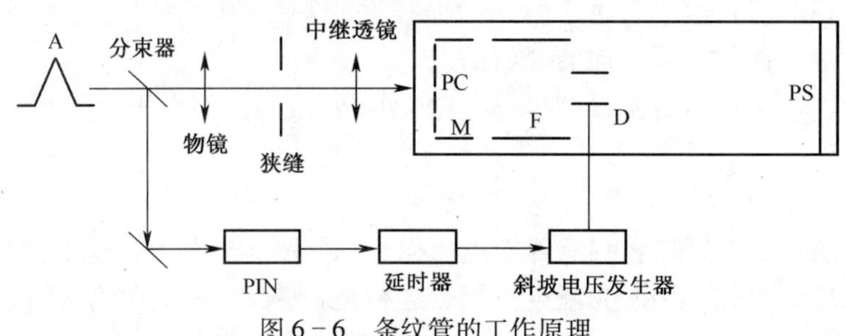

图 6-6　条纹管的工作原理

条纹管通常分为单狭缝条纹管和多狭缝条纹管。单狭缝条纹管的结构如图 6-7 所示,它利用条纹管对不同时间到来的光电子进行偏转,分辨它们之间的时间差异,实现距离信息的获取。通过对探测器在一维方向的推扫就可以得到整个目标物的三维距离信息,还可以得到目标物的强度信息,由耦合在荧光屏上的 CCD 系统读出目标表面的反射率,经过计算机进行数据处理后得到 4D 图像(3D 距离+强度)。

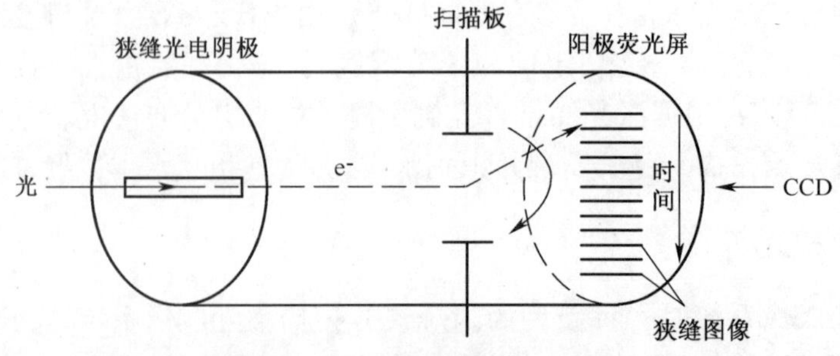

图 6-7　单狭缝条纹管的结构

尽管单狭缝条纹管可以得到三维距离信息，但是当目标物为动态时，探测器的推扫就会不可避免地导致成像的扭曲，甚至根本无法对目标物成像。这就要求一种非推扫的瞬时雷达系统，多狭缝变像管激光雷达正是一种可以在探测器和目标物同时移动的情况下进行瞬时成像的系统。这种成像系统还具有易于与其他焦平面探测器数据合成、成像频率高和易于小型化等优点。

多狭缝条纹管与单狭缝条纹管的工作原理相似，不同在于光电阴极接收的是多狭缝图像，其结构如图 6-8 所示。二维平面图像经图 6-9 所示的光纤变换器，将图 6-9(a)的平面像转换为图 6-9(b)的条纹像，再耦合到光电阴极输入面，最终在荧光屏上得到每一个狭缝随时间扫描的多个条纹像，每个条纹代表在某时刻的二维空间图像。经 CCD 读取和数据处理后得到目标物的三维距离像和强度像。若将不同的空间信息赋予到不同的狭缝上，多狭缝变像管就可以有更广泛的应用。比如将不同波长的光或者不同偏振态的光对应到不同的狭缝上，在得到目标物的 3D 图像和强度图像的同时，还得到波长信息或是偏振数据。这样可以更有效、更精确地找到目标物而不受周围复杂环境的影响。

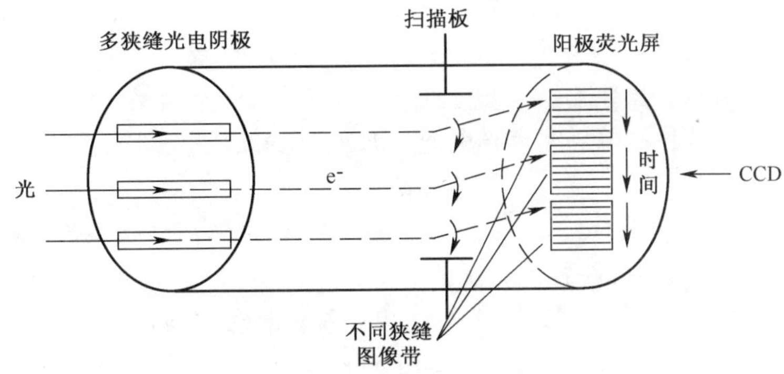

图 6-8　多狭缝条纹管的结构

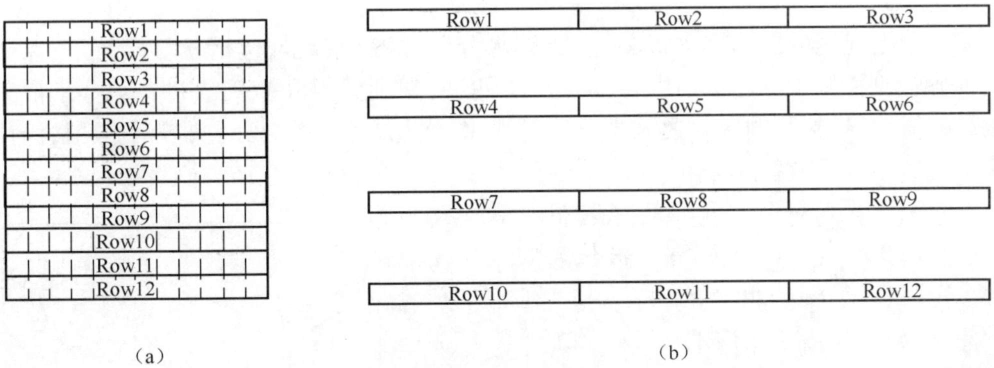

Row1
Row2
Row3
Row4
Row5
Row6
Row7
Row8
Row9
Row10
Row11
Row12

(a)

Row1　Row2　Row3
Row4　Row5　Row6
Row7　Row8　Row9
Row10　Row11　Row12

(b)

图 6-9　光纤变换器

目前，条纹管探测器对紫外到近红外波段都有较高的量子效率，因此，利用条纹管探测技术可以实现从紫外到近红外的多波段激光成像。目前条纹管能够采用的光电阴极材料主要有：钾钠锑铯(Na-K-Sb-Cs)阴极(S-20 光电阴极)、银氧铯(Ag-O-Cs)阴极(S-1 光电阴极)、掺铟砷化镓(InGaAs)半导体阴极、铝镁铜氧化物([AlMgCu]O_x)阴极。

总之，条纹管作为一种电子光学成像器件，具有其他光机式的高速摄影技术难以实现的优点。

(1) 条纹管高速摄影能够实现波长转换。如果在条纹管中选用不同的光电发射体和荧光屏材料,就可以进行各种不同波段的摄影。条纹管的光谱响应范围可以覆盖从红外、可见光、紫外、软硬 X 射线一直到中子射线的整个光谱范围。

(2) 增加电子动能或配用电子倍增器(如微通道板等)可以实现亮度增强,从而能对弱光目标进行拍摄。这一点为条纹管高速摄影所独有,是其他高速摄影难以比拟的。像增强器的灵敏度可以做到记录单个光子。

(3) 由于电场与磁场对电子束的作用极为迅速,因此,拍摄频率高,曝光时间短。

(4) 图像数据可以实现实时输出。由于条纹管荧光屏的面积有限,位置固定,对其输出图像可用 CCD 相机及计算机做进一步的数据处理实现实时读出。

由此可见,利用条纹管探测器可以对目标进行三维成像(探测目标的距离信息),且成像精度和帧频很高;由于条纹管探测器的高探测灵敏度,使其能够探测到微弱的回波信号,可以做到大视场角信号实时接收。

6.1.5 激光水下成像

一、激光水下目标成像基础

光在水中衰减特别快,单色准直光束通过海水介质,辐射能量呈指数衰减变化:

$$I = I_0 \exp(-\alpha L) \tag{6-6}$$

式中:I_0 为水层的光量;I 为传输了 L 路程后的光量;α 为体积衰减系数。当 $L = 1/\alpha$ 时,光量衰减为原来的 1/e,称此路程 L 为水的衰减长度。

海水对光的衰减作用主要包括海水对光的吸收和散射,所以

$$\alpha = \alpha_1 + \alpha_2 \tag{6-7}$$

式中:α_1 为体积吸收系数,它表征准直光束通过海洋水体单位路程后吸收的大小;α_2 为体积散射系数。

海水中引起光散射的因素很多,主要有水分子和各种粒子,包括悬移质粒子、浮游植物及可溶有机物粒子等。散射的机制主要有两种:瑞利散射和米氏散射。水分子散射遵从瑞利散射规律;粒子的散射遵从米氏散射规律。清洁大洋水主要是水分子散射,沿岸混浊水主要是大粒子散射。

不同波长的光对于水介质的穿透能力不同。图 6-10 给出了 0.2~0.8μm 波长范围内的海水光谱衰减分布。可以看出,海水对红外和紫外波段表现出强烈的吸收;且对于光谱具有一个很狭的窗口。通常认为沿岸海水的光谱透射窗口(即在此波段光在海水中的衰减最小,透射最大)为 0.52μm,体积衰减系数约为 0.2~0.6m^{-1},其衰减长度约为 1.2~5m。大洋清洁水的光谱透射窗口为 0.48μm,体积衰减系数约为 0.05m^{-1},其衰减长度约为 20m。此外,由于海水类型的不同(盐度、浑浊度、温度等),也会在一定程度上影响传输窗

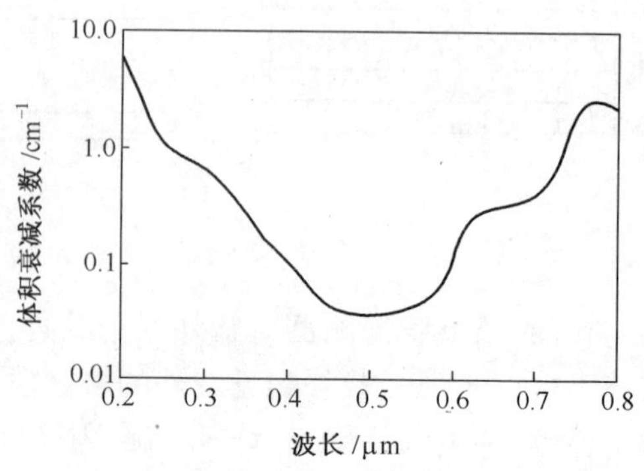

图 6-10 海水衰减系数的光谱分布

口的值。表6-1给出了各种不同类型海水的传输窗口数值。海水光谱透射窗口的存在，使得蓝绿光成为水下成像系统最佳的光源。

表6-1 各种类型海水的传输窗口数值

海水类型	漫射衰减系数/m^{-1}	衰减/(dB/m)	波长/nm
特别清澈的海水	0.02~0.03	0.09~0.13	430~470
公海的海水	0.04~0.07	0.17~0.3	470~490
大陆架的海水	0.09~0.12	0.39~0.45	490~510
海滩的海水	0.14~0.18	0.65~0.75	510~550
近海和港口的海水	0.37~0.43	1.38~1.75	550~570

由于激光具有高亮度、单色性等特点，采用激光助视的水下成像系统具有以下优势：①利用激光的高能量，光线可以传输到更远距离上，从而拓宽水下成像的距离，探测到远距离上的目标；②利用激光的准直性，可以获得比其他探照方式更小的光后向散射，因而在较浑浊的海水中（即后向散射光较强的恶劣条件下），激光探照所得回波图像的信噪比高于其他光源；③利用蓝绿激光的“窗口效应”，即蓝绿激光较其他光波段在水中具有更小的衰减系数，可以改善成像作用距离；④利用脉冲激光源和选通门接收，可进一步抑制后向散射光，改善成像作用距离，提高图像信噪比。

用于水下成像系统的激光器一般应满足以下条件：激光工作波长与海水的透射“窗口”相匹配，转换效率高；力学性能和热性能好；结构简单坚固；有效负载小等。

能产生蓝绿光的激光器种类很多，如通过倍频产生绿光的Nd:YAG激光器、直接产生蓝绿光的氩离子激光器、半导体激光泵浦的绿光激光器等。半导体激光二极管体积小、重量轻，非常适合水下工作。

二、激光水下成像技术

激光水下探测系统属于主动成像系统。由于水介质对激光的强散射和吸收效应，如果直接用接收器进行水下目标探测，所得的图像信噪比很低，系统有效探测距离很小。为了减小水介质的强散射和衰减效应对成像系统性能的限制，必须采用特殊的成像技术，即：同步扫描技术、距离选通成像技术、条纹管水下三维成像技术和偏振光水下成像技术。

1. 同步扫描技术

同步扫描技术是指扫描光束（连续激光）和接收视线同步，利用的是水的后向散射光强相对中心轴迅速减小的原理，如图6-11所示。

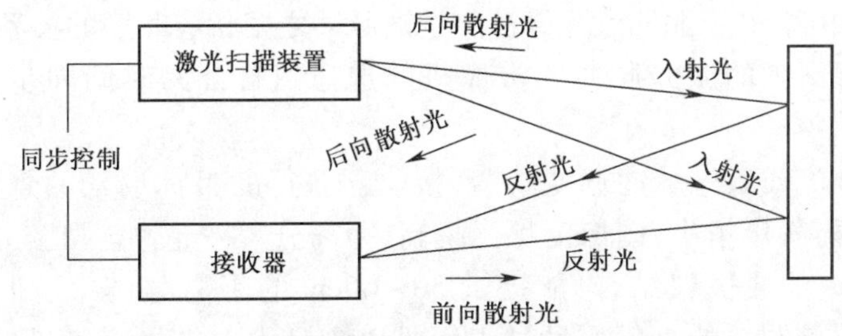

图6-11 同步扫描水下激光成像系统光路原理图

该技术采用准直光束点扫描和基于光电倍增管的高灵敏度探测器的窄视域跟踪接

收。探测器与激光器分开放置,激光器发射窄连续激光,并且使用窄视场的接收器,两个视场间只有很小的重叠部分,利用水的后向散射光强相对于激光中心轴迅速减小的原理,减小进入接收器的后向散射光强度,从而大大降低后向散射光对成像的影响,有效地改善系统信噪比,增大探测距离和改善成像质量。该技术的缺点是:激光功率一般较低(小于 5W);接收器接收到的目标反射信号光的能量小,对接收器的灵敏度具有更高的要求;接收器在整个探测过程中连续接收视场内的所有光信号,因而后向散射光及背景光等噪声信号的累积较大,限制了系统性能的进一步提高。

同步扫描技术的关键是实现扫描光束与接收视线的同步,一般采取机械同步和信号同步。目前国外的系统大多采取机械同步方式,其中比较典型的是美国 SM2000 水下激光成像系统。该同步扫描机构的特点是:把两个棱锥体反射镜刚性地安装在同一发动机转轴的两端。左端反射镜用于激光束扫描,右端反射镜将扫描景物的反射光折转到接收器中,由于两个反射镜由同一发动机转轴驱动,所以能保证两者同步。这种机械同步扫描机构紧凑,同步精度高。

2. 距离选通成像技术

距离选通激光水下成像系统主要由高功率短脉冲激光器、同步控制系统和选通成像接收器组成。图 6-12 为距离选通成像原理图。激光器发射高功率的短脉冲蓝绿激光对目标进行照射,由目标发射的激光返回到接收器。当激光脉冲处于往返途中时,接收器选通门(或光闸)关闭,这样就挡住了水分子以及水中悬浮微粒所引起的后向散射光。当反射光到达接收器时,选通门开启,让来自目标的反射光(信号光)进入选通接收器,选通门开启持续时间与激光脉冲一致。

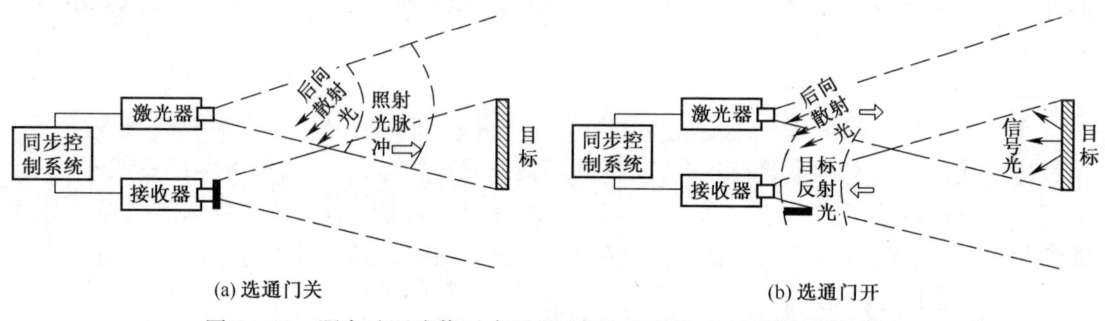

图 6-12 距离选通成像示意图(距离选通激光水下成像系统研究)

同步控制技术是距离选通成像系统的关键技术之一,主要是根据距离选通成像系统以及探测目标的距离,确定照明激光脉冲和选通脉冲之间相应时序的关系,设计同步控制电路,使目标反射回来的激光脉冲和摄像机的选通门打开的时间同步,实现距离选通成像。

显然,选通宽度或激光脉冲宽度越窄,接收器获得的目标场景的景深越小,附加在场景图像上的散射噪声越小,图像信噪比越高,距离分辨率越高。如宽度为 1ns 的激光脉冲和宽度为 1ns 的成像仪结合,能提供 30~60cm 的距离分辨率。但选通宽度的减小,可能会使光电接收器的入射信号过小而难以满足光电转换灵敏度的要求。若单纯提高激光脉冲能量来增强信号,又有可能会使光电接收器中的感光元件产生饱和,甚至造成接收器损坏。因此,选用距离选通技术来进行水下远距离成像,需要注意两点:

①如何使反射光脉冲到达时间和接收器选通门开启时间精确同步;②如何实时调整成像增益,使在一定成像距离范围内既能满足探测器光电转换灵敏度的要求,又能避免探测器饱和现象的发生。

3. 条纹管水下三维成像技术

虽然上述方法可以获得高分辨率的图像,但只能在固定的距离成像,且不能提供有关场景的三维信息,而条纹管成像技术使三维水下成像成为可能。该技术主要使用脉冲激光发射器和时间分辨条纹管接收器。

条纹管水下三维成像技术是一种正在发展的水下目标探测技术,其基本原理如图 6-13 所示。激光器发射出一束偏离轴线的扇形激光脉冲,用时间分辨条纹管接收目标反射回来的激光脉冲并成像在条纹管的光电阴极上,用平行板加速电压对光电阴极逸出的光电子进行加速,同时在垂直于光脉冲传输方向上施加扫描电压,实时控制光脉冲的偏转,将不同时刻反射回来的光信号分开记录。采用 ICCD 摄像机对距离和方位图进行存储,每个激光脉冲获得一幅整个照明扇形区域的探测图像,由激光器出射的脉冲重复频率和飞机平台的前进速度可以知道相邻两幅图像的间距,这样就能以更快的扫描速度得到不同水深目标的方位距离的三维图像。

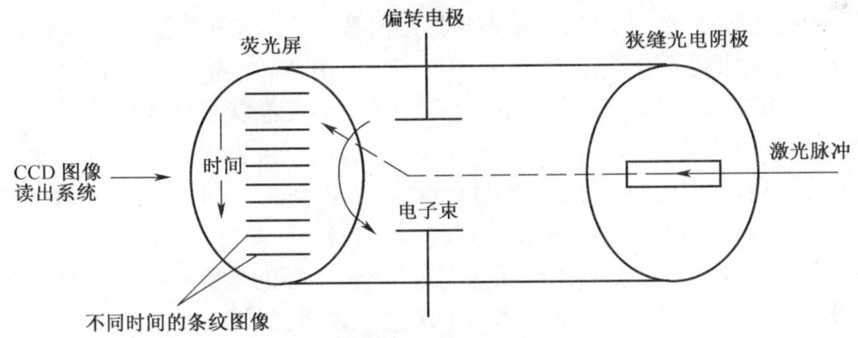

图 6-13　条纹管激光成像原理

4. 偏振光水下成像技术

观察水中的物体比观察大气中的物体更加困难,主要有三种机制降低水中物体的成像质量:光在水中传播时由于吸收和散射所导致的衰减;水中粒子的散射掩盖了物体的成像信息;从物体散射到探测器的光使成像模糊并降低了像的对比度。

偏振成像技术是根据目标反射光和水体后向散射光的偏振特性不一样的原理来改善成像质量的。97%的海洋水体中,散射颗粒的直径大多小于 1μm,其相对折射率为 1.0~1.15,它们一般都遵从瑞利或米氏散射理论。如果在水下用偏振光源照明,则大部分后向散射光也将是偏振的,因此,可采用适当取向的检偏器对后向散射光加以抑制,从而使图像对比度增强。如果激光器发出水平偏振光,当探测器前面的线偏振器为水平偏振方向时,物体反射光能量和散射光能量大约相等,对比度最小,图像模糊;当线偏振器的偏振方向与光源的偏振方向垂直时,则接收到的物体反射光能量远大于光源的散射光能量,对比度最大,图像清晰。因此,在探测器前面加线偏振器,使激光器发射的激光偏振方向与偏振器的偏振方向互相垂直,就可以阻止大部分水体散射光进入接收器,从而提高成像对比度,改善系统性能。该技术主要缺点是:目标反射光通过偏振片时的能量衰减较大。

6.2 激光全息照相

6.2.1 激光全息照相的基本原理

描述一个光波有两个基本的物理量:振幅和相位。普通的照相术只是记录被摄物体表面光波的振幅信息,而全息照相可同时记录物光的振幅和相位信息。这种把光波的振幅和相位两个信息全部记录下来的照相术,称为全息照相。激光全息照相就是利用激光的相干性原理,将物体对光的振幅和相位反射(或透射)情况同时记录在感光板上,形成三维空间的立体图像。

激光全息照相是一种"无透镜"的成像法,其过程可分为两步:物体表面光波的记录,记录光波的"再现"。

图6-14是全息照相记录过程的原理图。从激光器发射出来的激光经分光镜被分成两束光,一束由分光镜表面反射,经过反射镜到达扩束镜,将直径为几毫米的激光扩大照射到整个物体的表面,再由物体表面漫反射到胶片上,这束光称为物体光束;另一束光透过分光镜后被扩束镜扩大,再经反射镜直接照射到胶片上,这束光称为参考光束。当这两束光波在胶片上叠加后,形成干涉图案。根据布拉格方程,当物体光波和参考光波在胶片某处的相位一致时,形成干涉图案中的亮条纹;两束光波若以相反相位到达时,产生相消干涉,形成干涉条纹中的暗条纹;如两束光波到达胶片某处的相位既不相同,也不相反,则形成干涉条纹的亮度介于上述两种明暗条纹之间。干涉条纹的间距取决于在该处发生干涉的两个光波之间的夹角,夹角大的地方,条纹细密;反之,夹角小的地方,条纹间距就大。因此在整个全息胶片上就形成了一些明暗不一、间距不等的干涉条纹,犹如许多花纹和斑点交织的图案。经胶片显影、定影处理后,干涉图案就以条纹的明暗和间距变化的形式被显示出来,这些干涉条纹记录了物体光波的振幅和相位信息,叫做全息图。

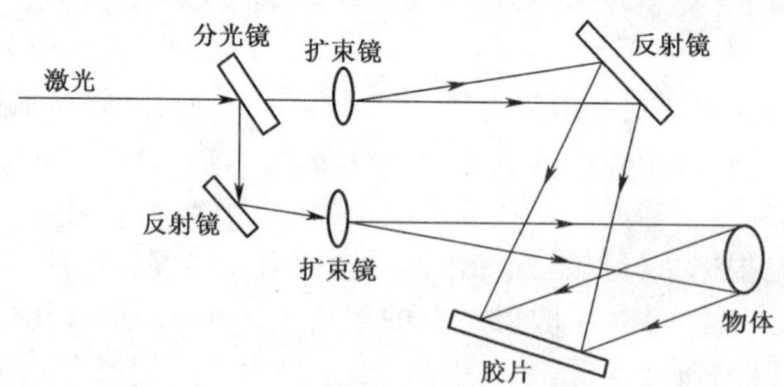

图6-14　全息照相记录过程的原理图

为了看到全息图上记录的物体像,必须用一束相干光波(又称再现光波)去照射全息图,如图6-15所示。当光波照射到暗条纹处,光线由于被遮挡而无法透射;当光波照到亮条纹处,光线可以透过。由于全息图上的干涉条纹分布极其细密,犹如一个极其复杂的光栅,当被再现光波照射时,就会产生衍射现象,出现许多衍射波。其中沿着再现光波照射方向传播的光波称为零级衍射波;在零级衍射波两侧有两列一级衍射波;此外,还有二级、三级衍射波等,但它们的光强很快被衰减而无法看见。在这两列一级衍射波中,其中一列构成原来物体的初始像(常称为虚像);另一列一级衍射波构成物体的共轭像(通常称为物体的实像)。如在实像处放置一个屏,就可在屏上直接接收到物体的像。如果再现时所用的相干光波是记录过程中所用的参考光波,那么,再现的物体光波(虚像)就出现在原来记录过程中物体所处的位置,再现的物体像也和原来的物体光波完全相同,是一个三维的立体像。

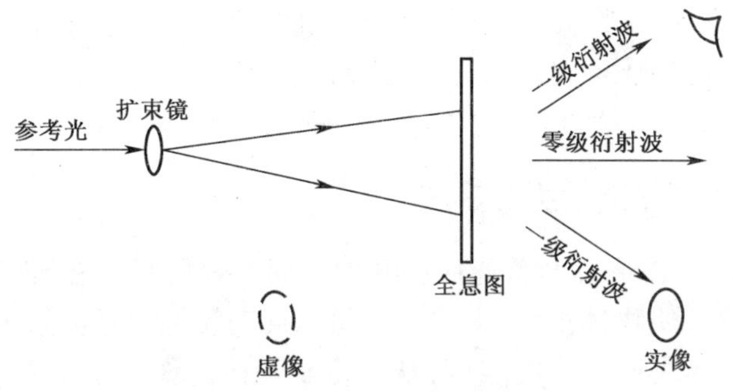

图 6-15　全息图再现的原理图

如图 6-16 所示,假设光波 O 为物体投射到胶片 H 上的相干光波,光波 R 是与 O 相干涉的参考光波,则胶片上总的光场是 $O+R$ 。为简单起见,只考虑光波的振幅和相位沿 x 方向变化,并用复数形式来描述,则

$$O(x)=O_0(x)\exp[\mathrm{i}\phi_0(x)] \qquad (6-8)$$

$$R(x)=R_0(x)\exp[\mathrm{i}\phi_R(x)] \qquad (6-9)$$

式中:$O_0(x)$,$R_0(x)$ 分别代表物体光波和参考光波的振幅;$\phi_0(x)$,$\phi_R(x)$ 分别代表物体光波和参考光波的相位。

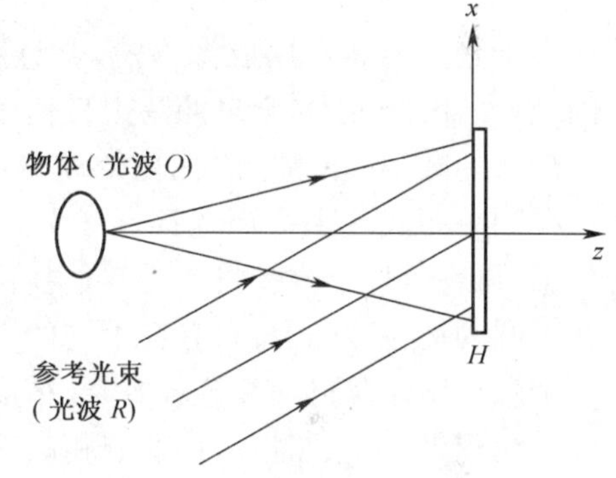

图 6-16　物光与参考光的叠加

在胶片处,物体光波和参考光波产生干涉现象,所得到的光强分布为

$$\begin{aligned}E(x)&=|H(x)|^2=|O(x)+R(x)|^2\\&=O_0^2(x)+R_0^2(x)+2O_0(x)R_0(x)\cos[\phi_0(x)-\phi_R(x)]\end{aligned} \qquad (6-10)$$

式中:第一项、第二项分别代表物光和参考光的强度;第三项引起明暗条纹的出现。从第三项可以看出,物体光波的振幅和相位已经在全息图中被记录下来了。

再现时,用一束相干光波 $C(x)=C_0(x)\exp[\mathrm{i}\phi_C(x)]$ 照射全息图,则透过全息图的光场为

$$\begin{aligned}T(x)&=C(x)\cdot E(x)\\&=C_0(x)\exp[\mathrm{i}\phi_C(x)][O_0^2(x)+R_0^2(x)]\\&\quad+C_0(x)O_0(x)R_0(x)\exp\{\mathrm{i}[\phi_C(x)+\phi_0(x)-\phi_R(x)]\}\\&\quad+C_0(x)O_0(x)R_0(x)\exp\{\mathrm{i}[\phi_C(x)-\phi_0(x)+\phi_R(x)]\}\end{aligned} \qquad (6-11)$$

若再现光波 $C(x)$ 和原参考光波相同,即

$$C_0(x)\cdot\exp[\mathrm{i}\phi_C(x)]=R_0(x)\cdot\exp[\mathrm{i}\phi_R(x)]$$

则

$$
\begin{aligned}
T(x) = & R_0(x)\exp[\mathrm{i}\phi_R(x)][O_0^2(x) + R_0^2(x)] \\
& + R_0^2(x)O_0(x)\exp[\mathrm{i}\phi_0(x)] \\
& + R_0^2(x)O_0(x)\exp[2\mathrm{i}\phi_R(x)]\cdot\exp[-\mathrm{i}\phi_0(x)]
\end{aligned} \tag{6-12}
$$

式中：第一项是未被衍射的再现像部分；第二项是被衍射的光波，包含有 $O_0(x)\exp[\mathrm{i}\phi_0(x)]$ 成分，它的相位分布与原来的物体光波相同，形成在原来物体所在处的一个初始像，激光全息检验就是利用这个再现的初始像进行的；第三项也是衍射光波，它的相位分布与原来的物体光波相同，但符号相反，因此，形成在全息图另一边的一个像（称为初始像的共轭像），而且形状产生了一些畸变。

6.2.2 激光全息照相的特点和要求

激光全息照相的成像原理与普通照相截然不同。普通照相必须在胶片和物体之间安放一个针孔（或透镜），使物体上的每一点只有一条光线能够达到胶片，然后利用胶片上的感光材料，记录物体表面的光波强度，从而得到物体的像。全息照相不需要成像系统，而是借助一束与物体光波相干涉的参考光，在胶片处同物体光波相叠加，形成干涉条纹。因此，不能直接从全息照片上看出物体的形貌，只有在再现过程中才能看到被摄物的像。

由于全息照相不用成像透镜，全息照片上任何一点都接受到物体整个表面漫反射回来的光波。因此，激光全息照片上任何一小块都能再现出原物体的整个图像，只是随着该部分尺寸的减小（相当于通光孔径减小），再现像的噪声增大，清晰度降低。

在同一张底片上适当地选择参考光波的入射角，全息照相可多次曝光记录多个物体的信息，再现时每个物像将不受其他物像的干扰，被单独地显示出来。这是因为各个像再现在不同的衍射方向上，只有在不同的方向上才能看到再现的物体像。

全息片制作及再现工艺较复杂，精度要求高，实时性较差。

归纳起来，全息照相与普通照相的区别如表 6-2 所列。

表 6-2　全息照相与普通照相的区别

类别	全息照相	普通照相
记录方式	物光束与参考光束	光学镜头成像（物光束）
记录内容	物体散射光的强度及相位信息	景物本身或反射光强度
成像介质	全息片	感光胶片
影像观察方式	一般借助激光还原观看	眼睛直接观看
色彩表现	彩色干涉条纹图像	彩色物体图像
影像特点	三度空间立体感的景物，只有散射光线并无实物	平面物体图像

为了拍摄一张清晰的全息图，需要有一个理想的光源和一套完善的全息照相装置，包括减振平台、光学元件及支架、光强测试仪器、胶片架、胶片冲洗设备和一些辅助器件（漫射器、光阑、遮光板等）。

1. 对光源的要求

由于全息照相是利用光的干涉原理来进行记录和再现，在记录全息图时，从物体上散射的光波应能同参考光产生干涉；当再现时，从全息图各点所衍射的光束相互干涉而得到再现像。因此，作为全息照相的光源应具有很好的相干性。

相干性分为时间相干性和空间相干性。在全息照相中，对这两种相干性都有较高的要求。

时间相干性(或称单色性)是指具有一定时间差的两个光束能进行干涉的稳定程度，与光源单色性有关。它主要取决于光源所发出的光谱线的宽度，光谱线宽度越窄，时间相干性就越好；反之，光谱谱线越宽，时间相干性就越差。

光源的空间相干性与光源空间尺寸有关，其示意图如图 6 - 17 所示。光源从 A 处发出，通过狭缝 A_1 和 A_2，它们在空间再度会合在 B 点时，如能发生干涉，则称 A_1 和 A_2 点的光具有空间相干性。对于激光束来说，由于其横截面上光束各点的相位相同，因此，各点横截面上的光再度会合时能发生干涉，所以，激光具有优异的空间相干性。但是，当激光的横模为高阶横模时，会形成几个横模同时振荡，它们之间彼此独立，不相干涉，这就大大降低了激光束的空间相干性。

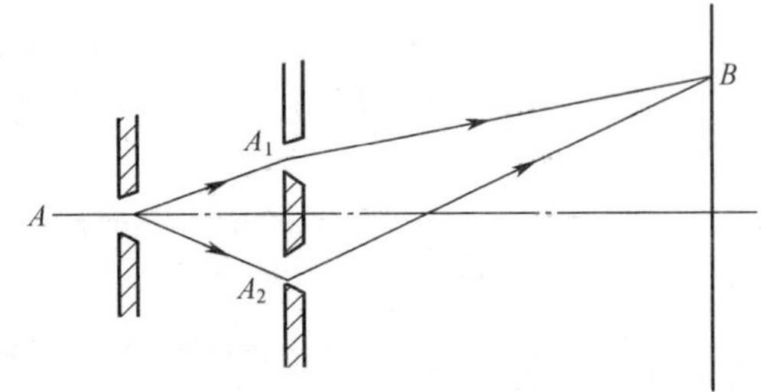

图 6 - 17　光源的空间相干性示意图

总体说来，为了保证光源有足够的相干长度，在全息照相中，要求尽量采用单模激光器来得到相干长度大的光源。但是，通常激光器是多模的，不但是多纵模，而且是多横模工作，这就降低了激光器的相干长度。故在设计制作激光器时，应保证激光器为单模运转。此外，还可采取选模方式使激光器工作于单横模和单纵模状态。

2. 对记录介质的要求

全息照相对记录介质的要求是：分辨率、灵敏度和衍射率高。传统全息照相常采用的记录介质为卤化物全息干版。它用颗粒极细的卤化银明胶乳剂涂覆在玻璃板上而制成。与普通照相用的胶卷比较，具有很高的反差和分辨率。例如，普通照相胶卷只要有 100 条/mm 的分辨率就可以进行人像摄影；而全息照相所用的胶片，其分辨率要求在 1000 条/mm 以上。

从全息照相的过程来看，记录介质应具有线性记录特性，即冲洗后的记录介质透射率(T)与记录时的光强(E)呈线性关系。这就要求全息照相的曝光选择合适，一般选择在图 6 - 18 所示的 c 点附近，c 点为记录介质特性曲线的直线部分(ab 段)中点。这样，通过全息照片的光束具有最大衍射，使记录的条纹能再现出亮度最大而失真最小的图像。由于每种胶片都有自己的 T-E 特性曲线，为此，必须根据胶片的特性来选择参考光与物光的光强比，以满足要求。

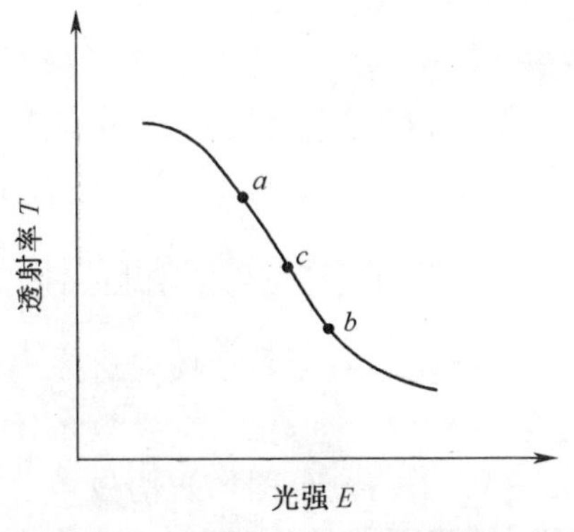

图 6 - 18　记录介质特性曲线

除卤化银全息干版可作为记录介质外，光导-热塑全息片(简称光塑片)也可被用来作为记录介质。其结构如图 6 - 19 所示。光塑片的录像原理是依靠热塑料形变，造成与干涉条纹相对应的构槽来记录影像。具体录像过程如下：首先给光塑片表面充一均匀电位，曝光时因导体电阻下降，电荷从导电层转移到热塑层与光导层之间的界面上形成电荷潜像；然后再充电,光照部分由于电位低需要补充电荷,所以光照部分热塑层表面电荷密度大于未受光照的部分,形成的静电力大。随着不断加热使热塑料达到软化点,在静电力作用下,其表面开始变形,表面电荷密度大的区域由于静电力大而使热塑料下陷,而电荷密度小的区域表面隆起,这样便形成了与干涉条纹对应的凸凹不平的沟槽,且在亮干涉条纹处下凹,在暗干涉条纹处隆起,从而形成全息图。

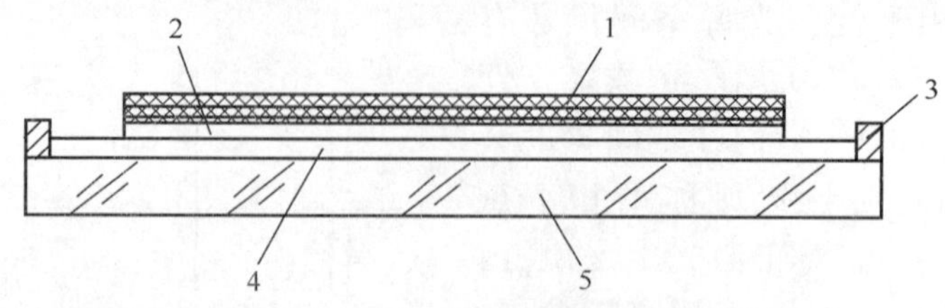

图 6-19 光塑片的结构示意图

1—热塑层;2—光导层;3—铜电极;4—导电层;5—玻璃基底。

与卤化银全息干版相比,光塑片的衍射效率、分辨率和灵敏度都较高,而且能重复使用,其缺点是噪声较高。

3. 对稳定性的要求

全息图是记录在全息胶片上的一系列干涉条纹。在记录过程中,如果干涉条纹移动半个条纹宽度,就无法将条纹记录下来,不能形成全息图。当条纹移动小于半个条纹宽度时,全息图可以不损坏,但亮度却受到影响。根据光的干涉原理,只要两束光的光程差改变半个波长,干涉条纹的亮度就会从最暗变成最亮。因此,在记录过程中,必须保证物体光束和参考光束之间相对移动的距离小于激光波长的 1/8。

为了减少外界振动带来的影响,满足全息照相系统稳定性的要求,可以把整个照相系统稳定地安装在减振工作台上,抑制外界传来的振动。

4. 漫射照明

漫射照明是将具有特定方向的光束变成向许多方向散射的光束,使物体光波投射到记录介质平面上的光强变得均匀。这是全息照相中经常采用的一种方法。磨毛的玻璃片或透明塑料薄膜均可作为漫射器。

此外,在全息照相时,要保证只有一个参考光束照射到记录介质上,可用遮光板挡住不必要的杂光。否则,再现像中会出现不必要的干涉条纹。

6.2.3 激光全息照相的应用

激光全息照相是近代先进光电子成像技术之一,在全息防伪、高密度全息存储、全息显微术、彩色全息显示、X 线激光分子生物学研究等领域,有广泛应用价值。

(1) 加密全息图像防伪技术。加密全息图像是指采用诸如激光阅读、光学微缩、低频光刻、随机干涉条纹、莫尔条纹等光学图像编码加密技术,对防伪图像进行加密而得到的不可见或变成一些散斑的加密图像。加密全息图像因其不可见或只显现一片噪光,如没有密钥很难破译,所以具有一定的防伪功能。

(2) 全息信息存储技术。全息信息存储技术是随着激光全息技术的发展而出现的一种大容量、高密度的存储方式。一张 10×10 全息底片可记录上千幅图像,其中平面全息图存储密度比普通照相底片大十倍，体积全息图则大一万倍。它利用傅里叶变换全息图，制作直径约 1mm 的点全息图排成阵列，或者像唱片那样排在旋转圆盘上，利用空间光调制器，将一页数字信息转换为二维图像，生成全息图。全信息存储技术具有极大的冗余性，因此，介质部分缺陷不影响数据的读出。

（3）全息显微技术。即全息显微镜对立体物做出全息图，然后通过全息图显现物的三维像。全息照相由于不采用透镜，避免了像差影响而达到很小的衍射极限，解决了一般显微镜中分辨本领与景深的矛盾。且全息照相的视野只与记录材料的分辨本领和尺寸有关，因而可以获得更大的视野。如果在拍摄和显示时，采用不同波长的激光器可以实现图像放大。这是因为波长不同，衍射角不同，等同于对全息图做了相应调整。例如，若用电子束或 X 射线来拍摄全息片，然后用波长较长的可见光来显示，就相当于使原来很小的物体像变成视角很大的图像，因此可以获得很大的放大率。这使得全息显微照相可以大大提高分辨本领和像的质量。此外，全息显微镜还可以存储标本整体的信息，并长期保存，进行三维观察。

（4）全息干涉计量技术。全息干涉计量能实现高精度非接触无损测量，利用全息图的三维性可从不同的视角去考察一个形状复杂的物体，一个干涉计量全息图相当于一般干涉计量进行多次观察的结果。另外，该计量术可对物体在不同时刻的形状进行对比。由于全息干涉计量技术的独特优点，目前该技术已应用于无损检测、振动分析、微应力应变测量等领域。

（5）激光全息扫描。激光全息扫描在高速打印机、条码阅读器、激光投射系统、光电跟踪等一系列应用中，充分显示了其应用前景。激光全息扫描能实现多方位、多焦距的扫描，能产生一个三维的扫描场，有收集被扫描物散射光的功能。相比于传统的扫描器，激光全息扫描具有扫描范围大、转动惯量小、容易实现二维扫描、衍射率高、易于制作的特点。但提高精度、减小像差、减小校正工作，仍然是激光全息扫描技术今后应着力解决的问题。

（6）医学检测。激光全息成像技术能够提供整个眼睛的三维立体图像，从而准确地观测玻璃体皱缩、白内障的发展、视网膜的改变、黑色素瘤的生长或缩小以及角膜的微小病变和角膜应力等。采用激光全息技术还可以实现超声波检测，利用这种全息诊断方法可以查出直径在 1mm 以上的乳腺癌，有利于癌症的早期诊断和治疗。

（7）在海洋学领域。用激光全息技术进行水下观察，可以在较大的视野内获得水下物体的清晰的像。因此，采用激光全息技术对于探测海中失落物体、海底地形测绘、港岸码头水下建筑测量、海洋资源考察、救生工作以及舰船导航和操纵潜艇在狭窄海峡内航行等都是非常有价值的。

（8）在军事上。一般的雷达只能探测到目标方位、距离等，而全息照相则能给出目标的立体形象，这对于及时识别飞机、舰艇等有很大作用。因此，全息技术在军事侦察和监视上有重要意义。

6.2.4 数字全息技术

1967 年，美国人顾德门提出了一种光电混合系统，即用 CCD 等光电耦合器件取代传统的干版记录全息图，并由计算机以数字的形式对全息图进行再现，这被称为数字全息术。

数字全息技术结合了传统的光学全息技术和数字处理技术,具有独特的优点:大大缩短了曝光时间;省去了传统化学银盐干版的湿处理过程,缩短了重复周期,减少了全息图制作的复杂性;通过计算机对全息图进行定量的研究和分析,大大提高了工作效率,实时的采样处理便于对信息进行存储和传送;数字图像处理技术还可以对记录中引入的噪声、误差进行合理处理,减弱或者消除干扰项的影响,提高全息图和全息再现像的质量。

数字全息发展到今天依然存在许多没有解决的问题。由于目前 CCD 的尺寸小、分辨率低,作为记录介质的 CCD 的空间分辨率目前约为 100 线/mm,而传统的银盐干版的空间分辨率可以达到 5000 线/mm,这决定了数字全息只能直接记录较小尺寸的物体及其低频信息。此外,由于 CCD 靶面尺寸有一定的限制,直接影响了观察视场的大小以及再现像的清晰程度。

6.3 激 光 显 示

6.3.1 激光显示原理

1965 年,美国 Texas 仪器公司发明了第一台黑白激光显示器。激光显示的工作原理是利用已调制的激光光束直接扫描屏幕来形成电视图像,是目前保真度最高的显示技术,可显示色彩最丰富、最鲜艳、清晰度最高的视频图像。

激光显示的优势如下:

(1) 激光发射光谱为线谱,色彩分辨率和色饱和度高,能够显示非常鲜艳且清晰的颜色。

(2) 激光可供选择的谱线(波长)很丰富,可构成大色域色度三角形,能够用来显示丰富的色彩,如图 6-20 所示。

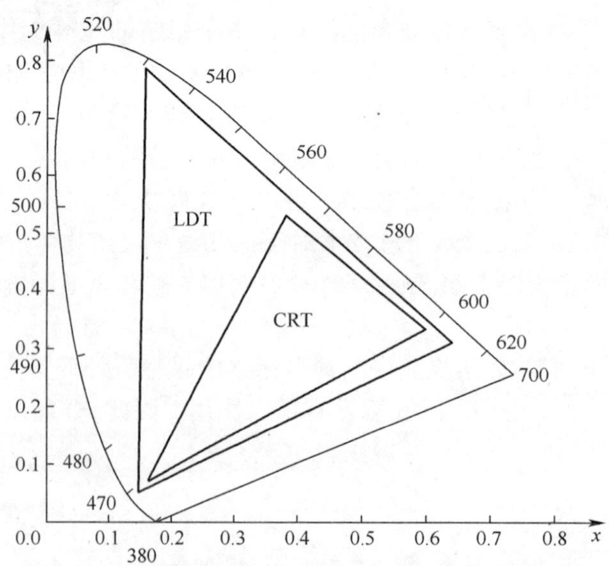

图 6-20 激光显示与传统显示的色域比较示意图

（3）激光方向性好，易实现高分辨显示。

（4）激光强度高，可实现高亮度、大屏幕显示。

（5）激光光源寿命可长达 10 年。

激光显示的核心关键技术包括激光光源、图像调制技术、匀场及消相干技术和信息处理技术。其中，红绿蓝三基色激光光源决定了基于激光显示技术的终端显示产品的色域空间、寿命以及工作方式，它们属于最核心的关键技术；图像调制技术决定了显示图像分辨率、对比度、亮度等综合性能指标，主流的调制器有 LCD（液晶显示）、DLP（数字光处理）和 LCOS（硅基液晶）三种技术；匀场及消相干技术直接影响着显示器的效率和图像信噪比；大色域图像的信息处理技术包括数字信号的压缩、存储、传输和解调。

6.3.2 激光投影显示

激光投影显示（Laser Projection Display，LPD）是继黑白、彩色、数字之后的最先进的第四代投影显示技术，采用这种高新技术可以生产出激光电影机、激光投影机、激光背投电视机、激光背投拼接广告墙等显示产品，还可做成激光微型投影、激光投影手机、激光三维立体显示机等。

LPD 的工作原理是 R、G、B 三色激光光束分别经扩束、匀场、消相干后入射到相对应的光阑上，激光光阑上加有图像调制信号，经调制后的三色激光由 X 棱镜合色后入射到投影物镜，最后经投影物镜投射到大屏幕上，得到激光显示图像。

激光显示器主要由激光器、光偏转器和屏幕组成。与普通电视相比，在相同屏幕尺寸、相同图像效果条件下，激光电视功耗大大降低，消耗的电能仅为液晶电视的一半，色阶表现能力是液晶电视的两倍。激光是单色光，红、蓝、绿三色光分别调制，彩色效果非常理想。其次，它的室温寿命一般可达 10 万小时。微型激光投影与大屏幕激光投影仪基本相同。它通过微型光机扫描，将图像投射到小屏幕上，体积可以做到火柴盒的尺度，可内置于手机、PDA、游戏机、车载设备中。

一、激光背投电视

激光背投电视的显示原理和 CRT 显示相似，不过电子束是通过磁场偏转完成扫描，而激光靠棱镜进行偏转。如图 6－21 所示，视频信号经过放大并调制到激光发生器和激光阀门控制器，分别控制激光器和激光阀门，激光亮度和输入亮度信号成正比，进行同步变化。激光阀门按照输入视频信号的变化控制激光束的水平偏转和垂直偏转，然后投射到屏幕上，形成图像。若想呈现彩色，只要加上红色、绿色、蓝色相同构造的激光投影系统并进行同步即可实现。

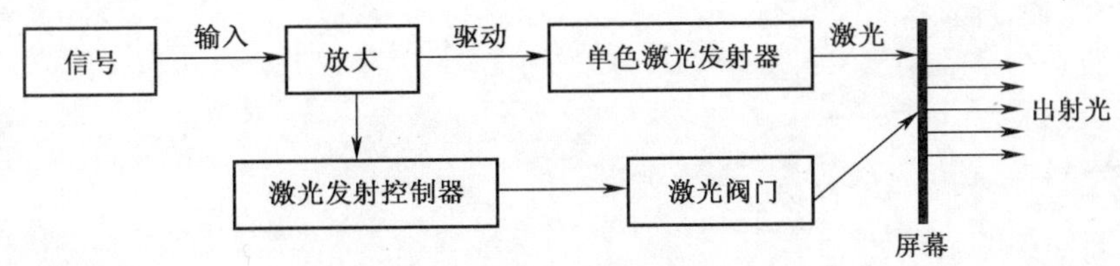

图 6－21　激光背投电视显示原理

二、激光前投电影放映机

全色激光放映机的体积小、画面大,它用红、绿、蓝三束波长极短的激光束分别打到屏幕上,并进行色彩调制,如图 6-22 所示。

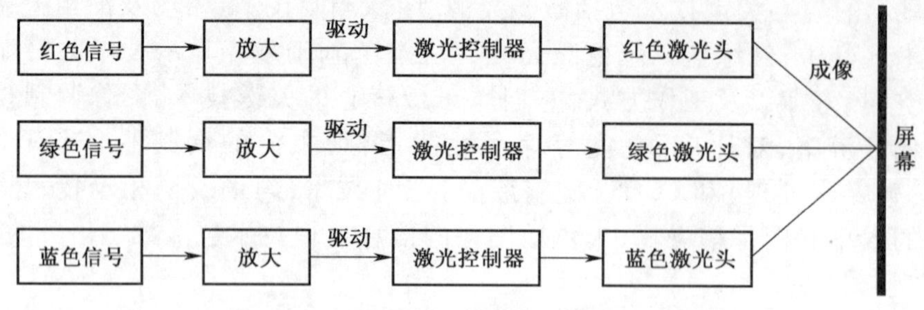

图 6-22 全色激光放映机、投影机显示原理

三、激光空间成像投影机

激光空间成像投影机由激光器(包括光学系统、激光电源、声光电源、制冷系统)和扫描系统(包括计算机、图形输入设备、数据转换 D/A 卡、振镜驱动电源、透镜)组成,其结构如图 6-23 所示。激光投影使用具有较高功率的红、绿、蓝单色激光器为光源,混合成全彩色。它把用户信息输入计算机加以编辑,并配合音乐来控制高速振镜的偏转,反射激光投向空间或屏幕(如水幕、建筑物表面、山岩、云层等),快速扫描形成文字、图形动画、光束效果等特殊的激光艺术景观。

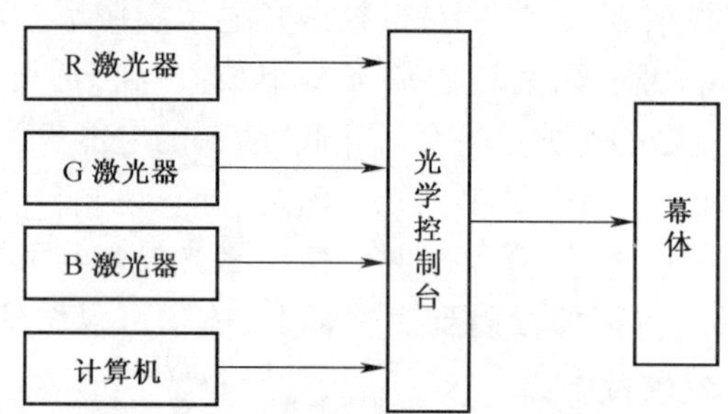

图 6-23 激光空间成像投影机结构图

激光空间成像投影所具有的远距离超大屏幕显示是其他方法无法比拟的。投影表面可以是平面或曲面,也可以是烟雾或水帘,只要是光散射物质就行。

第7章　医学成像

医学成像技术是以非常直观的形式向人们展示人体内部的结构形态或脏器功能的技术手段，目前它已成为临床诊断与医学研究中不可缺少的工具。本章将对X射线成像系统和核医学成像系统进行逐一介绍。

7.1　X射线成像系统

7.1.1　X射线成像的物理基础

一、X射线概述

X射线是波长很短的电磁波，一般在0.001~10nm范围内。它服从光的一般规律，但由于光子能量大，还具有普通光线所没有的独特性质，主要表现在以下几个方面。

1. 穿透性

X射线波长很短，具有很强的穿透力，能穿透可见光不能穿透的多种不同密度的物质。X射线对人体组织穿透性能的差别是X射线医学影像的基础，密度大的组织吸收X射线多，具体见表7－1。

表7－1　X射线对人体各组织的穿透性能

X射线不易透过的组织	X射线中等透过的组织	X射线易透过的组织
骨骼	结缔组织、肌肉、软骨、血液	气体、脂肪

2. 荧光效应

X射线能激发荧光物质（如铂氰化钡、硫化锌、硫化镉及钨酸钙等），并将波长很短的X射线转换成波长较长的荧光，荧光的亮度与X射线的强度有关。荧光特性是进行透视检查的基础。

3. 摄影效应

涂有卤化银的胶片经X射线照射后，可以感光，产生潜影，经显影、定影处理后，感光的卤化银被还原成黑色的金属银，并沉淀于胶片的胶膜内；而未感光的卤化银则在这种处理过程中被洗掉，因而显出胶片的透明本色。金属银沉淀的多少，反映了被照射体对X射线的吸收情况，最终产生黑白影像。

4. 电离效应

具有足够能量的X射线光子能击脱物质原子轨道上的电子而使之产生电离。在有机体中，X射线的电离将会诱发各种生物效应。X射线的治疗作用就是利用其产生的生物效应。

二、X 射线的产生

X 射线是由高速运动的粒子轰击靶物质而产生的，产生形式有两种：连续辐射（韧致辐射）和特征辐射（标识辐射），如图 7-1 所示。

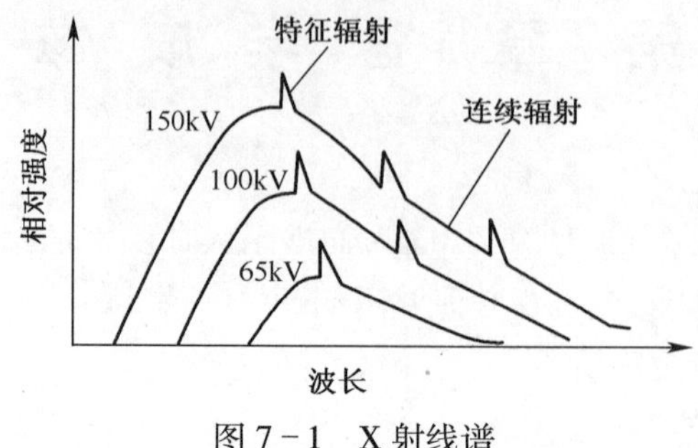

图 7-1　X 射线谱

连续辐射是指高速带电粒子经过靶物质的原子核附近时，因受原子核的引力作用而改变运动方向和速度，在这个过程中粒子所损失的能量将以 X 射线光子的形式释放出来。由于各带电粒子与原子核相互作用的情况不同，辐射光子的能量也不一样，因此具有连续的能量分布。

连续辐射时产生 X 射线光子的能量主要取决于管电压值。假定电子在到达阳极靶面时速度降至零，并以 X 射线光子的形式释放全部能量，则产生 X 射线光子的能量为

$$h\nu_{\max} = eV \tag{7-1}$$

式中：h 为普朗克常数；$\nu_{\max}$ 为 X 射线最大频率；e 为电子电荷；V 为管电压。

同时，产生 X 射线的最小波长为

$$\lambda_{\min} = \frac{c}{\nu_{\max}} = \frac{hc}{eV} \tag{7-2}$$

式中：c 为光速。

在实际的 X 射线管工作过程中，大多数电子做不同程度的减速，因此可产生各种波长的 X 射线光子，即

$$\lambda = \frac{hc}{\alpha eV} \quad (0 < \alpha < 1) \tag{7-3}$$

另一方面，当高速电子轰击靶原子时，靶原子的内层电子可能获得足够的能量而脱离轨道逸出，使该原子呈现不稳定的状态。此时，具有较高势能的外层电子会填补内层电子的空位，而多余的能量则以 X 射线的形式辐射出来，这就是特征辐射。

特征辐射的 X 射线波长主要由跃迁电子的能量差决定。它与管电压无直接关系，主要取决于靶物质的原子序数。原子序数越高，标识辐射的波长越短。

X 射线管是产生 X 射线的主要设备。图 7-2 是 X 射线管的结构示意图，它由阴极、阳极和真空玻璃管等部分组成。工作时，阴极发射电子，在阳极高压的作用下加速飞向阳极。当高速运动的电子在阳极靶面突然受阻时，动能转换成 X 射线和热能。其中，只有大约 1 %的能量转换成 X 射线，99%的能量转换成热能。转换效率 η 的表达式为

$$\eta = 1.4 \times 10^{-9} Z_A V \tag{7-4}$$

式中：Z_A 为阳极材料的原子序数；V 为阳极所加电压（管电压），它决定了轰击电子的能量。目前，大多数 X 射线管采用钨作为阳极材料。

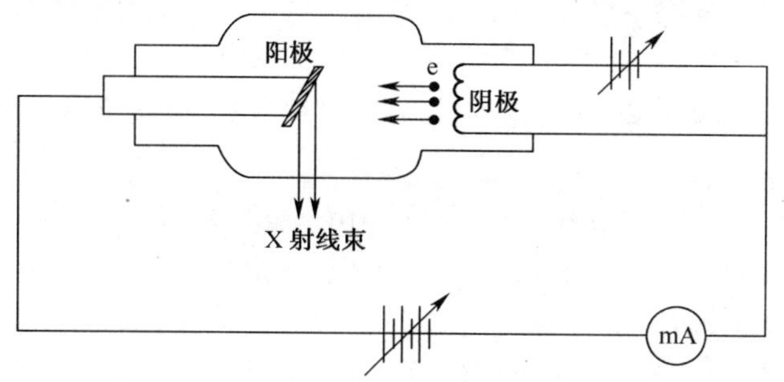

图 7-2　X 射线管原理示意图

三、X 射线的衰减

X 射线穿过人体时会发生衰减。设被探查物体为一均匀介质，入射到厚度为 Δz 的薄片上的光子数为 N，则 X 射线因衰减而减少的光子数目为

$$\Delta N = -\mu N \Delta z \tag{7-5}$$

式中：μ 为线性衰减系数，单位为 cm^{-1}，它取决于 X 射线的光子能量及穿透物质的原子系数和密度 ρ 。为了使用方便，有时用质量衰减系数 μ/ρ 来描述 X 射线的衰减，单位是 cm^2/g。

如图 7-3 所示，设总的入射光子数为 N_0，经过厚度为 z 的探查物后，透过的光子数为 N_i ，则根据式(7-5)可得

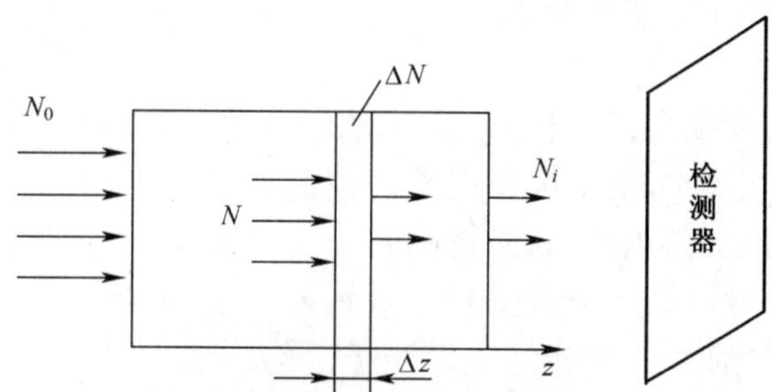

图 7-3　X 射线的衰减示意图

$$\int_{N_0}^{N_i} \frac{dN}{N} = -\mu \int_0^z dz \tag{7-6}$$

解方程得

$$N_i = N_0 \exp(-\mu z) \tag{7-7}$$

那么，检测强度 $I_i(x,y)$ 与入射强度 I_0 之间的关系为

$$I_i = I_0 \exp\left[-\int \mu(x,y,z)\,dz\right] \tag{7-8}$$

一般情况下，被探查物的衰减系数可表示为位置 (x,y,z) 与能量 ξ 的函数 $\mu(x,y,z,\xi)$ ，因此

$$I = \int I_0(\xi) \exp\left[-\int \mu(x,y,z,\xi)\,dz\right] d\xi \tag{7-9}$$

式(7-9)中的指数项通常被称为传输强度 t ，则在某一特定能量 ξ_0 下的传输强度表达式为

$$t = \exp\left[-\int \mu(x,y,z,\xi_0)\,\mathrm{d}z\right] \tag{7-10}$$

如果在探查范围内,衰减系数为常数 μ_0,且 X 射线穿过的长度为 d,那么式(7-10)可变为

$$t(x,y,\xi_0) = \exp(-\mu_0 d) \tag{7-11}$$

在诊断 X 射线的范围内,X 射线能量一般低于 200keV,X 射线的衰减主要由瑞利散射、光电吸收和康普顿散射引起。其中,瑞利散射的衰减作用很小,康普顿散射是造成 X 射线衰减的主要因素。对于某一特定的元素,总衰减系数的解析表达式为

$$\mu = \rho N_g \left[f(\xi) + C_R \frac{Z^k}{\xi^l} + C_P \frac{Z^m}{\xi^n}\right] \tag{7-12}$$

式中:ρ 为受检物密度;Z 为原子序数;ξ 为光子能量,单位是 keV;C_R,C_P 分别为与瑞利散射和光电吸收有关的常数;N_g 为每克电子中的电子质量密度,即 $N_g = ZN_A/A$,其中,N_A 为阿伏伽德罗常数,A 为原子质量;$f(\xi)$ 为取决于光子能量的康普顿散射函数,在诊断 X 射线能量范围内可以写为

$$f(\xi) = 0.597 \times 10^{-24} \exp[-0.0028(\xi - 30)] \tag{7-13}$$

此外,实验测定,式(7-12)中 $C_R = 1.25 \times 10^{-24}$,$C_P = 9.8 \times 10^{-24}$,$k = 2.0$,$l = 1.9$,$m = 3.8$,$n = 3.2$。

人体中一些常见物质的质量衰减系数在不同 X 射线能量下的变化曲线如图 7-4 所示。

根据衰减系数公式,高能量 X 射线的衰减小,穿透力强;低能量 X 射线的衰减大,穿透力差。因此,当 X 射线穿透人体组织时,人体组织将有选择性地滤掉低能量的光子,这意味着在 X 射线谱中,低能量的光子对成像是没有贡献的,它们的作用仅使患者受到无效辐射。如果在 X 射线进入患者之前滤掉这些低能量光子,可大大降低人体遭受的辐射剂量。在诊断用的 X 射线设备中,通常都使用铝板来实现这个目的。

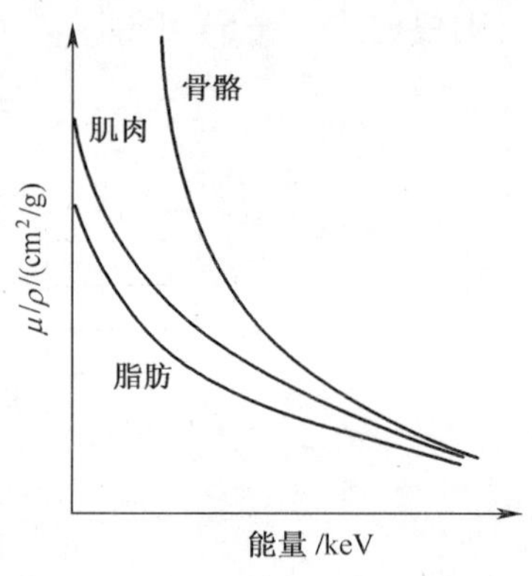

图 7-4　人体不同组织的质量衰减系数曲线

7.1.2　投影 X 射线成像

X 射线之所以能使人体在荧光屏上或胶片上形成影像,一方面是基于 X 射线的特性,即穿透性、荧光效应和摄像效应;另一方面是基于人体组织密度和厚度的差别。由于存在这种差别,当 X 射线透过人体各种不同组织结构时,它被吸收的程度不同,所以到达荧光屏或胶片上的 X 射线量会有差异。如骨组织和钙化灶等高密度组织,对 X 射线吸收较多,穿透的 X 射线少,在胶片上呈现白影,在荧光屏上产生的荧光少;而低密度组织(如脂肪组织)对 X 射线吸收少,穿透的 X 射线多,在胶片上呈现黑影,在荧光屏上则产生较多的荧光。这样,在荧光屏上或 X 射线片上就形成明暗对比不同的影像。投影 X 射线摄影是目前临床诊断的主要手段之一,常采用透视成像系统和胶片摄影系统。

一、X 射线透视成像系统

早期的 X 射线透视成像为荧光透视,示意图如图 7-5 所示。X 射线透过人体投射到

荧光屏上，被转换成可见光被人眼所接收。荧光透视检查中，屏的亮度比较低，导致复杂的部位，如头颅、骨盆、腹部等不易观察清楚。

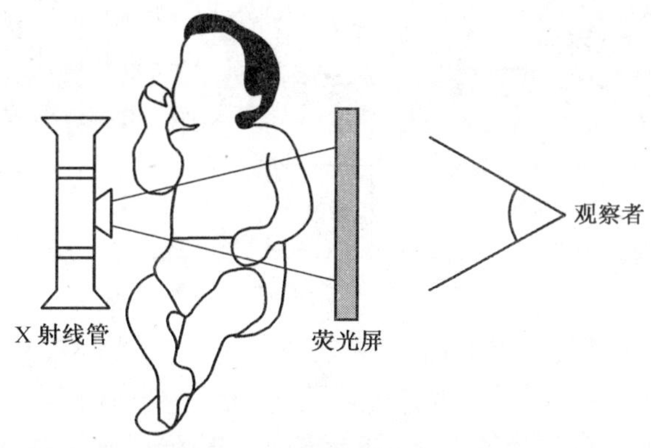

图 7－5　透视检查示意图

为了提高屏的亮度，现代 X 射线成像系统采用了影像增强管。影像增强管的结构原理如图 7－6 所示。它由输入荧光屏、光电阴极、聚焦电极、阳极和输出荧光屏等部分组成。穿过人体组织的 X 射线投射到输入荧光屏上产生可见光，可见光又使光电阴极发射出低能量的光电子，这些光电子经电子透镜系统加速并聚焦，最终到达输出荧光屏，并在荧光屏上形成一幅亮度增大、尺寸缩小的倒置图像。影像增强管可使荧光屏的亮度提高 1000 倍，它的图像可以在明室中观察，但由于输出的屏较小，这种观察仅限于一个人，除非使用特殊的附加装置。为此，现代的投影 X 射线成像设备都采用影像增强管-电视系统，如图 7－7 所示。医用 X 射线电视提高了被检物影像的清晰度，降低了 X 射线的剂量（约荧光屏透视所需剂量的 1/10），并可供多人同时观察和动态记录。此外，它的遥控、遥测功能还避免了观察者遭受 X 射线辐照。

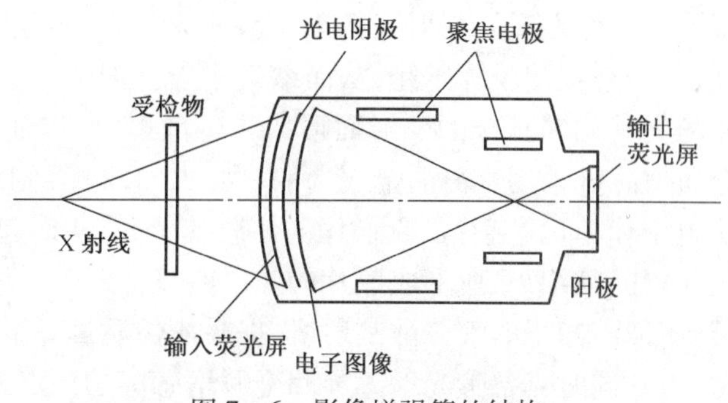

图 7－6　影像增强管的结构

二、X 射线胶片摄影系统

X 射线胶片摄影是利用胶片取代透视的荧光屏，使透过人体的 X 射线作用在胶片上。由于人体各组织的密度、厚度不同，X 射线束受到不同的衰减，对胶片的感光程度不同，在胶片上形成潜影，然后经显影、定影处理，将影像固定在胶片上。

X 射线成像的感光胶片为分层结构，如图 7－8 所示。基底由厚度为 150μm 的透明聚酯材料制成；活性部分是涂在基底上的乳胶层，乳胶层的典型厚度为 10μm，其主要成分是卤化银和明胶，卤化银颗粒直径一般为 1～2μm，颗粒越细，越有利于提高胶片的清晰度和

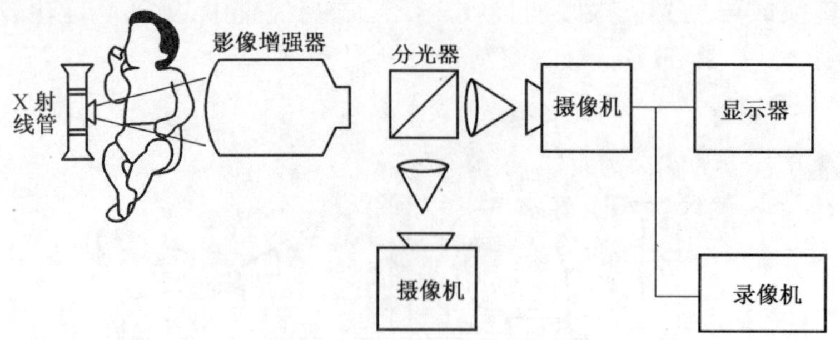

图 7-7　影像增强管-电视系统

解像力。当 X 射线直接对胶片曝光时，只有约 1%的 X 射线与胶片上的卤化银起光化学作用，其余的 X 射线透过胶片，对胶片感光没有贡献。这导致照射时间大大延长，效率较低。在临床应用中，通常在胶片的上、下两面各加一块增感屏来增大胶片的感光，缩短曝光时间，提高影像的清晰度，如图 7-9 所示。

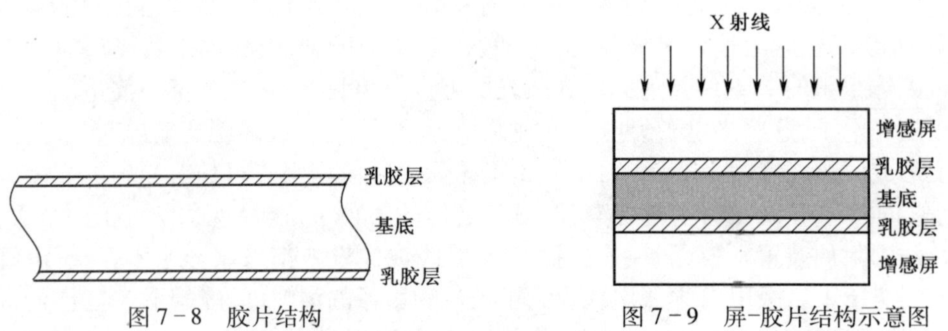

图 7-8　胶片结构

图 7-9　屏-胶片结构示意图

增感屏有三种：荧光增感屏、金属增感屏和金属荧光增感屏。荧光增感屏是涂有荧光材料（如钨酸钙）的薄层，荧光材料在 X 射线照射下发射荧光。使用荧光增感屏后，除 X 射线直接使胶片感光外，荧光也使胶片感光，从而缩短了曝光时间，大幅度降低了 X 射线辐射剂量。但由于晶粒受其相邻晶粒的照射而形成光的散射，所以使用荧光增感屏会使底片清晰度下降。金属增感屏采用很薄的金属薄膜（如 Pb、Cu 等）制成。当 X 射线照射到其上时会产生二次电子和标识 X 射线，它们均能使胶片感光，从而起到提高感光速度的作用。金属增感屏的元素晶粒细小，所形成底片的像质明显优于荧光增感屏；同时还具有滤波的作用，可吸收与图像不相干的部分散乱射线，提高成像质量。金属荧光增感屏是在金属箔上涂覆荧光材料，它同时具备荧光增感屏和金属增感屏的优点，使感光速度和图像质量大大提高。

7.1.3　X 射线计算机断层成像

若将被检物看作是由大量薄片排列构成的三维物体，则 X 射线计算机断层成像（X-CT）是将被检物每一片层的信息单独提取出来的成像技术。它克服了普通 X 射线摄影产生的多器官重叠，大大提高了图像的清晰度。但是，与普通 X 射线摄影相比，X-CT 对被检物产生的 X 剂量较大。工作时，X 射线源相对被检物旋转，以得到不同角度下的各片层综合信息的投影像，再利用计算机对这些综合信息数据加以分析，可得到每一片层的数据。最后,将这些数据分别加以重建,即得到每层的图像,图像的灰度值与组织的衰减系数相对应。

X-CT 图像重建问题实际上就是如何从投影数据中解算出成像平面上各像素点的衰减系数。图 7-10 给出了从投影数据到图像重建的原理示意图。μ_1、μ_2、μ_3、μ_4 代表了被检物不同位置的衰减系数。根据 X 射线成像原理,当入射强度为 I_0 的 X 射线通过人体后,检测器在不同位置接收到的射线强度为

$$\begin{cases} I_1 = I_0\exp[-(\mu_1+\mu_4)d] & (7-14) \\ I_2 = I_0\exp[-(\mu_2+\mu_3)d] & (7-15) \\ I_3 = I_0\exp[-(\mu_1+\mu_2)d] & (7-16) \\ I_4 = I_0\exp[-(\mu_3+\mu_4)d] & (7-17) \end{cases}$$

求解上述四个方程,就能得出 $\mu_1 \sim \mu_4$ 的值。

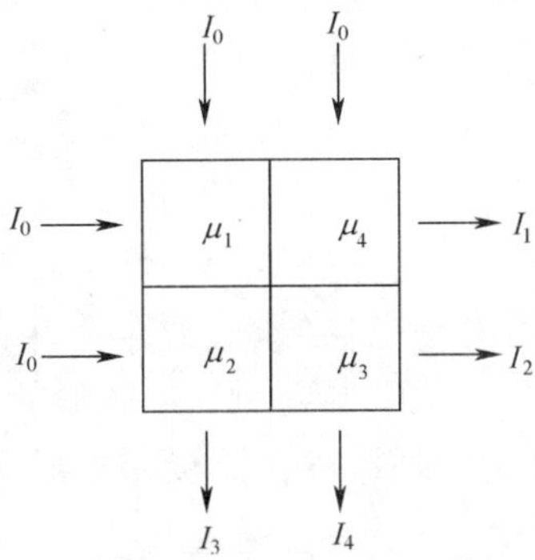

图 7-10 从投影数据到图像重建的原理示意图

X-CT 能作出人体任意部位的断面图像,并能精确测定出各组织的 X 射线衰减系数,从而对组织性质做出判断。据报道,放射学家能从 CT 图像上识别出与周围组织的衰减系数只差 0.5%的病灶。

7.2 放射性核素成像系统

7.2.1 放射性核素成像的物理基础

放射性核素成像的工作原理是将某种放射性同位素标记在药物上形成放射性药物并引入体内,该药物被人体的脏器和组织吸收后产生"衰变",放射出 γ 射线,γ 射线具有和 X 射线类似的性质,利用体外的核子探测装置可得到同位素在体内分布密度的图像。由于放射性药物能够正常参与机体的物质代谢,因此,该同位素图像不仅能反映脏器和组织的形态,而且可提供有关脏器功能及相关的生理、生化信息。

任何一种放射性核素都能发生衰变,但衰变是随机发生的。按统计规律,核素衰变服从指数衰减规律,在任意时刻 t 时未衰变的核总数为

$$N(t) = N_0\exp(-bt) \qquad (7-18)$$

式中:N_0 为 $t=0$ 时未衰变的核总数;b 为衰变常数,表示放射性核素在单位时间内的衰变几率,单位为 s^{-1}。

核医学中常采用半衰期($T_{1/2}$)来表示核素衰变能力,它代表放射性药物本身的物理半衰期,即核素衰变到 $N_0/2$ 所经过的时间。根据式(7-18), $T_{1/2}=\ln2/b$ 。除 $T_{1/2}$ 外,核医学中还有一个生物半衰期的概念,它是指生物体内的放射性核素由于生物代谢从体内排出一半所需的时间。

在放射性核素成像中,放射性材料的选择非常重要。除了考虑放射性核素本身的性质(如半衰期不能太长,寿命短),还要考虑载体的分子化学、药理特性和辐射剂量等。目前,核医学诊断中广泛使用的放射性材料是 ^{99m}Tc , $T_{1/2}=6h$,放射能量适中(142keV)。

7.2.2 γ照相机

γ照相机又称为闪烁照相机,它采用照相的方式对被检物进行逐点扫描,具有出像速度快(形成一幅完整图像只需零点几秒)、可对脏器进行动态分析等优点,常用于肿瘤和循环系统疾病的诊断,是现代核医学的主要诊断工具。

图7-11给出了γ照相机的工作原理图。整个系统由准直器、闪烁晶体、光电倍增管阵列、位置计算电路、脉冲高度分析器和显示器构成。受检物吸收放射性核素标记的药物后,被检部位发出γ射线,经准直器准确投射到闪烁晶体的相应位置上构成闪烁图像;闪烁晶体与准直器具有相同的直径,它与γ射线光子作用后能产生亮度较低的可见光;该可见光照射到光电倍增管上形成倍增的电信号,经过电阻矩阵电路后形成一个幅度与入射光子能量相对应的电信号,同时,还可以得到与发生闪烁的位置相关的信号。上述信号经位置计算电路和脉冲高度分析器处理后,可在监视器上显示出完整的核医学图像。

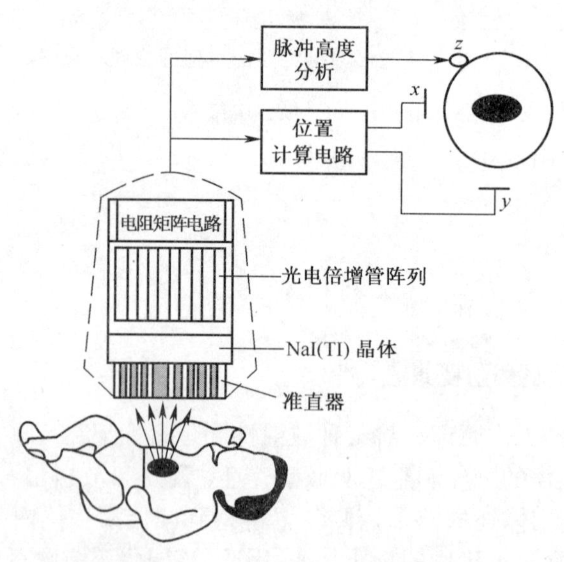

图7-11 γ照相机的工作原理图

7.2.3 发射型计算机断层扫描

发射型计算机断层扫描(E-CT)是将γ相机与计算机图像重建结合起来的成像技术,它所得的图像是放射性药物在体内某一断面上的分布图。E-CT有两种类型:单光子发射型(SP-ECT),正电子发射型(PET)。

用于 SP-ECT 的核素，一般是富中子的，如^{99m}Tc、^{131}I 等。衰变后的原子核从高能级向低能级跃迁，跃迁过程中，一个核发射一个 γ 光子，故称为单光子。SP - ECT 的成像过程与 X - CT 类似。一台 γ 照相机围绕被检者旋转，得到不同角度下的 γ 射线强度，利用 X - CT 中使用的图像重建方法，从而得到受检物在某一断面上放射性药物的浓度分布。SP - ECT 图像反映的是体内核密度分布，与 X - CT 相比空间分辨率差，在反映器官的解剖图像上能力较差，但在反映正常组织和病变组织的功能差异上较 X - CT 优越。

为了保证图像的空间分辨率，SP - ECT 必须采用准直器，但准直器会吸收部分 γ 光子，降低测量的信噪比。另一方面，体内发出的 γ 射线受到人体的衰减，造成反映体内核密度的 SP - ECT 图像失真，因此，测得的 γ 强度必须进行修正后，才能转入计算机进行图像重建。

与 SP-ECT 的富中子核素相反，PET 常用的放射性核素是缺中子的^{11}C、^{13}N 等。衰变过程中当一个质子转变为中子时释放出正电子。正电子很快（$10^{-12} \sim 10^{-11}s$）与周围的电子结合发生质量湮灭，并转化成两个能量为 511keV 且传播方向相反的 γ 射线光子，如图 7 - 12所示。

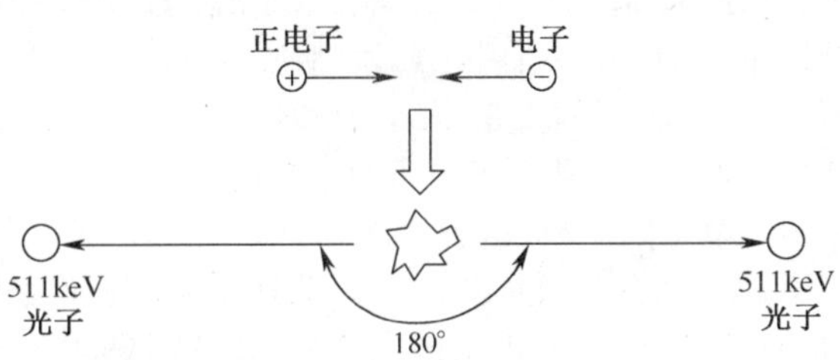

图 7 - 12　质量湮灭现象

PET 成像原理是利用两个 γ 射线光子传播方向相反的特征，在受检物周围安放一圈完全对称的探测器，如图 7 - 13 所示。当体内核素发射双光子时，相应位置上的两个检测器会同时探测到 γ 光子，表明在这两个检测器空间的连线上有释放正电子的核素存在，这种探测法称为符合探测法，它起到了电子准直的作用。符合探测器的输出被送到计算机中进行图像重建，以获得同位素在体内分布浓度的断面像。与 SP - ECT 相比，PET 无需准直器，系统灵敏度得到了提高。当用 100 ~ 300 个晶体检测器组成环时，可获得毫米量级的空间分辨率。

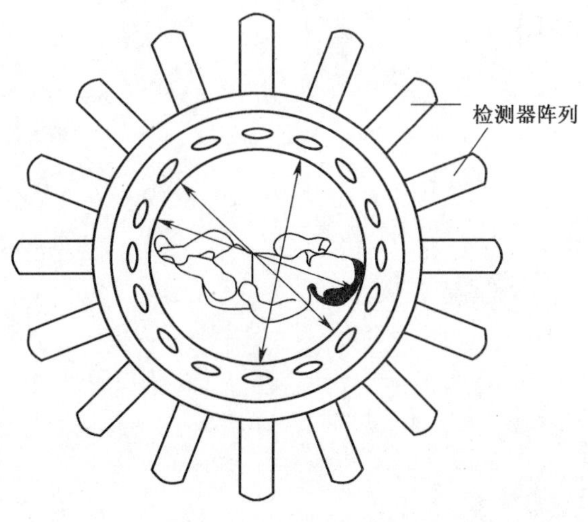

图 7 - 13　PET 成像原理图

参 考 文 献

[1] 向世明. 现代光电子成像技术概论[M]. 北京:北京理工大学出版社,2010.
[2] 高上凯. 医学成像系统[M]. 北京:清华大学出版社,2000.
[3] 郭兴明. 医学成像技术[M]. 重庆:重庆大学出版社,2005.
[4] 李文峰,顾洁,赵亚辉. 光电显示技术[M]. 北京:清华大学出版社,2010.
[5] 舒宁. 激光成像[M]. 武汉:武汉大学出版社,2005.
[6] 王永保. 激光全息检测技术[M]. 西安:西北工业大学出版社,1989.
[7] 大石严,大越孝敬,中山典彦. 图像显示[M]. 北京:国防工业出版社,1984.
[8] 徐之海,李奇. 现代成像系统[M]. 北京:国防工业出版社,2001.
[9] 沈庆垓. 摄像管理论基础[M]. 北京:国防工业出版社,1984.
[10] 麦伟麟. 光学传递函数及其数理基础[M]. 北京:国防工业出版社,1979.
[11] (美)RCA 公司. 电光学手册[M]. 北京:国防工业出版社,1978.
[12] 向世明,倪国强. 光电子成像器件原理[M]. 北京:国防工业出版社,1999.
[13] 蒋先进,等. 微光电视[M]. 北京:国防工业出版社,1984.
[14] 邹异松. 电真空成像器件及理论分析[M]. 北京:国防工业出版社,1989.
[15] 周立伟. 宽束电子光学[M]. 北京:北京理工大学出版社,1993.
[16] 张敬贤. 微光与红外成像技术[M]. 北京:北京理工大学出版社,1995.
[17] 张保民. 成像系统分析导论[M]. 北京:国防工业出版社,1992.
[18] 王义民. 红外探测器[M]. 北京:兵器工业出版社,1993.
[19] 刘恩科,朱秉升,罗晋生. 半导体物理学[M]. 北京:国防工业出版社,1994.
[20] 张敬贤,李玉丹,金伟其. 微光与红外成像技术[M]. 北京:北京理工大学出版社,1995.
[21] 吴宗凡,柳美琳,张绍举,等. 红外与微光技术[M]. 北京:国防工业出版社,1998.
[22] 杨宜禾,岳敏,周维真. 红外系统[M]. 北京:兵器工业出版社,2005.
[23] 王群善,曹秀吉. 工程物理——现代工程技术物理基础[M]. 沈阳:辽宁科学技术出版社,1993.